ROBOTICS

SECOND EDITION

# 机器人系统

（原书第2版）

[斯洛文尼亚] 马塔伊·米赫尔（Matjaž Mihelj） 塔代·巴吉（Tadej Bajd） 阿尔斯·乌德（Aleš Ude）
贾德兰·勒纳里奇（Jadran Lenarčič） 阿尔斯·斯坦诺夫尼克（Aleš Stanovnik） 著
马尔科·穆尼（Marko Munih） 尤里·雷吉（Jure Rejc） 塞巴斯蒂安·斯拉杰帕（Sebastjan Šlajpah）

曾志文 郑志强 等译

机械工业出版社
China Machine Press

**图书在版编目（CIP）数据**

机器人系统：原书第 2 版 /（斯洛文）马塔伊 · 米赫尔等著；曾志文等译 . -- 北京：机械工业出版社，2022.1

书名原文：Robotics, Second Edition

ISBN 978-7-111-69916-3

I. ① 机… II. ① 马… ② 曾… III. ① 机器人 IV. ① TP242

中国版本图书馆 CIP 数据核字（2021）第 275849 号

**本书版权登记号：图字 01-2019-0956**



本书向读者介绍机器人学、工业机器人机构和各种机器人，如并联机器人、移动机器人和仿人机器人，并因其简洁性而得到称赞。本书的内容非常适用于机器人学或工业机器人课程，且本书对物理和数学知识的要求较低。

出版发行：机械工业出版社（北京市西城区百万庄大街 22 号 邮政编码：100037）

| | |
|---|---|
| 责任编辑：王 颖 李美莹 | 责任校对：殷 虹 |
| 印 刷：三河市宏达印刷有限公司 | 版 次：2022 年 1 月第 1 版第 1 次印刷 |
| 开 本：185mm × 260mm 1/16 | 印 张：13 |
| 书 号：ISBN 978-7-111-69916-3 | 定 价：79.00 元 |

客服电话：（010）88361066 88379833 68326294　投稿热线：（010）88379604
华章网站：www.hzbook.com　读者信箱：hzjsj@hzbook.com

# 译者序

本书是一本有代表性的机器人学教材，不仅涵盖了机械手、并联机器人、协作机器人等工业机器人的相关内容，也包括了轮式移动机器人、仿人机器人等经典机器人系统，并介绍了使机器人形成完整应用系统所涉及的机器人感知、规划、控制技术，如机器人常用传感器、机器人视觉、轨迹规划、运动控制，以及工业机器人在实际应用中的作业环境、作业精度和可重复性性能评测等，兼具基础性、系统性和先进性。

本书的特点是概念清晰、基础知识要求简单、建模及分析完整且易于理解，适合课堂讲授和学生自学。根据我们多年从事机器人专业教学的经验，这是一本难得的适合机器人专业的教材，对国内高校新工科中的机器人工程专业的课程建设将有促进作用。

相信本书无论从理论推导，还是从实际应用方面，对于初次接触机器人技术的学生将有很大帮助，对从事机器人技术开发和应用的技术人员也有重要的参考价值。

肖军浩副教授、黄开宏博士、于清华博士、曾志文副教授分工翻译相关章节；卢惠民教授和郑志强教授完成了全书的统稿工作。在翻译过程中，得到了代维、周智千、陈柏良、施成浩、郭策、朱鹏铭、钟铮语、郭子睿等博士生的大力协助。

译者在尽量尊重原文的前提下，按国内常用的习惯对相应的术语或表达进行了翻译，但还是难免有不当之处，敬请读者批评指正。

译　者

2021 年于长沙

# 前　言



可能很难对机器人的定义达成一致，但从事机器人学研究工作的人大都愿意引用“机器人之父”约瑟夫·F. 英格伯格（Joseph F. Engelberger，1925—2015）的名言：“我不能定义机器人，但我一看到机器人就知道是它。”

机器人这个名词不是源于科学或工程技术词汇，首次出现是用在 1921 年在布拉格上演的由捷克作家卡雷尔·查皮克编写的戏剧“R.U.R”（*Rossum's Universal Robots*，罗莎姆的万能机器人）中，robot 这个词本身是他的兄弟约瑟夫发明的。在戏剧中，机器人是人造的技艺高超的工人，它不具备一切不必要的特性（如情绪、创造性，以及感知痛苦的能力等）。在该戏剧的开场白中给出了机器人的定义：“机器人不是人类，它们比人类在机械上更完美，并且具有令人惊讶的智力能力，但它们没有灵魂。从技术上讲，工程师的创造物比自然的产物更精细。”

本书已在斯洛文尼亚的卢布尔雅那大学电气工程学院经过数十年的使用和改进，该学院的 A. Kral 和 T. Bajd 在 1980 年出版了第一本关于工业机器人的专著 *Industrijska robotika*。成功培养多批本科生的事实有效证明了该教材对讲解机器人学这门严苛的课程是适用的。

本书的第 1 版在 2011 年被 *CHOICE* 杂志选定为年度杰出学术专著。第 2 版以第 1 版为基础，其主要优点是言简意赅。第 1 章中包含了不同机器人的分类，尤其对工业机器人进行了介绍；用齐次变换矩阵对一个物体的位置、方向和位移进行描述，这些矩阵是分析机器人机构的基础，并将通过简单的几何推理来介绍；机器人机构的几何模型将借助原始的、容易操作的向量描述进行解释。由于机器人世界是六维空间的，因此机器人末端执行器的方向在本版中得到了更多的关注。

本书通过仅有两个旋转自由度的机构引入了机器人运动学和动力学，该机构是最流行的工业机器人机构中的重要组成部分。机器人动力学的介绍仅基于牛顿定律的知识，且进行了进一步简化以更容易理解其相对复杂的内容。机器人工作空间在为计划任务选择合适的机器人中起到了重要作用。并联机器人的运动学明显与串行机械手的运动学有区别，值得更加关注。

本书中介绍的机器人传感器不仅与工业机械手相关，也涉及像仿人机器人这样的复杂系统。机器人视觉在工业应用中发挥着越来越重要的作用。机器人轨迹规划是有效控制机器人的基础。书中还介绍了实现期望的末端轨迹及机器人与环境间力的作用的基本控制框架。机器人的应用场景主要是产品装配生产线，其中，机器人是生产线的一部分，或完全独立地运行。此外，书中还描述了机器人的抓爪、工具及感知装置。

随着工厂环境的日益复杂，人和机器人之间的交互变得不可避免。协作机器人就是为安全地进行人与机器人交互设计的。使用轮式移动机器人可以进一步提高生产的灵活性。将来，就像在第 14 章所展示的，人和机器人将相互陪伴。仿人机器人的复杂性需要更高级的数学知识。关于标准化、测量精度和重复性等内容，也是工业机器人用户感兴趣的。

本书要求极少的数学和物理高级知识，因此它适合作为工科（电气、机械、计算机、土木工程）学生机器人学入门课程的教材。那些不研究机器人但可能在工作环境中遇到机器人，并期望简单快速地了解相关知识的工程师们，可将本书作为参考。

Matjaž Mihelj 和 Tadej Bajd
2018 年 4 月于卢布尔雅那

# 目　录

Robotics, Second Edition

第 1 章

Robotics, Second Edition

# 绪　论

今天的机器人学可以被描述为一门处理不同机器人机构的智能运动的科学，这些机器人可以分成以下 4 组（如图 1.1 所示）：机械手、移动机器人、人 – 机器人协作系统和受生物启发的机器人。最常遇到的机械手是并行机器人机构，这些机械手可以用由一串关节连接起来的刚体（也称作机器人连杆）来代表。串行机械手将在本章的后面有更详细的描述。并联机器人不论是在科学研究上还是工业应用上都是很有意义的，并联机器人的基座与平台由一些并行连接的连杆（称为腿）相互连接，这些连杆上装有主动的移动驱动装置，而在基座和平台上的关节是被动连接的。并联机器人最主要应用在抓取 – 放置任务中，它们有高速、重复性好和高精度的特点。随着机械手在不同的生产任务中取代人类操作员，它们的尺寸也与人的手臂相近。制造商也提供大于 10 倍人手臂的机械手，它具备操作完整汽车车身的能力。另一方面，在生物技术以及新材料领域，微米机器人及纳米机器人得以应用。纳米机器人能在分子尺度和颗粒上进行推动、拉动、抓取以及置入、变向、弯曲和造孔操作。纳米机器人的驱动器是压电晶体，其运动是由激光源和光电池产生的。

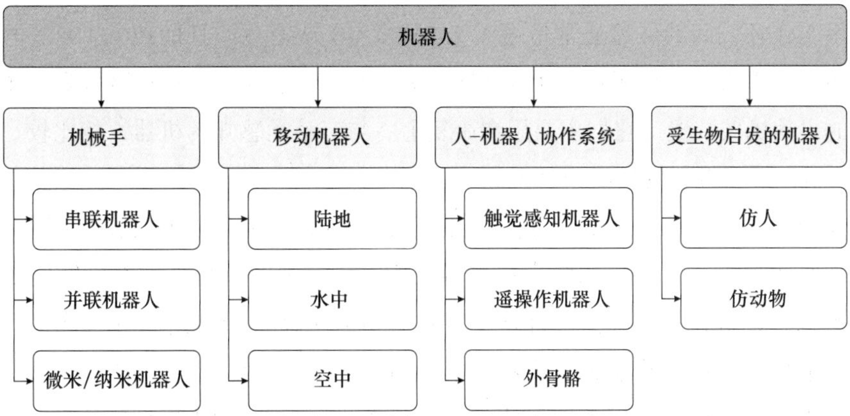


图 1.1　机器人分类

在陆地、水中和空中，都能看到自主移动机器人。陆地移动机器人多用于现实环境中，如建筑物、医院、车间或博物馆，也逐步在高速公路甚至无路的地面上出现。大多数移动机器人都用在较平坦的地面上，可以由轮子提供运动能力，3 个轮子就可以实现必要的稳定性。有些轮子还常被设计成具有全向运动能力。移动机器人也以扫地机器人、自动

1 割草机、车间或博物馆的自动导引机器人、医疗中心的服务员、太空漫游者、自主汽车等形式出现。学生可以通过一些基于小型移动机器人的不同比赛活动提高学习兴趣，例如足球机器人和救援机器人比赛。空中移动机器人中，最知名的是小型四旋翼直升机，它们有着非常简单的机械结构，这使其价格相对便宜。四旋翼直升机用4个螺旋桨驱动飞行，配备陀螺仪、加速度计和摄像机，多用于空中监视。大型的空中移动机器人用于军事目标识别任务。水中机器人包括水面或水下机器人，水下机器人通常被设计为小型自主潜艇形状，它们常常配有机械臂，用于海洋探索、海底或失事船只的观察或石油钻井平台的服务。自主水面机器人可用于海洋生态评估。

机器人控制领域的新知识正强烈地影响着人 – 机器人协作系统的开发，如有触觉感知的机器人、遥操作机械手和外骨骼等。有触觉感知的机器人的应用与通常在计算机屏幕上显示的虚拟环境相关，早期的虚拟环境仅给观察者提供光和声音场景，没有接触的感觉，而有触觉感知的机器人能给使用者在虚拟环境中提供触碰、受限运动、顺从、摩擦、质地感。有触觉感知的机器人在康复机器人中起到很大作用，其中小型的有触觉感知的机器人可用于瘫痪者上肢运动的评估与改进。更强壮的有触觉感知的系统能抓住瘫痪者的手腕并导引手臂末端沿着计算机屏幕上显示的虚拟环境中的物体期望的路线运动。有触觉感知的机器人施加两种
2 类型的力到目标手腕，当患者不能按照在虚拟环境中展示给他的路线运动时，机器人将推动手腕沿着期望的轨迹运动，帮助患者完成任务。机器人仅在必要的区间内帮助患者到达目标点。当患者瘫痪的肢体离开规划的曲线后，机器人推动手腕回到期望的轨迹附近。遥操作机械手是由人类操作员控制的机器人，在遥操作机械手和操作员之间有一个屏障。操作员和遥操作机械手工作环境间的屏障通常是距离（如外太空）或有危险性的地方（如核电站内部）。遥操作机械手也进入了医疗领域，用在（远距医疗）外科手术上。外骨骼是附着在人体上肢或下肢上的主动机械装置，它们主要用在康复上。与有触觉感知的机器人相比较，上肢的外骨骼施加力到与手臂并行的所有连杆上。

受生物启发的机器人又可以分成仿人和仿动物两类。仿动物的机器人例子有机器蛇、机器鱼、四足机器人、六腿或八腿步行机器人等。仿人机器人是受生物启发机器人中最先进的机器人系统，被设计成在人类环境中工作。仿人机器人最突出的特点是它们双足的步行能力，它们以静态稳定步态或动态稳定步态行走，也能在单腿站立时保持平衡。它们能与人类协作者一起运动，甚至能够跑步。仿人机器人目前的问题与人工视觉、对环境的感知与分析、自然语言处理、与人的交互、认知系统、机器学习和行为等相关。某些机器人还能从外部自然复制处理的经验中进行学习，如不断摸索和通过实践来学习，就像小孩子学习一样。以这样的方法，仿人机器人获得了一定程度的自主性，这意味着将来仿人机器人可能在某些情况下做出人类设计者无法预知的行为。仿人机器人正在进入家庭并成为我们的伙伴。不久的将来它们可能成为老人和小孩的陪伴者，还有可能是护士、医生、消防员和工人的助手。在机器人中体现出的伦理学要求也在增加，这称为机器人伦理学。机器

人伦理学是一门应用伦理学，其目标是开发科学 / 文化 / 技术方面的工具，以便由不同的社会组织和信仰来分享。这些工具的目的是促进和鼓励为了人类社会和个体的进步而发展机器人学，并帮助预防危害人类的行为的误用。1942 年，杰出作家伊萨克 • 阿西莫夫就提出了著名的机器人三原则。1983 年，他又增加了第四条原则，也称零原则，即任何机器人都不能伤害人，或者通过不作为使人受到伤害。新一代的仿人机器人将是与人和平共处的伙伴，将在身体和精神上协助人，并为实现安全和和平的社会做出贡献。它们可能比人类更理性。



## 1.1　机械手

现在最常用且最有效的机器人系统是工业机械手，它能在不同或单一的工作上取代工人，或当需面对危险环境时取代人。机械手由机械臂、手腕和抓爪组成（见图 1.2）。机械臂是由 3 节刚性杆串行连接组成的，具有一定的长度以便在工作空间内为抓爪提供位置。机械臂上相邻的连杆靠关节连接，这些连接可以是平移（棱齿）的或转动（旋转）的（见图 1.3）。转动关节有铰链形式的，将相邻连杆的相对运动限制在绕关节轴旋转。在机器人学中，关节的角度由希腊字母 $\vartheta$ 表示，在简化的示意图上转动关节用一个圆柱体表示。移动关节限制两相邻连杆的相对运动为移动，两连杆间的相对位置由距离来测量。移动关节的符号为棱柱，距离由字母 $d$ 表示。机器人关节是由电动或液压马达驱动的。关节中的传感器可测量角度或距离、速度，以及力矩。

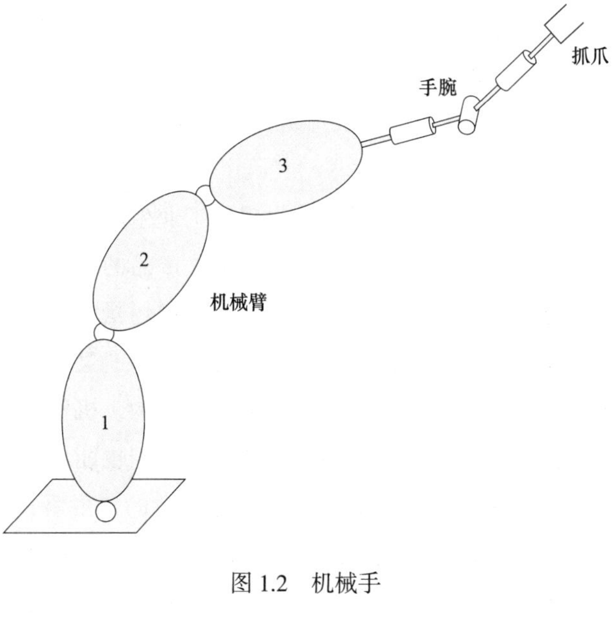


图 1.2　机械手

机器人手腕常由 3 个转动关节组成。机器人手腕的任务是为被机器人抓爪夹持的物体提供需要的方向。由两个或多个手指组成的机器人抓爪位于机器人的末端，不同的工

4 具，如使得能钻孔、喷漆或焊接的装置，也可安装在机器人的末端。工业机械手常允许六自由度运动能力，这意味着机器人机构需要有 6 个关节，以及 6 个驱动器。这样，机械臂能将物体放置在机器人工作空间的任意位置，而抓爪能绕直角坐标系的 3 个轴使物体旋转。

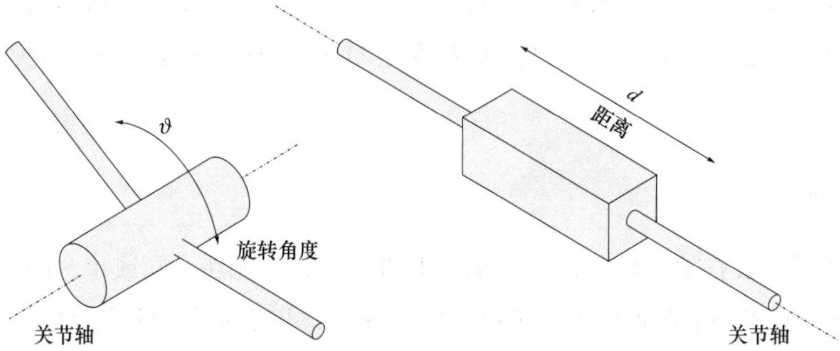


图 1.3　机器人的转动关节（左）和移动关节（右）

为了讲清楚“自由度”这一术语，让我们先考虑一个常被工业机器人操作的代表物体的刚体。最简单的刚体由 3 个质点组成（见图 1.4）。一个简单的质点有 3 个自由度，由沿直角坐标系的 3 个轴的移动来表示。沿某条线的运动称为移动。我们增加一个质点，该质点与前一质点保持恒定的距离，则第二个质点的运动将被限制在围绕第一个质点的球面上，且其在
5 球面上的位置可用两个圆的交点来描述，就像地球上的经度和纬度一样。沿着圆周线的移动称为转动。再增加第三个质点，该质点与前两个质点分别保持恒定的距离，则第三个质点能沿着类似赤道的圆周围绕由前两个质点组成的轴运动。因此，一个刚体有 6 个自由度，即 3 个移动和 3 个转动。3 个移动自由度决定了刚体的位置，3 个转动自由度则决定了刚体的方向。术语“位姿”包含了位置和方向。我们常说围绕我们的世界是三维的，但机器人的世界是六维的。

现代工业机械手是可重新编程和多用途的。现代工业生产中保有大量的材料和产品库存是不经济的，而这被称为“即时”生产。因此，某些产品的不同部分可能在同一天、同一条生产线上出现。固定程式的自动化装置不太适用这样场景的问题，可以用可重新编程的工业机械手来有效解决。可重新编程机器人允许我们从生产某一种产品切换到生产另一种产品，而这仅需按一个按钮。另外，机械手是多用途机构，机器人的机构模仿了人的手臂，就像使用我们的手臂从事精确而繁重的工作那样，我们也能将一个机械手用于不同的任务。从工业机器人相对较长（12 ～ 16 年）的经济寿命的角度看，这可能是更重要的。因为假设这样一个机械手原本是为焊接用的，则可以重新赋予它抓取和放置任务。机械臂还有另外一个特点，其相邻关节的轴不是平行就是垂直的。由于机械臂仅有 3 个自由度，因此机械臂的可能构型也是有限的。其中常用到的是拟人手臂结构，又称为 SCARA（Selective Compliant Articulated Robot for Assembly，装配用的选择性顺序铰接机器

人）机械臂。图 1.5 所示的拟人机械臂，全部 3 个关节都是转动关节，这样它在很大程度上与人手臂相似。其第二个关节轴与第一个关节轴相垂直，第三个关节轴与第二个关节轴平行。拟人机械臂的工作空间包含了所有机械臂末端能到达的所有点的集合，是一个球状。图 1.6 所示的 SCARA 机械臂在工业机器人的发展进程中出现得较晚，大量地用在装配线上。其中 2 个关节是转动关节，1 个关节是移动关节，3 个关节的轴是平行的。这种 SCARA 机械臂的工作空间为圆柱体。在市场上我们还可以找到另外 3 种商用的机械臂结构：圆柱形、笛卡儿坐标形和较小程度上的球形。

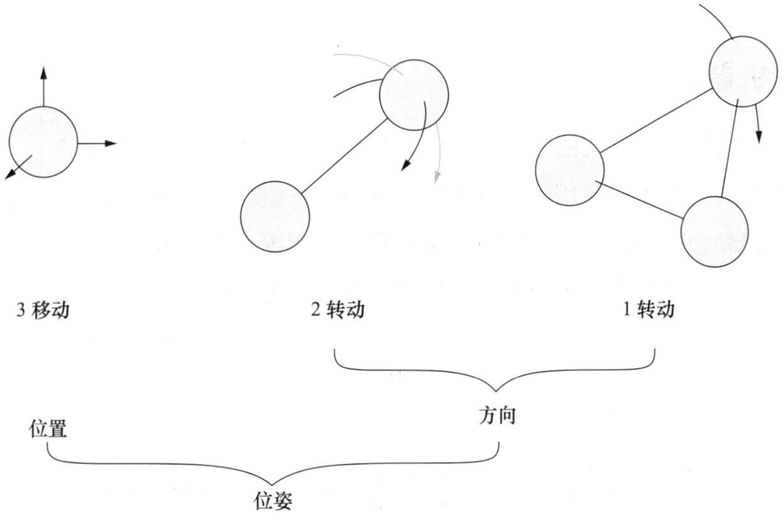


图 1.4　一个刚体的自由度

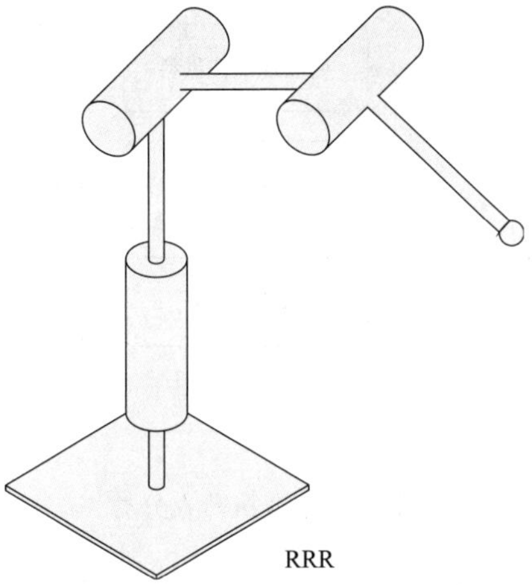


图 1.5　拟人机械臂（RRR 型）

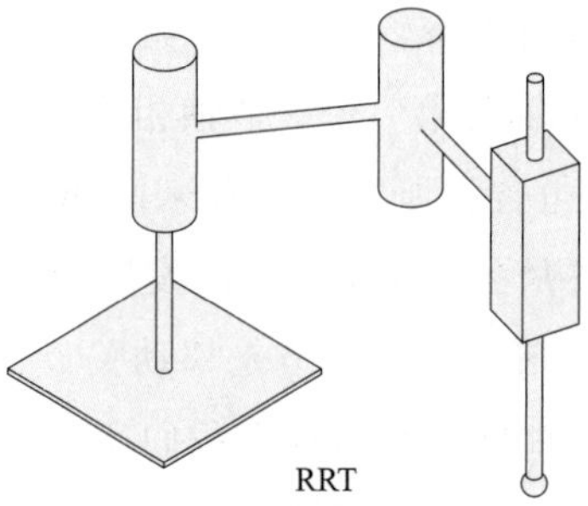


图 1.6　SCARA 机械臂（RRT 型）

## 1.2　工业机器人

若没有工业机械手，今天的工业将是不可想象的。工业机械手可分成 3 个不同的组。我
6 们把在机器人单元上起主要作用的工业机器人分为第一组。一个机器人单元常包含一个或多个机器人、工作站、存储缓冲区、传输系统和数控机床等。第二组是在机器人单元中起从动作用的机器人。第三组是那些用于特殊用途的工业机器人（见图 1.7）。

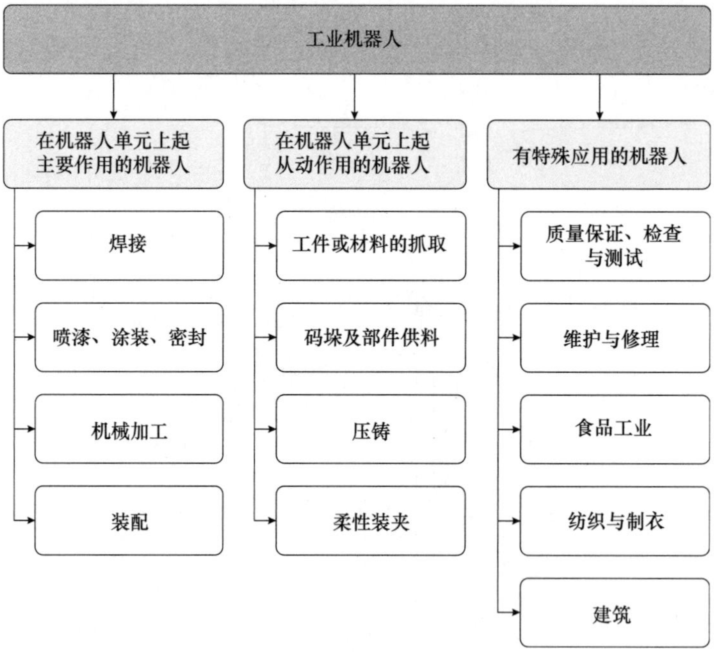


图 1.7　工业机器人分类

在机器人单元上起主要作用的机器人可以在下列生产过程中看到：焊接、喷漆、涂装，以及密封、机械加工和装配。机器人焊接（点焊、弧焊和激光焊）代表着最常见的机器人应用，它在速度、精度和准确性等方面有优势。在三维移动层面上应用焊接机器人是相当经济的。今天我们可以在汽车生产线上遇到大量的焊接机器人，那里的工人和机器人的比例可以

高达6 ： 1。工业机器人常用在有危害或危险的环境（如喷漆）中。用机器人喷漆代表着在节约材料的同时，还有高质量的喷漆面。当有毒的环境存在时，引入机器人的社会动机要超过经济因素。在加工应用中，机器人一般握住工件或者电钻等来完成钻孔、打磨、去毛刺或类似的应用。机械手正不断进入工业装配领域，把不同的组成部分装配成功能系统。电子工 7
业和机电工业代表着装配机器人应用的重要领域。在汽车工业中也有引人注目的装配作业，如一个机器人在挡风玻璃上涂胶，而另外一个机器人抓住这块玻璃并将其插入车身上留出的位置。

机器人在下列工业应用中处于从动角色：工件或材料的抓取、码垛及部件供料、压铸和柔性装夹。在这种情况下主导者的角色可以赋予机器人单元中的数控机床。抓取和放置机器人代表着在材料处理中最常见的机器人应用，其任务常常是乏味、重复，还有潜在的危险（如压力装填）。工业机器人常用在需要它们执行点到点运动的任务中。这样的例子也会在码垛中遇到，即把工件或产品整理好以便于在一台机器上对它们进行包装或处理。当考虑到很重的物体时（例如啤酒厂的酒桶），机器人码垛是适用和受欢迎的。
压铸是高温、肮脏和危险的操作，是工人讨厌的环境，用机器人进行处理后被压铸的部 8
件将准确地导向压铸机内。通过应用柔性装夹系统还可提高机器人单元的效率，机器人单元的灵活性是通过伺服驱动的可编程远程位置调节器实现的，这允许制造过程更快和更灵活地完成。

工业机器人的特殊应用有：质量保证、检查与测试、维护与修理、食品、纺织与制衣，以及建筑。质量保证、检查与测试常用在电子工业中，其中电气参数（电压、电流和电阻）需要在电子电路装配过程中测试。在此情况下，机器人在抓住物体和将其放置到新的位置过程中，完成对物体的测量（体积、电气等参数）。在机器人维护和修理方面，遥操作机器人和自主机器人可用在核工业、高速公路、铁路、电力线路维护和飞机服务等不同应用中。机器人也进入了食品行业，除了在食品生产中用于抓取和包装外，机器人还用来完成类似食品准备甚至巧克力装饰等工作。纺织和制衣领域呈现出特殊的问题，因为它的物料具有柔软的特性，这使操作纺织物及类似材料变得异常复杂。全世界开发了许多不同类型的建筑机器人，但少有商业化产品。

当前机器人学的主要挑战是人 – 机器人的交互和人 – 机器人的协作。被称为软体机器人的发展使得人和机器人在工业环境下和日常生活中的交互和协作成为可能。在开发协作机器人（简称 co–bot）时，人 – 机器人交互时的安全是必须要保证的。分析由钝或尖锐的工具冲击产生的对人的伤害是在协作机器人研究中必需的第一步。基于大量人 – 机器人冲突的研究，对于给定惯性特征的机器人的安全速度就可以确定了。安全的人 – 机器人交互将由新的控制方案来保证，该方案测量机器人每个关节的力矩，检测出机器人和操作员之间最轻的微接触并立即停止机器人。有效的力矩控制的前提是建立详细的机器人动力学模型。为了使机械手与操作员接触时变得顺从，受生物学启发的算法也得以应用。机械臂关节中的弹性单元储存能量，这使得其运动控制更有效和自然。复杂的协作机器人常用作多臂机器人系统，不能按常规工业机械手一样编程。这时必须引入基于人工智能技术的认知机器人学方法，如模仿学习、示教学习、增强学习或奖励学习等。以这种途径，协作机器人在未知或非结构化的环境中完成任务。对机器人手也必须给予特殊关注。在与人类操作员协作中，机器人手也需仿人，以便能操作为人手设计的工具或装备。而且，为产生一个柔和的抓握，机器人手必须测量施加的力。如今工业机器人因为安全的原因仍在防护栏内
9~10 工作。无防护栏的工业软体机器人有潜力开发新的无法预见的应用，从而实现更灵活和更具成本效益的自动化。

# 齐次变换矩阵

## 2.1 平移变换

前面已经指出，机器人有着移动或者转动关节。为了描述一个关节的位移度，我们需要一个统一的关于移动和转动的数学描述。由式（2.1）所给出的矢量表示移动位移 $\boldsymbol{d}$,

$$\boldsymbol{d}=a\boldsymbol{i}+b\boldsymbol{j}+c\boldsymbol{k} \tag{2.1}$$

可以由以下齐次变换矩阵 $\boldsymbol{H}$ 由式（2.2）来描述:

$$\boldsymbol{H}=\text{Trans}(a,b,c)\begin{bmatrix}1&0&0&a\\0&1&0&b\\0&0&1&c\\0&0&0&1\end{bmatrix} \tag{2.2}$$

当使用齐次变换矩阵时，任意矢量将有以下 4×1 的形式:

$$\boldsymbol{q}=\begin{bmatrix}x\\y\\z\\1\end{bmatrix}=\begin{bmatrix}x&y&z&1\end{bmatrix}^{\mathrm{T}} \tag{2.3}$$

矢量 $\boldsymbol{q}$ 对于移动距离 $\boldsymbol{d}$ 的移动位移可以由矩阵 $\boldsymbol{H}$ 与 $\boldsymbol{q}$ 相乘获得:

$$\boldsymbol{v}=\begin{bmatrix}1&0&0&a\\0&1&0&b\\0&0&1&c\\0&0&0&1\end{bmatrix}\begin{bmatrix}x\\y\\z\\1\end{bmatrix}=\begin{bmatrix}x+a\\y+b\\z+c\\1\end{bmatrix} \tag{2.4}$$

这个由乘以齐次矩阵代表的变换，等效于矢量 $\boldsymbol{q}$ 和 $\boldsymbol{d}$ 的和。 

$$\boldsymbol{v}=\boldsymbol{q}+\boldsymbol{d}=(x\boldsymbol{i}+y\boldsymbol{j}+z\boldsymbol{k})+(a\boldsymbol{i}+b\boldsymbol{j}+c\boldsymbol{k})=(x+a)\boldsymbol{i}+(y+b)\boldsymbol{j}+(z+c)\boldsymbol{k} \tag{2.5}$$

一个简单的例子，矢量 $1\boldsymbol{i}+2\boldsymbol{j}+3\boldsymbol{k}$ 的移动距离为 $2\boldsymbol{i}-5\boldsymbol{j}+4\boldsymbol{k}$ 时，结果为:

$$\boldsymbol{v}=\begin{bmatrix}1&0&0&2\\0&1&0&-5\\0&0&1&4\\0&0&0&1\end{bmatrix}\begin{bmatrix}1\\2\\3\\1\end{bmatrix}=\begin{bmatrix}3\\-3\\7\\1\end{bmatrix}$$

两个矢量相加，也可得到同样的结果。

## 2.2　旋转变换

转动位移将在一个右手直角坐标系中描述，如图 2.1 所示，绕 3 个轴的旋转定义为正。当从 $x$–$y$–$z$ ㊀坐标系中坐标轴的末端向原点 $O$ 看过去时，若绕坐标轴的旋转是逆时针的，
12 则是正向转动。正向转动也可以按照称为右手规则的方法来描述，用右手握住所选轴，大拇指沿轴指向其正方向，则其他手指指向正向的转动位移。体育场里的运动员赛跑就是正向转动的例子。

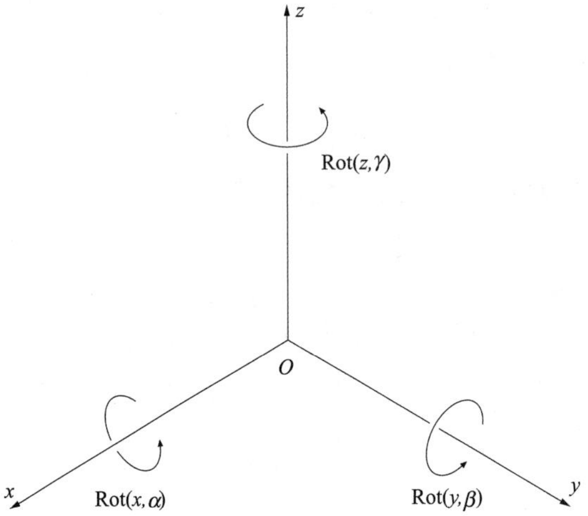


图 2.1　右手直角坐标系及正向转动

让我们先来仔细看看绕 $x$ 轴的旋转。图 2.2 中的坐标系 $x'$–$y'$–$z'$ 是由参考坐标系 $x$–$y$–$z$ 绕其 $x$ 轴正向转动 $\alpha$ 角而得到的，轴 $x$ 与轴 $x'$ 是重合的。

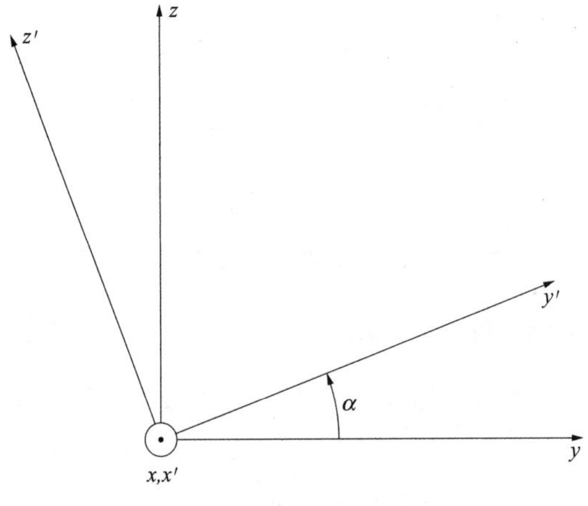


图 2.2　绕 $x$ 轴的旋转

㊀ 按我们的习惯，应为 $O$–$X$–$Y$–$Z$。——译者注

转动位移也可由齐次变换矩阵来描述。变换矩阵的前三行对应着参考坐标系的 $x$、$y$ 和 $z$ 轴，而前三列涉及转动后坐标系的 $x'$、$y'$ 及 $z'$ 轴。矩阵 $\boldsymbol{H}$ 中左上角的 9 个元素代表 3×3 的转动矩阵，转动矩阵中的元素值是相应的行和列对应的轴之间的夹角的余弦。

$$
\begin{array}{c} \\ \mathrm{Rot}(x,\alpha)= \end{array}
\begin{array}{c}
\begin{array}{cccc} x' & y' & z' & \end{array} \\
\left[\begin{array}{cccc}
\cos 0^\circ & \cos 90^\circ & \cos 90^\circ & 0 \\
\cos 90^\circ & \cos\alpha & \cos(90^\circ+\alpha) & 0 \\
\cos 90^\circ & \cos(90^\circ-\alpha) & \cos\alpha & 0 \\
0 & 0 & 0 & 1
\end{array}\right]
\begin{array}{c} x \\ y \\ z \\ \\ \end{array}
\end{array}
$$

$$
=\begin{bmatrix}
1 & 0 & 0 & 0 \\
0 & \cos\alpha & -\sin\alpha & 0 \\
0 & \sin\alpha & \cos\alpha & 0 \\
0 & 0 & 0 & 1
\end{bmatrix} \tag{2.6}
$$

轴 $x'$ 与轴 $x$ 间的角度为 0°，因此在 $x'$ 列与 $x$ 行交叉处有值 cos0°。$x'$ 和 $y$ 之间的角度为 13
90°，我们把 cos90° 填入对应的交叉点。$y'$ 轴和 $y$ 轴之间的角度为 $\alpha$，则相对应的矩阵元素就是 $\cos\alpha$。

为了更熟悉转动矩阵，我们推导由图 2.3 所示的绕 $y$ 轴旋转的矩阵。重合的轴是 $y$ 和 $y'$ 轴。

$$y=y' \tag{2.7}$$

考虑图 2.3 中三角形的相似性，不难推导出下面两个等式：

$$
\begin{aligned}
x&=x'\cos\beta+z'\sin\beta \\
z&=-x'\sin\beta+z'\cos\beta
\end{aligned} \tag{2.8}
$$

式（2.7）及式（2.8）中的 3 个等式可以整理重写成矩阵的形式： 14

$$
\begin{array}{c} \\ \mathrm{Rot}(y,\beta)= \end{array}
\begin{array}{c}
\begin{array}{cccc} x' & y' & z' & \end{array} \\
\left[\begin{array}{cccc}
\cos\beta & 0 & \sin\beta & 0 \\
0 & 1 & 0 & 0 \\
-\sin\beta & 0 & \cos\beta & 0 \\
0 & 0 & 0 & 1
\end{array}\right]
\begin{array}{c} x \\ y \\ z \\ \\ \end{array}
\end{array} \tag{2.9}
$$

绕 $z$ 轴的旋转由下面的齐次变换矩阵来描述。

$$
\mathrm{Rot}(z,\gamma)=\begin{bmatrix}
\cos\gamma & -\sin\gamma & 0 & 0 \\
\sin\gamma & \cos\gamma & 0 & 0 \\
0 & 0 & 1 & 0 \\
0 & 0 & 0 & 1
\end{bmatrix} \tag{2.10}
$$

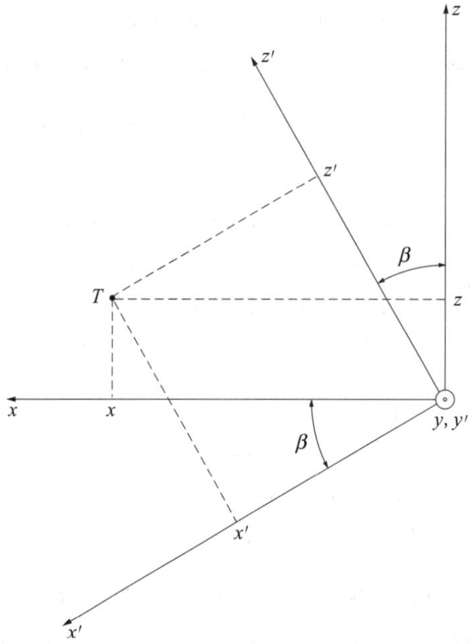


图 2.3　绕 $y$ 轴的旋转

举一个简单的关于数字的例子，我们希望确定矢量 $\boldsymbol{W}$，它是通过矢量 $\boldsymbol{u}=14\boldsymbol{i}+6\boldsymbol{j}+0\boldsymbol{k}$ 绕 $z$ 轴逆时针（或者说是正向）旋转 90° 而得到的。因为 cos90°=0，以及 sin90°=1，不难确定矩阵 Rot($z$,90°) 并将其乘上矢量 $\boldsymbol{u}$，从而得到：

$$\boldsymbol{w}=\begin{bmatrix}0 & -1 & 0 & 0\\1 & 0 & 0 & 0\\0 & 0 & 1 & 0\\0 & 0 & 0 & 1\end{bmatrix}\begin{bmatrix}14\\6\\0\\1\end{bmatrix}=\begin{bmatrix}-6\\14\\0\\1\end{bmatrix}$$

矢量 $\boldsymbol{u}$ 绕 $z$ 轴旋转的图形表示如图 2.4 所示。

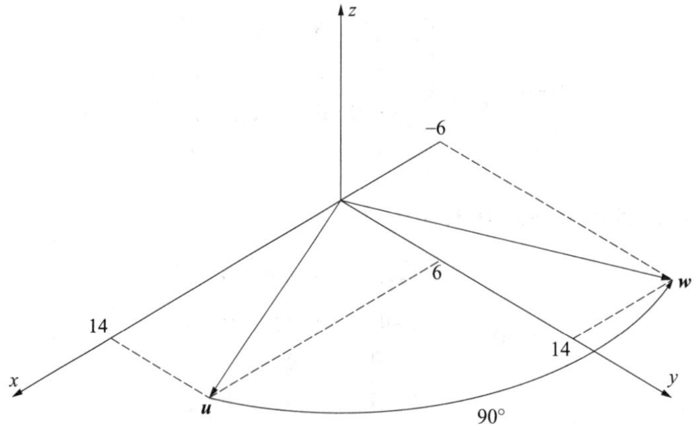




图 2.4　旋转变换的例子

## 2.3　位姿和位移

在前面的章节中，我们知道怎样表示一个点沿着直角坐标系的坐标轴移动，或者绕直角坐标系的坐标轴转动。接下来将考虑一个物体的运动，我们总能在一个刚性物体上确定一个坐标系。这一节将在直角坐标系下处理物体的位姿和位移。这里看到的齐次变换矩阵既描述一个坐标系相对于参考坐标系的位姿，又表示一个坐标系相对于新位姿的位移。前一种情况下，齐次矩阵的左上角的 3×3 列子阵表示物体的方向，而最右边的 3×1 列子阵描述物体的位置（即物体质心的位置）。齐次变换矩阵的最下一行将总是 [0 0 0 1]。在物体运动的情况下，左上角矩阵对应于物体的转动而右边的那列对应于物体的移动。我们通过一个简单的例子来验证。首先应明确齐次变换矩阵描述任意坐标系相对于参考坐标系方向的含义。考虑下面的齐次矩阵相乘后形成一个新的齐次变换矩阵 $\boldsymbol{H}$。

$$
\begin{aligned}
\boldsymbol{H}&=\mathrm{Trans}(8,-6,14)\mathrm{Rot}(y,90^\circ)\mathrm{Rot}(z,90^\circ)\\
&=\begin{bmatrix}1&0&0&8\\0&1&0&-6\\0&0&1&14\\0&0&0&1\end{bmatrix}\begin{bmatrix}0&0&1&0\\0&1&0&0\\-1&0&0&0\\0&0&0&1\end{bmatrix}\begin{bmatrix}0&-1&0&0\\1&0&0&0\\0&0&1&0\\0&0&0&1\end{bmatrix}\\
&=\begin{bmatrix}0&0&1&8\\1&0&0&-6\\0&1&0&14\\0&0&0&1\end{bmatrix}
\end{aligned}
\tag{2.11}
$$

当定义齐次矩阵表示转动时，我们知道矩阵的前三列描述了坐标系 $x'$–$y'$–$z'$ 相对于参考坐标系 $x$–$y$–$z$ 的转动。

$$
\begin{array}{c}
\begin{array}{ccc} x' & y' & z' \end{array}\\
\left[\begin{array}{cccc}
\left[\begin{matrix}0\\1\\0\end{matrix}\right] & \left[\begin{matrix}0\\0\\1\end{matrix}\right] & \left[\begin{matrix}1\\0\\0\end{matrix}\right] & \begin{matrix}8\\-6\\14\end{matrix}\\
0 & 0 & 0 & 1
\end{array}\right]\begin{matrix}x\\y\\z\\ \\ \end{matrix}
\end{array}
\tag{2.12}
$$

第四列代表着坐标系 $x'$–$y'$–$z'$ 的原点在参考坐标系 $x$–$y$–$z$ 中的位置。根据这些我们能知道由式（2.11）中的齐次变换矩阵表示的坐标系 $x'$–$y'$–$z'$ 相对于参考坐标系的关系，并用图形表示出来。如图 2.5 所示，其中，$x'$ 轴指向参考坐标系的 $y$ 轴，$y'$ 轴与参考坐标系的 $z$ 轴方向 16
一致，$z'$ 轴与参考坐标系的 $x$ 轴方向相同。

为了相信图 2.6 所示坐标系的正确性，我们将检查包含在式（2.11）中的运动。参考坐标系首先移动到点（8，−6，14），然后该坐标系绕新的 $y$ 轴旋转 90°，最后又绕新的 $z$ 轴旋转 90°（见图 2.6）。参考坐标系的三次运动形成了与图 2.5 所示一样的最终位姿。

本章接下来我们将期望解释齐次变换矩阵的第二层意义，即一个物体或坐标系进入新位

17 姿的位移（见图 2.7）。首先，希望把坐标系 $x$–$y$–$z$ 绕其 $z$ 轴逆时针旋转 90°，这可以通过描述坐标系 $x$–$y$–$z$ 的初始位姿矩阵 $\boldsymbol{H}$ 右乘转动矩阵得到。

$$\boldsymbol{H}_1=\boldsymbol{H}\cdot\mathrm{Rot}(z,90^\circ) \tag{2.13}$$

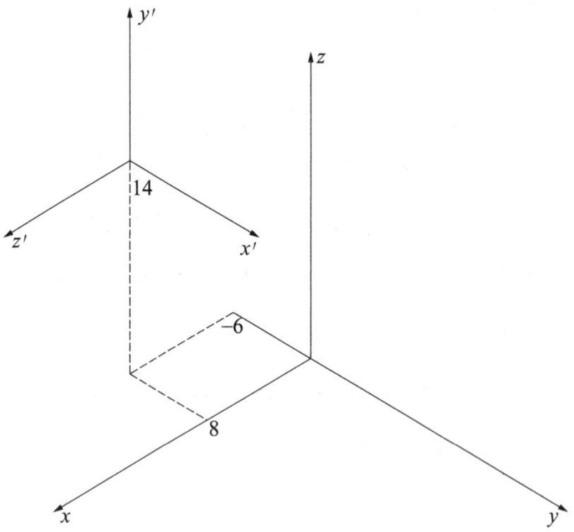


图 2.5　任意坐标系 $x'$–$y'$–$z'$ 相对于参考坐标系 $x$–$y$–$z$ 的位姿

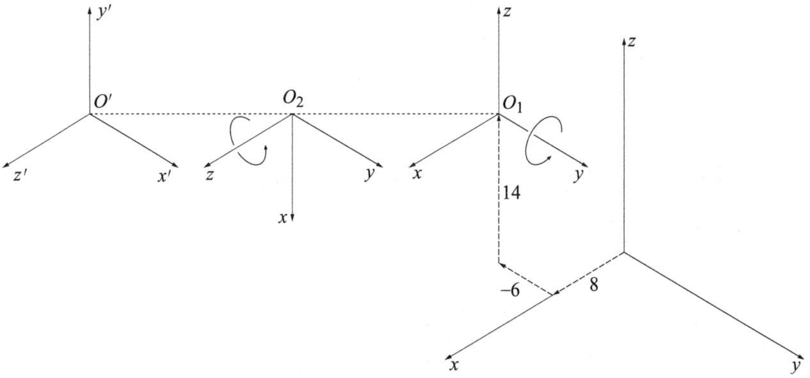


图 2.6 （从右至左）移动一个坐标系到新的位姿，其中坐标系的原点 $O_1$、$O_2$ 和 $O'$ 是同一个点

图 2.7 展示了物体在新位姿和新坐标系 $x'$–$y'$–$z'$ 下产生的位移。我们要移动新坐标系，分别沿 $x'$ 轴移动 –1 个单位、沿 $y'$ 轴移动 3 个单位、沿 $z'$ 轴移动 –3 个单位。

$$\boldsymbol{H}_2=\boldsymbol{H}_1\cdot\mathrm{Trans}(-1,3,-3) \tag{2.14}$$

移动后得到了物体的新位姿和一个新的坐标系 $x''$–$y''$–$z''$，该坐标系最终还需绕 $y''$ 轴旋转 90°。

$$\boldsymbol{H}_3=\boldsymbol{H}_2\cdot\mathrm{Rot}(y'',90^\circ) \tag{2.15}$$

式（2.13）、式（2.14）和式（2.15）可以按顺序嵌入，得到：

$$\boldsymbol{H}_3=\boldsymbol{H}\cdot\mathrm{Rot}(z,90^\circ)\cdot\mathrm{Trans}(-1,3,-3)\cdot\mathrm{Rot}(y'',90^\circ)=\boldsymbol{H}\cdot\boldsymbol{D} \tag{2.16}$$

在式（2.16）中，矩阵 $\boldsymbol{H}$ 表示坐标系的初始位姿、$\boldsymbol{H}_3$ 是最终位姿，而 $\boldsymbol{D}$ 代表着位移。

$$\boldsymbol{D}=\mathrm{Rot}(z,90^\circ)\cdot\mathrm{Trans}(-1,3,-3)\cdot\mathrm{Rot}(y'',90^\circ)$$

$$=\begin{bmatrix}0&-1&0&0\\1&0&0&0\\0&0&1&0\\0&0&0&1\end{bmatrix}\begin{bmatrix}1&0&0&-1\\0&1&0&3\\0&0&1&-3\\0&0&0&1\end{bmatrix}\begin{bmatrix}0&0&1&0\\0&1&0&0\\-1&0&0&0\\0&0&0&1\end{bmatrix}$$

$$=\begin{bmatrix}0&-1&0&-3\\0&0&1&-1\\-1&0&0&-3\\0&0&0&1\end{bmatrix} \tag{2.17}$$

最后，我们要完成描述物体新的相对位姿的矩阵右乘。 18

$$\boldsymbol{H}_3=\boldsymbol{H}\cdot\boldsymbol{D}=\begin{bmatrix}1&0&0&2\\0&0&-1&-1\\0&1&0&2\\0&0&0&1\end{bmatrix}\begin{bmatrix}0&-1&0&-3\\0&0&1&-1\\-1&0&0&-3\\0&0&0&1\end{bmatrix}$$

$$=\begin{array}{c}\begin{matrix}x''' & y''' & z''' & \quad\end{matrix}\\ \begin{bmatrix}0&-1&0&-1\\1&0&0&2\\0&0&1&1\\0&0&0&1\end{bmatrix}\begin{matrix}x_0\\y_0\\z_0\\ \ \end{matrix}\end{array} \tag{2.18}$$

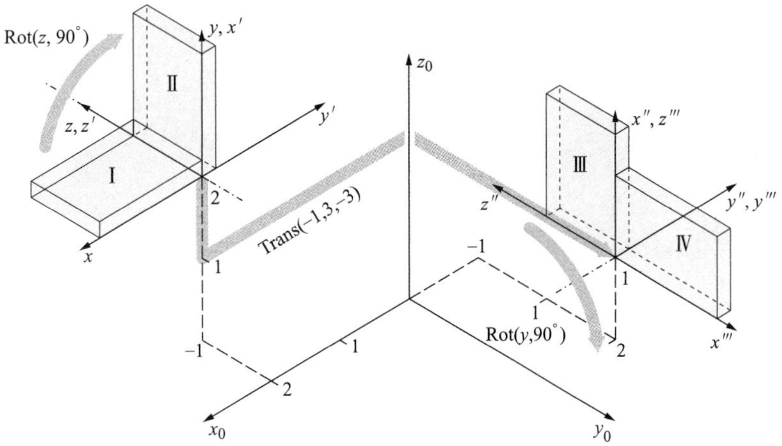


图 2.7　移动物体到一个新的位姿

与前一个例子一样，我们也要通过图形检查矩阵（见式（2.18））的正确性。图 2.7 显示了坐标系 $x$–$y$–$z$ 的三次运动：绕其 $z$ 轴逆时针旋转 90°，分别沿 $x'$ 轴移动 −1 个单位、沿 $y'$ 轴移动 3 个单位、沿 $z'$ 轴移动 −3 个单位，绕 $y''$ 轴旋转 90°。结果物体最后的位姿是

$x'''$–$y'''$–$z'''$。$x'''$ 轴指向 $y_0$⊖轴的正向，$y'''$ 指向 $x_0$ 轴的反方向，$z'''$ 轴指向参考坐标系 $z_0$ 轴的正向。最终坐标系中坐标轴的方向对应着 $\boldsymbol{H}_3$ 矩阵中前三列。同样，图 2.7 中最终坐标系的原点与 $\boldsymbol{H}_3$ 矩阵中的第四列相对应。

## 2.4　机器人的几何模型

我们的最终目标是建立机械手的几何学模型。一个机器人的几何学模型由描述机械手最
19 后的连杆（末端执行器）在参考坐标系中的位姿给出。如何用齐次变换矩阵描述物体的位姿的知识将首先应用到装配过程。为此，考虑图 2.8 所示的包含 4 个模块的机械装置：一个尺寸为（5×15×1）的模块置于一个尺寸为（5×4×10）的模块上，另一个尺寸为（8×4×1）的板与前者正交放置，并抓住另一个小尺寸（1×1×5）的模块。

如图 2.8 所示，每个模块上都固定了一个坐标系。我们的任务是计算坐标系 $x_3$–$y_3$–$z_3$ 在参考坐标系 $x_0$–$y_0$–$z_0$ 中的位姿。上一节我们学习了用齐次变换矩阵 $\boldsymbol{H}$ 将一个坐标系的位姿在参考坐标系中表达出来的方法。将坐标系 $x_1$–$y_1$–$z_1$ 相对于坐标系 $x_0$–$y_0$–$z_0$ 的位姿表示为 ${}^0\boldsymbol{H}_1$，同理 ${}^1\boldsymbol{H}_2$ 表示坐标系 $x_2$–$y_2$–$z_2$ 相对于坐标系 $x_1$–$y_1$–$z_1$ 的位姿，${}^2\boldsymbol{H}_3$ 表示坐标系 $x_3$–$y_3$–$z_3$ 相对于坐标系 $x_2$–$y_2$–$z_2$ 的位姿。我们还学习了顺序移动可以由齐次变换矩阵的右乘（从左至右的顺序相乘）来表示。因此这个机械装置能由相应的矩阵右乘来描述，第四个模块相对于第一个模块的位姿，可以写成如下矩阵形式来表示。

$${}^0\boldsymbol{H}_3={}^0\boldsymbol{H}_1{}^1\boldsymbol{H}_2{}^2\boldsymbol{H}_3 \tag{2.19}$$

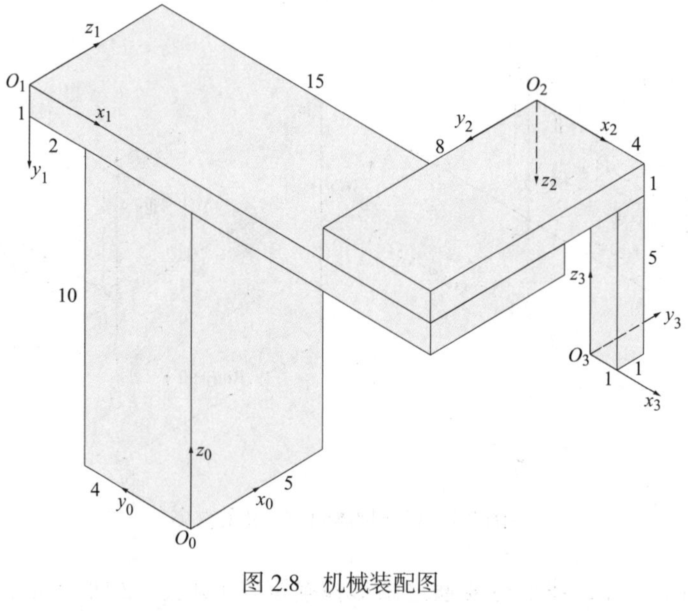


图 2.8　机械装配图

模块间是相互垂直的，因此无须计算转动角的正弦和余弦。这些矩阵可以从图 2.8 中直

⊖ 原文如此，但前面没有，只有 $y$。——译者注

接确定。坐标系 $x_1$–$y_1$–$z_1$ 中的 $x$ 轴指向坐标系 $x_0$–$y_0$–$z_0$ 中 $y$ 轴的反方向，坐标系 $x_1$–$y_1$–$z_1$ 的 20
$y$ 轴指向坐标系 $x_0$–$y_0$–$z_0$ 中 $z$ 轴的反方向，坐标系 $x_1$–$y_1$–$z_1$ 的 $z$ 轴与坐标系 $x_0$–$y_0$–$z_0$ 中 $x$ 轴的方向相同。将这种描述装配结构的几何特性写入齐次矩阵的前三列，坐标系 $x_1$–$y_1$–$z_1$ 的原点相对于坐标系 $x_0$–$y_0$–$z_0$ 的位置写入齐次矩阵的第四列，则有：

$$
{}^{0}\boldsymbol{H}_1=\begin{array}{c}\overbrace{\begin{array}{ccc}x & y & z\end{array}}^{O_1}\\ \left[\begin{array}{cccc}0 & 0 & 1 & 0\\ -1 & 0 & 0 & 6\\ 0 & -1 & 0 & 11\\ 0 & 0 & 0 & 1\end{array}\right]\end{array}\begin{array}{l}\left.\begin{array}{c}x\\ y\\ z\end{array}\right\}O_0\\ \phantom{0}\end{array} \tag{2.20}
$$

同理可以确定另外两个矩阵为：

$$
{}^{1}\boldsymbol{H}_2=\begin{bmatrix}1 & 0 & 0 & 11\\ 0 & 0 & 1 & -1\\ 0 & -1 & 0 & 8\\ 0 & 0 & 0 & 1\end{bmatrix} \tag{2.21}
$$

$$
{}^{2}\boldsymbol{H}_3=\begin{bmatrix}1 & 0 & 0 & 3\\ 0 & -1 & 0 & 1\\ 0 & 0 & -1 & 6\\ 0 & 0 & 0 & 1\end{bmatrix} \tag{2.22}
$$

第四个模块相对于第一个模块的位姿和方向就可由矩阵 ${}^{0}\boldsymbol{H}_3$ 来表示，它是由式（2.20）、式（2.21）和式（2.22）顺序相乘而得到的。

$$
{}^{0}\boldsymbol{H}_3=\begin{bmatrix}0 & 1 & 0 & 7\\ -1 & 0 & 0 & -8\\ 0 & 0 & 1 & 6\\ 0 & 0 & 0 & 1\end{bmatrix} \tag{2.23}
$$

矩阵 ${}^{0}\boldsymbol{H}_3$ 中的第四列元素 $[7,-8,6,1]^{\mathrm{T}}$ 代表着坐标系 $x_3$–$y_3$–$z_3$ 的原点在参考坐标系 $x_0$–$y_0$–$z_0$ 中的位置。第四列的准确性可以在图 2.8 中检查。矩阵 ${}^{0}\boldsymbol{H}_3$ 中的旋转部分表示坐标系 $x_3$–$y_3$–$z_3$ 相对于参考坐标系 $x_0$–$y_0$–$z_0$ 的方向。

现在让我们想象一下，第一个平板将相对于第一个垂直模块转动，绕第一个垂直轴（轴
1）转 $\vartheta_1$ 角度，第二个平板也绕第二个垂直轴（轴 2）转 $\vartheta_2$ 角度（见图 2.9）。最后一个模块 21
沿着第三个轴（轴 3）拉长距离 $d_3$。以这种方式，我们得到了一种机械手，就是在第 1 章中提到的 SCARA 型机械手。

我们的目标是建立 SCARA 型机器人的一个几何学模型。图 2.9 中的模块和平板将被转动关节和平动关节符号代替，如图 2.10 所示。

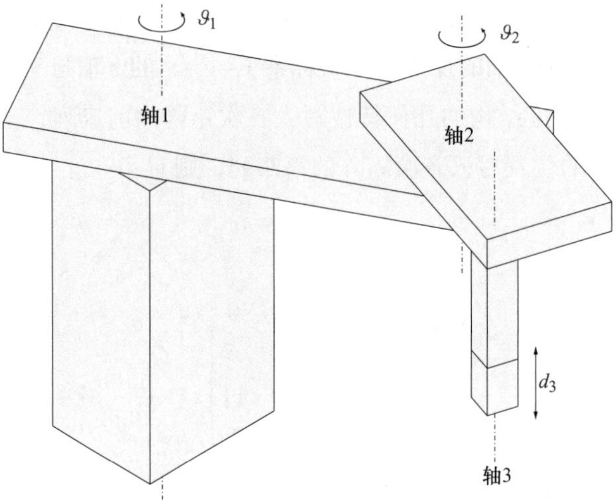


图 2.9　机械装配的位移

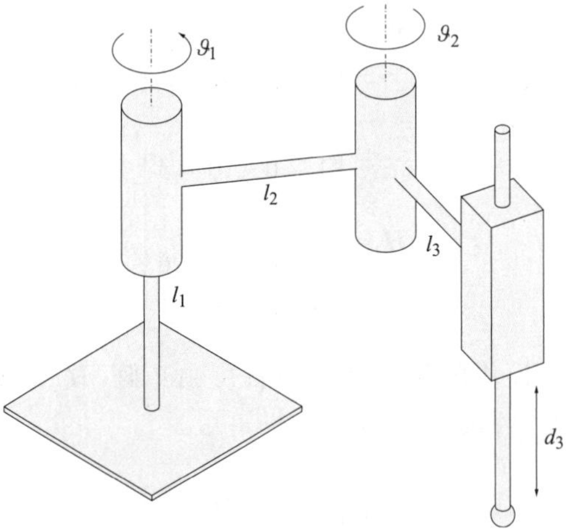


图 2.10　在任意位姿处的 SCARA 机械手

第一个垂直的连杆，长度为 $l_1$，从基座开始（机器人固定在地面上）到第一个旋转关节结束。第二个连杆，长度为 $l$，是水平的，且绕第一个连杆旋转。第一个关节的旋转被赋予
22 角度 $\vartheta_1$。第三个连杆，长度为 $l_3$，也是水平的，且绕在第二个连杆末端的垂直轴旋转，转动角度赋值为 $\vartheta_2$。在第三个连杆的末端有一个移动关节，它使得机器人末端执行器在机器人执行任务时接近工作平面。移动关节从 0 初始长度移动到由变量 $d_3$ 描述的长度。

机器人机构首先被置于初始位姿，也被称为“原始位置”。在初始位姿两个相邻的连杆要么平行，要么垂直。移动关节都位于其初始位置 $d$=0。SCARA 机械手的初始位姿如图 2.11 所示。

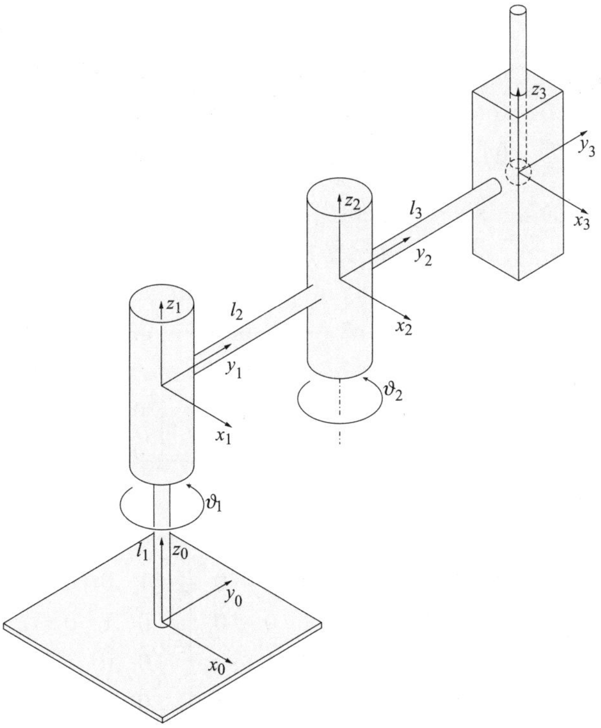


图 2.11　处在初始位姿处的 SCARA 机械手

首先，坐标系必须画到如图 2.11 所示的 SCARA 机器手中。第一个（参考）坐标系 $x_0$-$y_0$-$z_0$ 被置于机器人基座上。在第 15 章我们将学习机器人标准要求 $z_0$ 轴与基座垂直。在这种情况下它与第一个连杆重合。另外两个轴如下选择：当机器人处于原始位置时，机器人连杆与参考坐标系的某轴平行。在图 2.11 的情况下，我们将 $y_0$ 轴与连杆 $l_2$ 及连杆 $l_3$ 对齐。坐标系必须符合右手定则。其余的坐标系被置于机器人关节上，原点在每个关节的中心，坐标系 23
的其中一个轴必须与关节轴重合。最简单计算机器人几何学模型是使所有机器人关节坐标系与参考坐标系平行（如图 2.11 所示）。

机器人几何学模型描述固连在机器人末端执行器上的坐标系相对于在机器人基座上的参考坐标系的位姿。类似于机械装配情况，我们可以通过将齐次变换矩阵连续相乘（右乘）来获得几何学模型。机械装配和机械手之间的主要区别是机器人关节的运动。为此，每个描述连杆位姿的矩阵 ${}^{i-1}\boldsymbol{H}_i$ 将紧跟着一个表示移动关节或转动关节运动的矩阵 $\boldsymbol{D}_i$。我们研究的 SCARA 机器人有 3 个关节，最末的坐标系 $x_3$-$y_3$-$z_3$ 相对于基座坐标系 $x_0$-$y_0$-$z_0$ 的位姿可由连续的 3 对齐次转移矩阵右乘表示。

$$ {}^0\boldsymbol{H}_3=({}^0\boldsymbol{H}_1\boldsymbol{D}_1)\cdot({}^1\boldsymbol{H}_2\boldsymbol{D}_2)\cdot({}^2\boldsymbol{H}_3\boldsymbol{D}_3) \tag{2.24} $$

在式（2.24）中，矩阵 ${}^0\boldsymbol{H}_1$、${}^1\boldsymbol{H}_2$、${}^2\boldsymbol{H}_3$ 描述每个关节坐标系相对于其前一个关节坐标系的位姿，就像各模块的装配一样。从图 2.11 可以明显看出，$\boldsymbol{D}_1$ 矩阵表示绕 $z_1$ 轴正向的旋转。下面两个矩阵的乘积描述了第一个关节的位姿和运动。

$$^{0}\boldsymbol{H}_1\boldsymbol{D}_1=\begin{bmatrix}1&0&0&0\\0&1&0&0\\0&0&1&l_1\\0&0&0&1\end{bmatrix}\begin{bmatrix}c1&-s1&0&0\\s1&c1&0&0\\0&0&1&0\\0&0&0&1\end{bmatrix}=\begin{bmatrix}c1&-s1&0&0\\s1&c1&0&0\\0&0&1&l_1\\0&0&0&1\end{bmatrix}$$

在上面的矩阵中应用了简写：$\sin\vartheta_1=s1$, $\cos\vartheta_1=c1$。

在第二个关节中，也有一个绕 $z_2$ 轴的转动。

$$^{1}\boldsymbol{H}_2\boldsymbol{D}_2=\begin{bmatrix}1&0&0&0\\0&1&0&l_2\\0&0&1&0\\0&0&0&1\end{bmatrix}\begin{bmatrix}c2&-s2&0&0\\s2&c2&0&0\\0&0&1&0\\0&0&0&1\end{bmatrix}=\begin{bmatrix}c2&-s2&0&0\\s2&c2&0&l_2\\0&0&1&0\\0&0&0&1\end{bmatrix}$$

在最后一个关节中，有沿 $z_3$ 轴的移动。

24

$$^{2}\boldsymbol{H}_3\boldsymbol{D}_3=\begin{bmatrix}1&0&0&0\\0&1&0&l_3\\0&0&1&0\\0&0&0&1\end{bmatrix}\begin{bmatrix}1&0&0&0\\0&1&0&0\\0&0&1&-d_3\\0&0&0&1\end{bmatrix}=\begin{bmatrix}1&0&0&0\\0&1&0&l_3\\0&0&1&-d_3\\0&0&0&1\end{bmatrix}$$

SCARA 机械臂的几何学模型可以通过以上推导出的 3 个矩阵右乘得到。

$$^{0}\boldsymbol{H}_3=\begin{bmatrix}c12&-s12&0&-l_3s12-l_2s1\\s12&c12&0&l_3c12+l_2c1\\0&0&1&l_1-d_3\\0&0&0&1\end{bmatrix}$$

当 3 个矩阵相乘时，引入了以下缩写：

25～26

$$c12=\cos(\vartheta_1+\vartheta_2)=c1c2-s1s2$$

$$s12=\sin(\vartheta_1+\vartheta_2)=s1c2+c1s2$$

# 机器人机构的几何描述

机器人机构的几何描述是基于移动和转动齐次变换矩阵的应用来实现的。机器人机构的基座和每一个连杆都固连一个坐标系，如图 3.1 所示。这样，顺序连接的坐标系之间的变换矩阵就可以确定了。通过中间变换矩阵的连续相乘，在某一坐标系下表示的矢量能被转换到另一坐标系下进行表示。

在图 3.1 中，矢量 $\boldsymbol{a}$ 是在坐标系 $x_3$–$y_3$–$z_3$ 下表示的，而矢量 $\boldsymbol{b}$ 是在机器人基坐标系 $x_0$–$y_0$–$z_0$ 下表示的。这两个矢量间的数学关系可以由以下的齐次变换获得。

$$\begin{bmatrix} \boldsymbol{b} \\ 1 \end{bmatrix} = {}^0\boldsymbol{H}_1 {}^1\boldsymbol{H}_2 {}^2\boldsymbol{H}_3 \begin{bmatrix} \boldsymbol{a} \\ 1 \end{bmatrix} \tag{3.1}$$

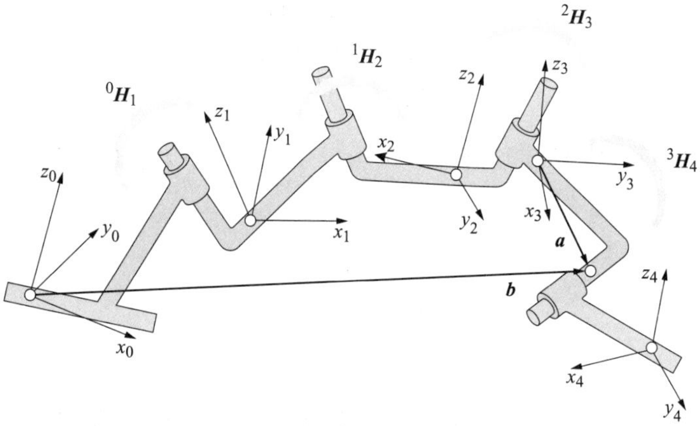


图 3.1　机器人机构以及固连在连杆上的坐标系

## 3.1　运动副的矢量参数

矢量参数将用在机器人机构的几何描述中。为简便起见，我们将仅考虑机构中相邻关节轴是平行或垂直的情况，这样的关节是工业机器人中最常见的。

在图 3.2 中显示了包含两个相邻连杆（连杆 $i$–1 和连杆 $i$）的机器人机构的运动副。这两个连杆由同时具有移动和转动的关节 $i$ 连接。关节的相对位姿由连杆矢量 $\boldsymbol{b}_{i-1}$ 和单位关节矢量 $\boldsymbol{e}_i$（如图 3.2 所示）决定。连杆 $i$ 能沿矢量 $\boldsymbol{e}_i$ 相对于连杆 $i$–1 移动距离 $d_i$，绕 $\boldsymbol{e}_i$ 的旋转角度为 $\vartheta_i$。坐标系 $x_i$–$y_i$–$z_i$ 固连在连杆 $i$ 上，坐标系 $x_{i-1}$–$y_{i-1}$–$z_{i-1}$ 属于连杆 $i$–1。

坐标系 $x_i$–$y_i$–$z_i$ 的原点设在关节 $i$ 的轴上，当这个运动副处于初始状态时（即关节的两个变量为零，$\vartheta_i$=0 和 $d_i$=0），其坐标轴与前一个坐标系 $x_{i-1}$–$y_{i-1}$–$z_{i-1}$ 的对应轴相平行。

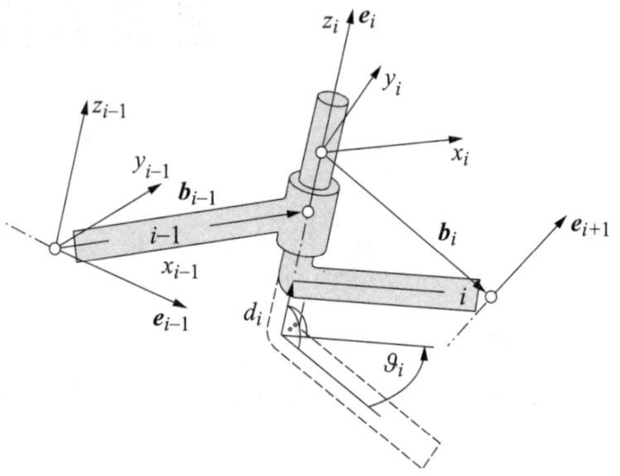


图 3.2　运动副的矢量参数

相邻两个连杆的几何关系及相对位移可由以下参数确定：

$\boldsymbol{e}_i$——单位矢量。它描述关节 $i$ 的转动，或者描述在关节 $i$ 上移动的方向，并表示成坐标系 $x_i$–$y_i$–$z_i$ 的一个轴。它的组成元素如下：

28 $$\boldsymbol{e}_i=\begin{bmatrix}1\\0\\0\end{bmatrix}\text{或}\begin{bmatrix}0\\1\\0\end{bmatrix}\text{或}\begin{bmatrix}0\\0\\1\end{bmatrix}$$

$\boldsymbol{b}_{i-1}$——连杆矢量。它描述连杆 $i$–1 在坐标系 $x_{i-1}$–$y_{i-1}$–$z_{i-1}$ 中的表示。它的组成元素如下：

$$\boldsymbol{b}_{i-1}=\begin{bmatrix}b_{i-1,x}\\b_{i-1,y}\\b_{i-1,z}\end{bmatrix}$$

$\vartheta_i$——旋转变量。它是在垂直于矢量 $\boldsymbol{e}_i$ 的平面内测量得到的，是绕 $\boldsymbol{e}_i$ 轴旋转的角度（在运动副处于初始位置时，角度为零）。

$d_i$——移动变量。代表着沿 $\boldsymbol{e}_i$ 的方向测量得到的移动距离（当运动副处于初始位置时，距离为零）。

如果关节仅是旋转的（见图 3.3 中的上图），那么关节变量由角度变量 $\vartheta_i$ 代表，而 $d_i$=0。当机器人机构在它的初始位姿时，关节角度等于零（$\vartheta_i$=0），坐标系 $x_i$–$y_i$–$z_i$ 与坐标系 $x_{i-1}$–$y_{i-1}$–
29 $z_{i-1}$ 平行。如果关节仅有移动（见图 3.3 中的下图），那么关节变量是 $d_i$ 而 $\vartheta_i$=0。当关节在其初始位置时，则 $d_i$=0。在这种情况下坐标系 $x_i$–$y_i$–$z_i$ 与坐标系 $x_{i-1}$–$y_{i-1}$–$z_{i-1}$ 是平行的且与移动变量 $d_i$ 的值无关。

通过改变转动关节变量 $\vartheta_i$ 的值，坐标系 $x_i$–$y_i$–$z_i$ 与连杆 $i$ 一起相对于前一个连杆 $i$–1 及其坐标系 $x_{i-1}$–$y_{i-1}$–$z_{i-1}$ 旋转。若改变移动变量 $d_i$，则运动是平移的。这时仅有两相邻坐标系间的距离是改变的。

坐标系 $x_i$-$y_i$-$z_i$ 与坐标系 $x_{i-1}$-$y_{i-1}$-$z_{i-1}$ 之间的变换，是由考虑关节矢量 $\boldsymbol{e}_i$ 方向的可能的 3 种形式之一的齐次变换矩阵确定的。当单位矢量 $\boldsymbol{e}_i$ 与 $x_i$ 轴平行时，它是：

$$
{}^{i-1}\boldsymbol{H}_i=\begin{bmatrix} 1 & 0 & 0 & d_i+b_{i-1,x} \\ 0 & \cos\vartheta_i & -\sin\vartheta_i & b_{i-1,y} \\ 0 & \sin\vartheta_i & \cos\vartheta_i & b_{i-1,z} \\ 0 & 0 & 0 & 1 \end{bmatrix} \tag{3.2}
$$

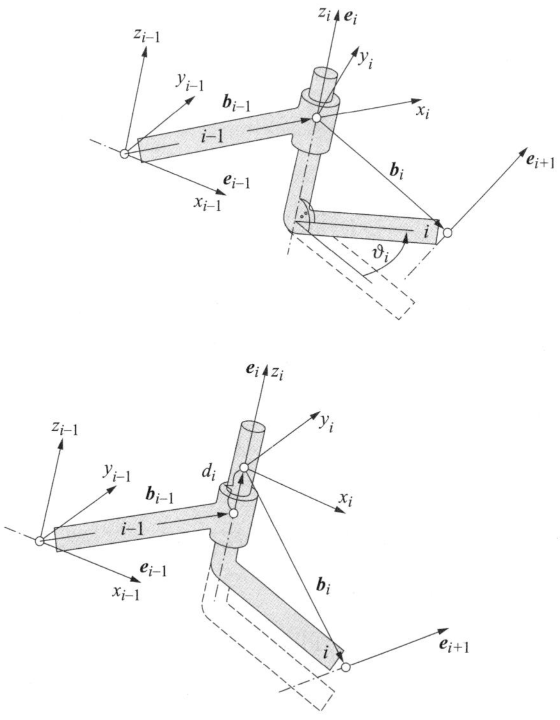


图 3.3　运动副的矢量参数

当 $\boldsymbol{e}_i$ 与 $y_i$ 轴平行时，我们有以下变换矩阵：

$$
{}^{i-1}\boldsymbol{H}_i=\begin{bmatrix} \cos\vartheta_i & 0 & \sin\vartheta_i & b_{i-1,x} \\ 0 & 1 & 0 & d_i+b_{i-1,y} \\ -\sin\vartheta_i & 0 & \cos\vartheta_i & b_{i-1,z} \\ 0 & 0 & 0 & 1 \end{bmatrix} \tag{3.3}
$$

当 $\boldsymbol{e}_i$ 与 $z_i$ 轴平行时，变换矩阵如下：

$$
{}^{i-1}\boldsymbol{H}_i=\begin{bmatrix} \cos\vartheta_i & -\sin\vartheta_i & 0 & b_{i-1,x} \\ \sin\vartheta_i & \cos\vartheta_i & 0 & b_{i-1,y} \\ 0 & 0 & 1 & d_i+b_{i-1,z} \\ 0 & 0 & 0 & 1 \end{bmatrix} \tag{3.4}
$$

在初始位姿，坐标系 $x_{i-1}$–$y_{i-1}$–$z_{i-1}$ 和坐标系 $x_i$–$y_i$–$z_i$ 是平行的（$\vartheta_i$=0 和 $d_i$=0），仅移动了矢量 $\boldsymbol{b}_{\mathrm{i-1}}$。

$$
{}^{i-1}\boldsymbol{H}_i=\begin{bmatrix}1 & 0 & 0 & b_{i-1,x}\\0 & 1 & 0 & b_{i-1,y}\\0 & 0 & 1 & b_{i-1,z}\\0 & 0 & 0 & 1\end{bmatrix} \tag{3.5}
$$



## 3.2　机构的矢量参数

一个机器人机构的矢量参数由以下四步来确定。

第一步：将机器人机构置于期望的初始（参考）位姿。所有的关节轴必须与固连在机器人基座上的坐标系 $x_0$–$y_0$–$z_0$ 的某一个轴平行。在参考位姿下，所有关节变量的值都为零，即 $\vartheta_i$=0 及 $d_i$=0，$i$=1,2,⋯,$n$。

第二步：选定各关节 $i$=1,2,⋯,$n$ 的中心。第 $i$ 个关节的中心可以在相应关节轴上的任意地方，一个局部坐标系 $x_i$–$y_i$–$z_i$ 的原点被置于关节的中心，其坐标轴与参考坐标系 $x_0$–$y_0$–$z_0$ 的坐标轴平行。局部坐标系 $x_i$–$y_i$–$z_i$ 与第 $i$ 个连杆一起运动。

第三步：在每个关节轴上指定一个单位矢量 $\boldsymbol{e}_i$（$i$=1,2,⋯,$n$）。该矢量与坐标系 $x_i$–$y_i$–$z_i$ 中某一轴的指向相同。沿着这个矢量的方向，测量移动变量 $d_i$ 的值，而转动变量 $\vartheta_i$ 的值是通过绕这个关节矢量 $\boldsymbol{e}_i$ 来计算的。

第四步：在两个相邻坐标系的原点间画出连杆矢量 $\boldsymbol{b}_{i-1}$（$i$=1,2,⋯,$n$）。连杆矢量 $\boldsymbol{b}_n$ 连接着坐标系 $x_n$–$y_n$–$z_n$ 的原点与机器人的末端点。

有时，在抓爪的参考点上设置一个附加的坐标系，并命名为 $x_{n+1}$–$y_{n+1}$–$z_{n+1}$。在坐标系 $x_n$–$y_n$–$z_n$ 和 $x_{n+1}$–$y_{n+1}$–$z_{n+1}$ 之间没有任何自由度，因为这两个坐标系都固连在同一连杆上，它们间的变换是恒定的。

机器人机构的几何建模方法将由图 3.4 所示的四自由度机器人机构的例子来展示。选定的初始位姿及关节的中心点标识如图 3.5 所示。表 3.1 包括了相应的矢量参数和关节变量。

旋转变量 $\vartheta_1$、$\vartheta_2$、$\vartheta_4$ 是在垂直于关节轴 $\boldsymbol{e}_1$、$\boldsymbol{e}_2$、$\boldsymbol{e}_4$ 的平面内测得的，而移动变量 $d_3$ 是沿着轴 $\boldsymbol{e}_3$ 测量的。当机器人处于初始位姿时，这些变量的值都为零。图 3.6 展示了一个机器人的 4 个参数都为正（且不为零）时的位姿。变量 $\vartheta_1$ 表示 $y_1$ 轴的初始位置与当前位置间的夹角；变量 $\vartheta_2$ 是 $z_2$ 轴的初始位置与当前位置间的夹角；变量 $d_3$ 是 $x_3$ 轴的初始位置与当前位置间的距离；变量 $\vartheta_4$ 代表着 $x_4$ 轴的初始位置与当前位置间的夹角。

将选定的变量参数带入式（3.2）～式（3.4）得：

$$^{0}\boldsymbol{H}_{1}=\begin{bmatrix} c1 & -s1 & 0 & 0 \\ s1 & c1 & 0 & 0 \\ 0 & 0 & 1 & h_0 \\ 0 & 0 & 0 & 1 \end{bmatrix}$$ 31

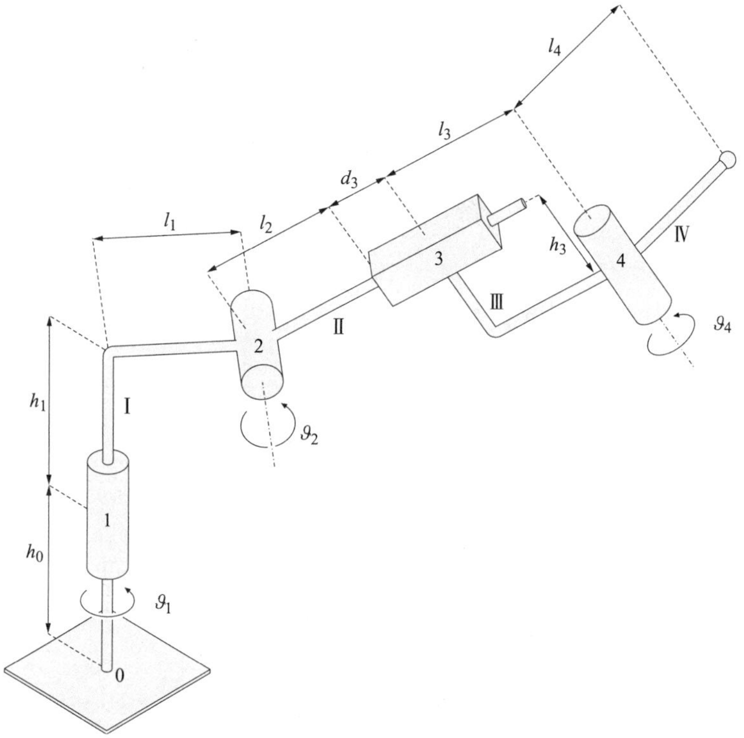


图 3.4　四自由度机器人机构

$$^{1}\boldsymbol{H}_{2}=\begin{bmatrix} 1 & 0 & 0 & 0 \\ 0 & c2 & -s2 & l_1 \\ 0 & s2 & c2 & h_1 \\ 0 & 0 & 0 & 1 \end{bmatrix}$$

$$^{2}\boldsymbol{H}_{3}=\begin{bmatrix} 1 & 0 & 0 & 0 \\ 0 & 1 & 0 & d_3+l_2 \\ 0 & 0 & 1 & 0 \\ 0 & 0 & 0 & 1 \end{bmatrix}$$

$$^{3}\boldsymbol{H}_{4}=\begin{bmatrix} c4 & -s4 & 0 & 0 \\ s4 & c4 & 0 & l_3 \\ 0 & 0 & 1 & -h_3 \\ 0 & 0 & 0 & 1 \end{bmatrix}$$

下面附加的齐次矩阵描述了抓爪参考点的位置。在抓爪的参考点上设置了坐标系 $x_5$-$y_5$-$z_5$。 32

$$
{}^{4}\boldsymbol{H}_{5}=\begin{bmatrix}1 & 0 & 0 & 0\\0 & 1 & 0 & l_4\\0 & 0 & 1 & 0\\0 & 0 & 0 & 1\end{bmatrix}
$$

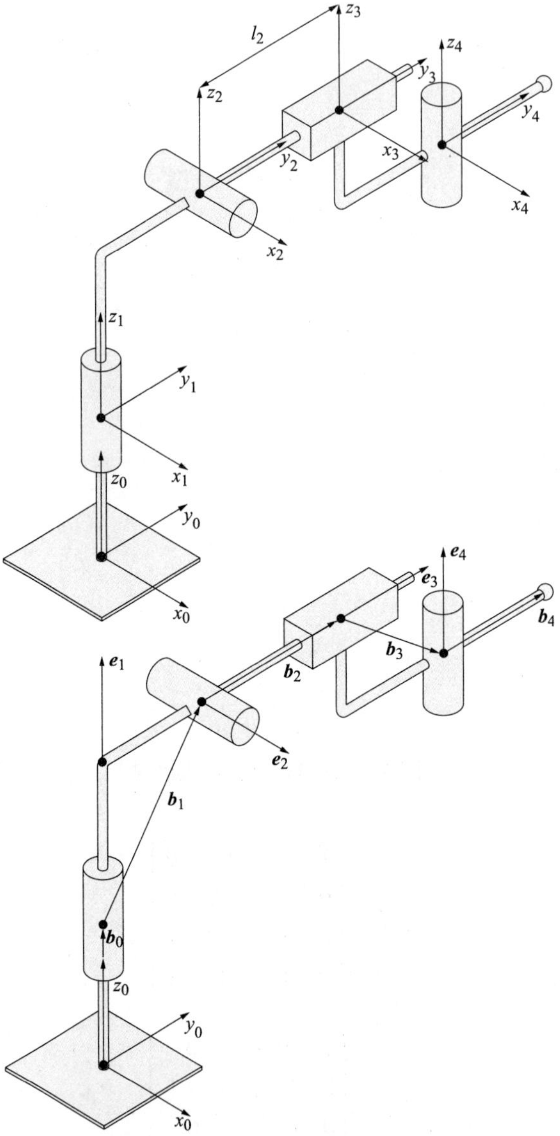


33

图 3.5　四自由度机器人机构的坐标系位置

**表 3.1　图 3.5 中机器人机构的矢量参数和关节变量表**

| $i$ | 1 | 2 | 3 | 4 |
|---|---|---|---|---|
| $\vartheta_i$ | $\vartheta_1$ | $\vartheta_2$ | 0 | $\vartheta_4$ |
| $d_i$ | 0 | 0 | $d_3$ | 0 |

| $i$ | 1 | 2 | 3 | 4 |
|---|---|---|---|---|
| | 0 | 1 | 0 | 0 |
| $\boldsymbol{e}_i$ | 0 | 0 | 1 | 0 |
| | 1 | 0 | 0 | 1 |

| $i$ | 1 | 2 | 3 | 4 | 5 |
|---|---|---|---|---|---|
| | 0 | 0 | 0 | 0 | 0 |
| $\boldsymbol{b}_{i-1}$ | 0 | $l_1$ | $l_2$ | $l_3$ | $l_4$ |
| | $h_0$ | $h_1$ | 0 | $-h_3$ | 0 |

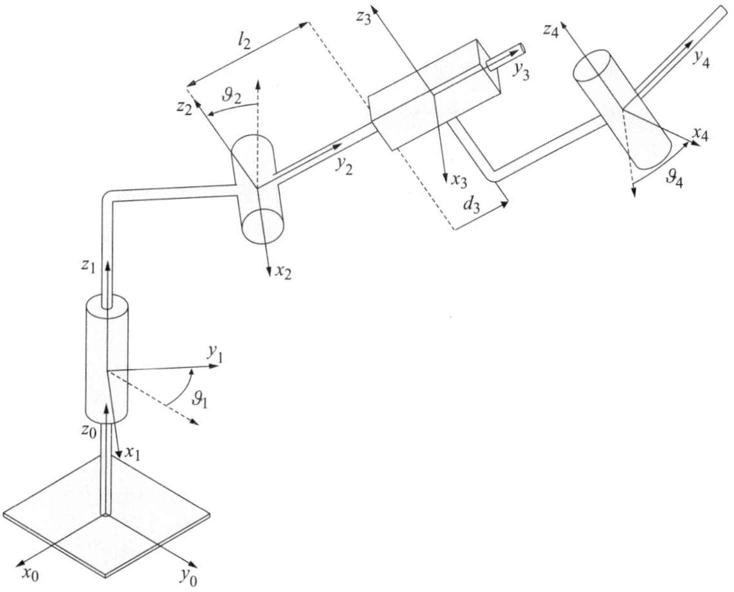


图 3.6　为四自由度机器人机构确定转动和移动变量 34

最后一个矩阵是常值矩阵，因为坐标系 $x_4$–$y_4$–$z_4$ 和坐标系 $x_5$–$y_5$–$z_5$ 是平行的且相距 $l_4$。通常，这个附加坐标系不会在机器人机构中画出，因为抓爪的位置和方向可以在坐标系 $x_4$–$y_4$–$z_4$ 中描述。

在确定机器人机构的初始位姿时，我们必须仔细考虑关节轴平行于参考坐标系的某一个轴这个条件。初始位姿应以这样的方式来选择：简单、易检查、与期望的机器人任务很好地对应、使要求的数学运算（包括变换矩阵）的数量最小化。

另一个例子，我们将考虑 SCARA 机械手，它的几何模型已在前面的章节中建立了，图 2.10 展示了这个例子。机器人机构需要先以这样的方式置于初始位姿：所有的关节轴都需与参考坐标系 $x_0$–$y_0$–$z_0$ 的某一轴相平行；通过这样的方式，两个相邻的连杆要么是平行的，要么是垂直的；移动关节必须在其初始位置（$d_3$=0）。图 3.7 所示为一个在初始位姿的 SCARA 机器人。

关节坐标系 $x_i$–$y_i$–$z_i$ 是平行于参考坐标系的，因此，我们仅需要画出参考坐标系并标出关节的中心点。在两个转动关节的中心上，单位矢量 $\boldsymbol{e}_1$ 和 $\boldsymbol{e}_2$ 是沿着关节轴设置的，绕

35 矢量 $\boldsymbol{e}_1$ 的旋转由变量 $\vartheta_1$ 描述，而 $\vartheta_2$ 表示绕矢量 $\boldsymbol{e}_2$ 旋转的角度。矢量 $\boldsymbol{e}_3$ 是沿着第三个关节的移动轴设置的，用 $d_3$ 描述它的移动变量。第一个关节通过矢量 $\boldsymbol{b}_0$ 连接到机器人基座上，矢量 $\boldsymbol{b}_1$ 连接第一个和第二个关节，矢量 $\boldsymbol{b}_2$ 连接第二个和第三个关节。变量和矢量集中在表 3.2 中。

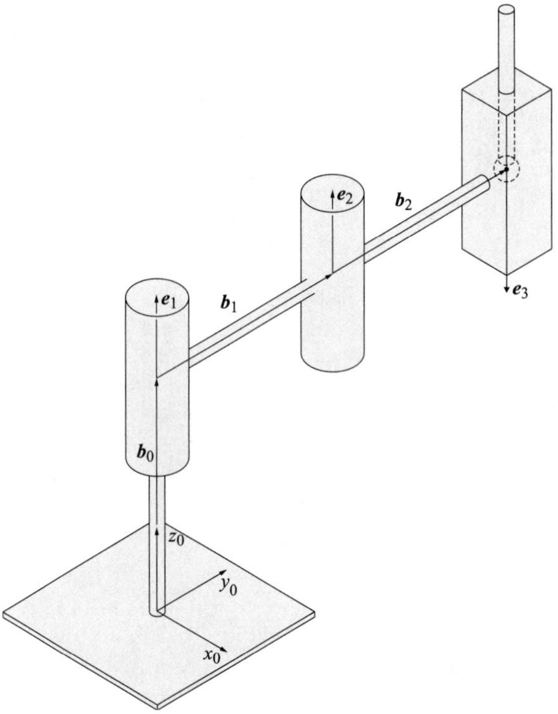


图 3.7 在初始位姿的 SCARA 机械手

**表 3.2 SCARA 机械手的矢量参数和关节变量**

| $i$ | 1 | 2 | 3 | 4 |
|---|---|---|---|---|
| $\vartheta_i$ | $\vartheta_1$ | $\vartheta_2$ | 0 | $\vartheta_4$ |
| $d_i$ | 0 | 0 | $d_3$ | 0 |

| $i$ | 1 | 2 | 3 | 4 |
|---|---|---|---|---|
| | 0 | 1 | 0 | 0 |
| $\boldsymbol{e}_i$ | 0 | 0 | 1 | 0 |
| | 1 | 0 | 0 | 1 |

| $i$ | 1 | 2 | 3 | 4 | 5 |
|---|---|---|---|---|---|
| | 0 | 0 | 0 | 0 | 0 |
| $\boldsymbol{b}_{i-1}$ | 0 | $l_1$ | $l_2$ | $l_3$ | $l_4$ |
| | $h_0$ | $h_1$ | 0 | $-h_3$ | 0 |

在我们的例子中，所有的矢量 $\boldsymbol{e}_i$ 都与 $z_0$ 轴平行，由此可按式（3.4）写出齐次变换矩阵。对于两个转动关节，有相似的矩阵。

$$^{0}\boldsymbol{H}_{1}=\begin{bmatrix} c1 & -s1 & 0 & 0 \\ s1 & c1 & 0 & 0 \\ 0 & 0 & 1 & l_1 \\ 0 & 0 & 0 & 1 \end{bmatrix}$$

$$^{1}\boldsymbol{H}_{2}=\begin{bmatrix} c2 & -s2 & 0 & 0 \\ s2 & c2 & 0 & l_2 \\ 0 & 0 & 1 & 0 \\ 0 & 0 & 0 & 1 \end{bmatrix}$$

对于移动关节，$\vartheta_3=0$ 需代入式（3.4）中，得到： 36

$$^{2}\boldsymbol{H}_{3}=\begin{bmatrix} 1 & 0 & 0 & 0 \\ 0 & 1 & 0 & l_3 \\ 0 & 0 & 1 & -d_3 \\ 0 & 0 & 0 & 1 \end{bmatrix}$$

将上面 3 个矩阵右乘，得到示例的 SCARA 机器人的几何模型为：

$$^{0}\boldsymbol{H}_{3}={}^{0}\boldsymbol{H}_{1}{}^{1}\boldsymbol{H}_{2}{}^{2}\boldsymbol{H}_{3}=\begin{bmatrix} c12 & -s12 & 0 & -l_3s12-l_2s1 \\ s12 & c12 & 0 & l_3c12+l_2c1 \\ 0 & 0 & 1 & l_1-d_3 \\ 0 & 0 & 0 & 1 \end{bmatrix}$$

我们得到了与前面一章同样的结果，但是它有更简便和更清晰的方式。 37~38

# 第 4 章

Robotics, Second Edition

# 方　　向

常常把我们所处的环境描述成三维世界，但机器人的世界却是六维的。它不仅要考虑物体的位置，还要考虑它的方向。当机器人抓爪或末端执行器接近一个被夹持的物体时，抓爪和物体间的空间角度通常是极其重要的。

完整描述空间中一个物体的位置和方向需要 6 个参数，3 个参数对应着物体的位置，而另外 3 个参数对应着物体的方向。有 3 种可能的数学方式描述物体的方向。第一种可能的方式是包含 9 个元素的旋转 / 方向矩阵，这个矩阵代表着冗余的方向描述。第二种是一个不冗余的描述，可由 RPY（滚转 – 俯仰 – 偏航）或欧拉角给出。不管是 RPY 还是欧拉角，都有 3 个角度，RPY 角度是相对于固定坐标系的 3 个轴定义的，而欧拉角是描述相对于相关坐标系的方向的。第三种可能的方向描述是由四元数的四个参数来实现的。

在第 2 章中我们已经熟悉了绕直角坐标系 $x$、$y$、$z$ 轴旋转的矩阵，并发现它们在建立机器人机构的几何模型中非常有用。不难理解也存在描述绕任意轴旋转的矩阵，可以由下面的形式来表示：

$$
{}^{0}\boldsymbol{R}_{1}=\begin{bmatrix} {}^{1}\boldsymbol{i}{}^{0}\boldsymbol{i} & {}^{1}\boldsymbol{j}{}^{0}\boldsymbol{i} & {}^{1}\boldsymbol{k}{}^{0}\boldsymbol{i} \\ {}^{1}\boldsymbol{i}{}^{0}\boldsymbol{j} & {}^{1}\boldsymbol{j}{}^{0}\boldsymbol{j} & {}^{1}\boldsymbol{k}{}^{0}\boldsymbol{j} \\ {}^{1}\boldsymbol{i}{}^{0}\boldsymbol{k} & {}^{1}\boldsymbol{j}{}^{0}\boldsymbol{k} & {}^{1}\boldsymbol{k}{}^{0}\boldsymbol{k} \end{bmatrix} \tag{4.1}
$$

这个 3×3 矩阵不仅表示旋转，也表示坐标系 $x_1$–$y_1$–$z_1$ 相对于坐标系 $x_0$–$y_0$–$z_0$ 的方向，就

39 像从图 4.1 中可以看出一样。参考坐标系 $x_0$–$y_0$–$z_0$ 由单位矢量 ${}^{0}\boldsymbol{I}$、${}^{0}\boldsymbol{J}$ 和 ${}^{0}\boldsymbol{K}$ 描述，旋转坐标系由单位矢量 ${}^{1}\boldsymbol{I}$、${}^{1}\boldsymbol{J}$ 和 ${}^{1}\boldsymbol{K}$ 描述。两个坐标系的原点重合。由于我们处理的是单位矢量，因此旋转 / 方向矩阵的元素是每对坐标轴间角度的余弦函数。

让我们考虑图 4.2 所示的例子，计算表示坐标系 $x_1$–$y_1$–$z_1$ 方向的矩阵，该坐标系相对于坐标系 $x_0$–$y_0$–$z_0$（绕 $x_0$ 轴）旋转了 $+\vartheta$ 角。

这里涉及下面的非零单位矢量的相乘。

$$
\begin{gathered}
{}^{0}\boldsymbol{i}{}^{1}\boldsymbol{i}=1 \\
{}^{0}\boldsymbol{j}{}^{1}\boldsymbol{j}=\cos\vartheta \\
{}^{0}\boldsymbol{k}{}^{1}\boldsymbol{k}=\cos\vartheta \\
{}^{0}\boldsymbol{j}{}^{1}\boldsymbol{k}=-\sin\vartheta \\
{}^{0}\boldsymbol{k}{}^{1}\boldsymbol{j}=\sin\vartheta
\end{gathered} \tag{4.2}
$$

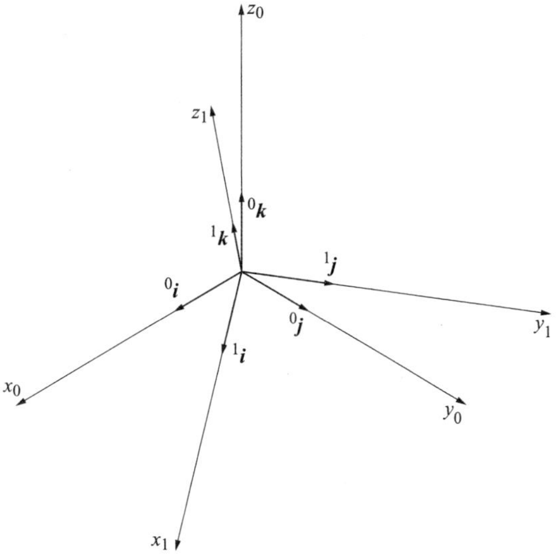


图 4.1　坐标系 $x_1$–$y_1$–$z_1$ 相对于参考坐标系 $x_0$–$y_0$–$z_0$ 的方向

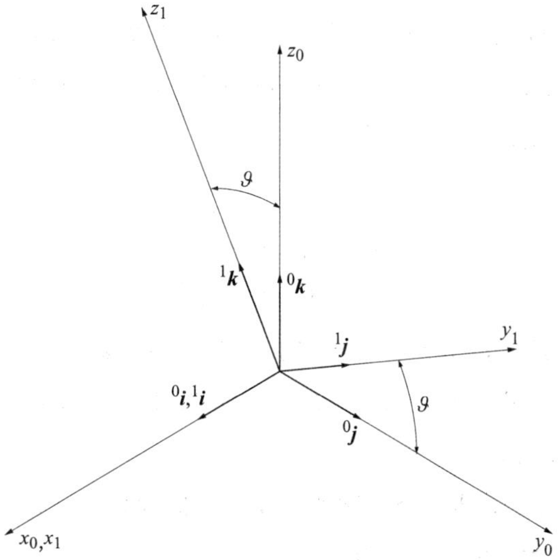


图 4.2　绕 $x_0$ 轴旋转的两个坐标系

表示坐标系 $x_1$–$y_1$–$z_1$ 相对于坐标系 $x_0$–$y_0$–$z_0$ 的方向矩阵则为：

$$\boldsymbol{R}_x=\begin{bmatrix}1 & 0 & 0\\ 0 & c\vartheta & -s\vartheta\\ 0 & s\vartheta & c\vartheta\end{bmatrix} \tag{4.3}$$

40

式（4.3）表示的矩阵也可以表示成绕 $x$ 轴的旋转矩阵，就像我们已知的第 2 章中式（2.6）的齐次矩阵的一部分。

机器人方向的概念主要与机器人抓爪的方向有关。一个由 3 个单位矢量 $\boldsymbol{n}$、$\boldsymbol{s}$ 和 $\boldsymbol{a}$ 组成的坐标系将描述机器人抓爪的方向，并设置在一个简单机器人抓爪的两个手指间，如图 4.3 所示。 41

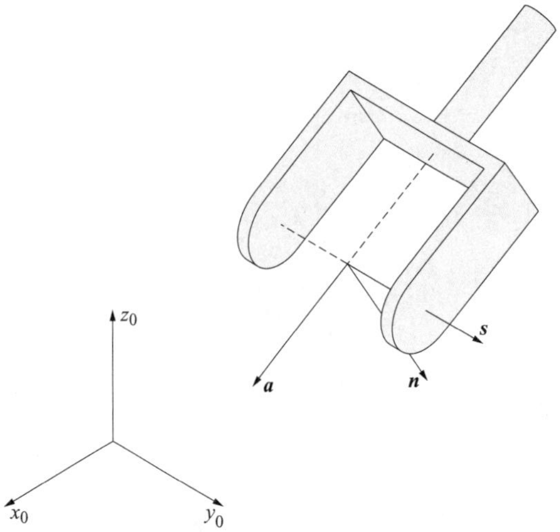


图 4.3　机器人抓爪的方向

$z$ 轴矢量放置在机器人抓爪接近物体的方向上，因此它被标记为矢量 $\boldsymbol{a}$（approach，接近）。与 $y$ 轴对齐的矢量描述手指的滑动方向，被标记为矢量 $\boldsymbol{s}$（slide，滑动）。第三个矢量与前二者组成右手坐标系，也称为法矢量 $\boldsymbol{n}$（normal，法向）。这也可表示为：$\boldsymbol{n}=\boldsymbol{s}\times\boldsymbol{a}$。描述抓爪方向相对于参考坐标系 $x_0$-$y_0$-$z_0$ 的矩阵为：

$$\boldsymbol{R}=\begin{bmatrix} n_x & s_x & a_x \\ n_y & s_y & a_y \\ n_z & s_z & a_z \end{bmatrix} \tag{4.4}$$

式（4.4）中的矩阵元素 $n_x$ 表示单位矢量 $\boldsymbol{n}$ 在参考坐标系 $x_0$ 轴上的投影，它的值为轴 $x_1$ 和 $x_0$ 之间角度的余弦，与式（4.1）中旋转 / 方向矩阵中的元素 $^1\boldsymbol{i}\,^0\boldsymbol{i}$ 有着同样的含义。这也适用于式（4.4）中矩阵的其他 8 个元素。

我们不需要用 9 个参数描述一个物体的方向。左边的列矢量是矢量 $\boldsymbol{s}$ 和 $\boldsymbol{a}$ 的叉乘。矢量 $\boldsymbol{s}$ 和 $\boldsymbol{a}$ 是单位矢量且相互垂直的，因此有：

$$\begin{aligned} \boldsymbol{s}\cdot\boldsymbol{s}&=1 \\ \boldsymbol{a}\cdot\boldsymbol{a}&=1 \\ \boldsymbol{s}\cdot\boldsymbol{a}&=0 \end{aligned} \tag{4.5}$$

因此，3 个参数就足以描述方向。方向常由以下序列的旋转来描述：

$R$（滚转）——绕 $z$ 轴的转动

$P$（俯仰）——绕 $y$ 轴的转动

$Y$（偏航）——绕 $x$ 轴的转动

这样的描述主要用于表示船舶或飞机的方向。让我们想象一下飞机沿着 $z$ 轴飞行，其坐标系置于飞机的中心上[⊖]。那么，$R$（滚转）代表着绕 $z$ 轴的旋转角度 $\varphi$，$P$（俯仰）代表着绕 $y$ 轴的旋转角度 $\vartheta$，而 $Y$（偏航）代表着绕 $x$ 轴的旋转角度 $\psi$，如图 4.4 所示。

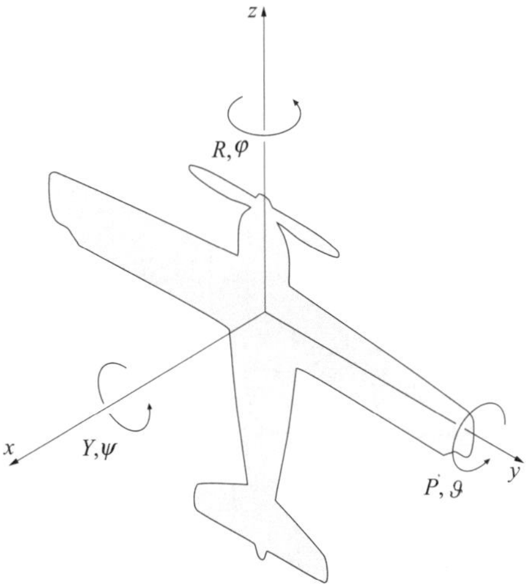


图 4.4　飞机的 RPY 角的定义

应用 RPY 角到一个机器人抓爪上，如图 4.5 所示。如图 4.4 和图 4.5 所示，RPY 方向是相对于固定坐标系定义的。在第 2 章中当我们建立 SCARA 机械手的几何模型时，我们右乘描述每一个特定关节旋转（或移动）的齐次变换矩阵，每个关节坐标系的位置和方向是相对于其前一个关节坐标系定义的，适合不固定的关节轴。在这种情况下，就像我们已看到的， 42
从左至右让矩阵相乘。当处理绕同一坐标系的轴顺序转动时，我们使用左乘旋转矩阵，也就是说，矩阵相乘以相反的顺序完成，即从右至左。

我们从绕 $z$ 轴旋转角度 $\varphi$ 开始，然后是绕 $y$ 轴旋转角度 $\vartheta$，最后以绕 $x$ 轴旋转角度 $\psi$ 结束。这种反向的旋转顺序也可以从 RPY 角的命名方式中看出来。用 RPY 角表示的方向矩阵，可由下面的旋转矩阵相乘得到：

$$\begin{aligned}\boldsymbol{R}(\varphi,\vartheta,\psi)&=\mathrm{Rot}(z,\varphi)\mathrm{Rot}(y,\vartheta)\mathrm{Rot}(x,\psi)\\&=\begin{bmatrix}c\varphi & -s\varphi & 0\\ s\varphi & c\varphi & 0\\ 0 & 0 & 1\end{bmatrix}\begin{bmatrix}c\vartheta & 0 & s\vartheta\\ 0 & 1 & 0\\ -s\vartheta & 0 & c\vartheta\end{bmatrix}\begin{bmatrix}1 & 0 & 0\\ 0 & c\psi & -s\psi\\ 0 & s\psi & c\psi\end{bmatrix}\\&=\begin{bmatrix}c\varphi c\vartheta & c\varphi s\vartheta s\psi - s\varphi c\psi & c\varphi s\vartheta c\psi + s\varphi s\psi\\ s\varphi s\vartheta & s\varphi s\vartheta s\psi + c\varphi c\psi & s\varphi s\vartheta c\psi - c\varphi c\psi\\ -s\vartheta & c\vartheta s\psi & c\vartheta c\psi\end{bmatrix}\end{aligned} \tag{4.6}$$

式（4.6）由对应的 RPY 角计算旋转矩阵。

[⊖] 在航空学中，坐标系一般置于飞行器的质心，机体轴向为 $x$ 轴。——译者注

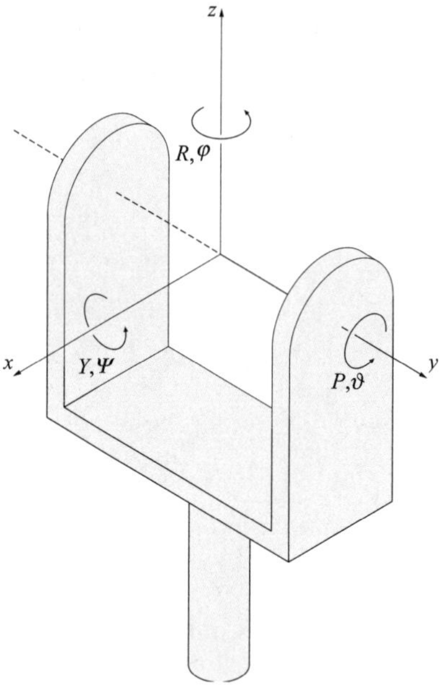


43 图 4.5　机器人抓爪的 RPY 角的定义

我们学习了旋转和方向可以由旋转矩阵或者 RPY 角来描述。前一种需要 9 个参数，而后一种仅需要 3 个参数。尽管矩阵适合计算，但它们不能提供快速明了的概念，如机器人抓爪在空间中的方向。RPY 角和欧拉角可以很好地表示抓爪的方向，但它们不适合计算。本章中，我们将学习四元数，它既适合计算，又适合描述方向。

四元数代表着复数的扩展：

$$z=a+\mathrm{i}b \tag{4.7}$$

其中 i 是 “ -1” 的平方根，或者 $\mathrm{i}^2=-1$。复数可以在一个平面上通过引入带 Re（实）轴和 Im（虚）轴的直角坐标系来表示。从平面扩展到空间，在已有 i 的基础上，必须增加两个单位矢量 $\boldsymbol{j}$ 和 $\boldsymbol{k}$，且等式 $\boldsymbol{i}^2=\boldsymbol{j}^2=\boldsymbol{k}^2=\boldsymbol{ijk}=-1$ 成立。四元数有下面的形式：

$$q=q_0+q_1\boldsymbol{i}+q_2\boldsymbol{j}+q_3\boldsymbol{k} \tag{4.8}$$

在式（4.8）中，$qi$ 是实数，而 $\boldsymbol{i}$、$\boldsymbol{j}$ 和 $\boldsymbol{k}$ 是分别对应着直角坐标系轴的单位矢量。

当由 RPY 角描述方向时，旋转矩阵的相乘是必要的。类似地，我们需要四元数相乘：

44 $$pq=(p_0+p_1\boldsymbol{i}+p_2\boldsymbol{j}+p_3\boldsymbol{k})(q_0+q_1\boldsymbol{i}+q_2\boldsymbol{j}+q_3\boldsymbol{k}) \tag{4.9}$$

四元数相乘是不可交换的。两个四元数相乘时我们必须使用表 4.1 所示的规则。让我们看一个两个四元数相乘的例子。

表 4.1　四元数相乘的规则

| * | 1 | $\boldsymbol{i}$ | $\boldsymbol{j}$ | $\boldsymbol{k}$ |
|---|---|---|---|---|
| 1 | 1 | $\boldsymbol{i}$ | $\boldsymbol{j}$ | $\boldsymbol{k}$ |
| $\boldsymbol{i}$ | $\boldsymbol{i}$ | −1 | $\boldsymbol{k}$ | $-\boldsymbol{j}$ |
| $\boldsymbol{j}$ | $\boldsymbol{j}$ | $-\boldsymbol{k}$ | −1 | $\boldsymbol{i}$ |
| $\boldsymbol{k}$ | $\boldsymbol{k}$ | $\boldsymbol{j}$ | $-\boldsymbol{i}$ | −1 |

$$\begin{aligned}
&(2+3\boldsymbol{i}-\boldsymbol{j}+5\boldsymbol{k})(3-4\boldsymbol{i}+2\boldsymbol{j}+\boldsymbol{k})=\\
&=6+9\boldsymbol{i}-3\boldsymbol{j}+15\boldsymbol{k}-\\
&-8\boldsymbol{i}-12\boldsymbol{i}^2+4\boldsymbol{ji}-20\boldsymbol{ki}+\\
&+4\boldsymbol{j}+6\boldsymbol{ij}-2\boldsymbol{j}^2+10\boldsymbol{kj}+\\
&+2\boldsymbol{k}+3\boldsymbol{ik}-\boldsymbol{jk}+5\boldsymbol{k}^2\\
&=6+9\boldsymbol{i}-3\boldsymbol{j}+15\boldsymbol{k}-\\
&-8\boldsymbol{i}+12-4\boldsymbol{k}-20\boldsymbol{j}+\\
&+4\boldsymbol{j}+6\boldsymbol{k}+2-10\boldsymbol{i}+\\
&+2\boldsymbol{k}-3\boldsymbol{j}-\boldsymbol{i}-5\\
&=15-10\boldsymbol{i}-22\boldsymbol{j}+19\boldsymbol{k}
\end{aligned} \tag{4.10}$$

下面的四元数表述特别适合描述空间中的方向。

$$q=\cos\frac{\vartheta}{2}+\sin\frac{\vartheta}{2}\boldsymbol{s} \tag{4.11}$$

在式（4.11）中，$\boldsymbol{s}$ 是一个与旋转轴重合的单位矢量，而 $\vartheta$ 为旋转角度。方向四元数可以从 RPY 角中获得。滚转 R 由下面的四元数描述。

$$q_{z\varphi}=\cos\frac{\varphi}{2}+\sin\frac{\varphi}{2}\boldsymbol{k} \tag{4.12}$$

属于俯仰 P 的四元数为：

$$q_{y\vartheta}=\cos\frac{\vartheta}{2}+\sin\frac{\vartheta}{2}\boldsymbol{j} \tag{4.13}$$

45

而偏航 Y 的四元数可以写成：

$$q_{x\psi}=\cos\frac{\psi}{2}+\sin\frac{\psi}{2}\boldsymbol{i} \tag{4.14}$$

通过以上 3 个四元数相乘，得到的方向四元数为：

$$q(\varphi,\vartheta,\psi)=q_{z\varphi}q_{y\vartheta}q_{x\psi} \tag{4.15}$$

让我们通过一个描述抓爪方向的例子来说明 3 种描述方向（即 RPY 角、旋转矩阵和四元数）的表述。为使例子清晰简单，一个有两个手指的抓爪平面将置于参考坐标系的 $x_0$–$y_0$ 平面上（见图 4.6）。从图 4.6 中可以直接看出 RPY 角。绕 $z$ 轴和绕 $y$ 轴的旋转都是零，绕 $x$

轴的旋转是 –60°，因此抓爪的方向可以由下面的 RPY 角度描述。

$$\varphi=0,\ \vartheta=0,\ \psi=-60° \tag{4.16}$$

从图 4.6 中我们也可以看出参考坐标系和抓爪坐标系相对应的轴之间的角度，它们的余弦代表着方向 / 旋转矩阵 **R**。

$$\begin{aligned} n_x&=\cos 0°,\ s_x=\cos 90°,\ a_x=\cos 90° \\ n_y&=\cos 90°,\ s_y=\cos 60°,\ a_y=\cos 30° \\ n_z&=\cos 0°,\ s_z=\cos 150°,\ a_z=\cos 60° \end{aligned} \tag{4.17}$$

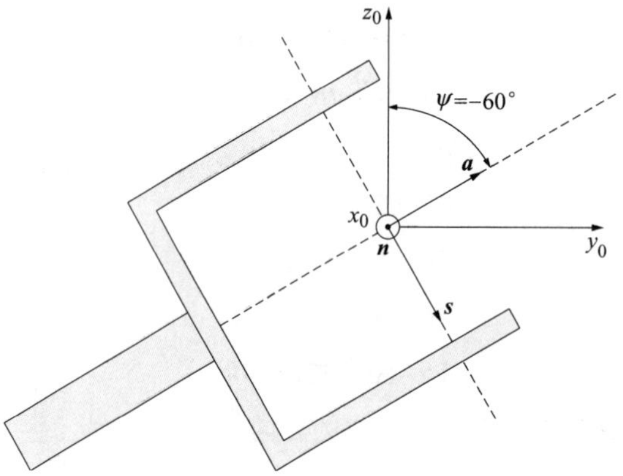


46 图 4.6　机器人抓爪的方向

矩阵 **R** 也可以通过将已知的 RPY 角度代入式（4.6）中计算出来。

$$\boldsymbol{R}=\begin{bmatrix} 1 & 0 & 0 \\ 0 & 0.5 & 0.866 \\ 0 & -0.866 & 0.5 \end{bmatrix} \tag{4.18}$$

这样，我们从图 4.6 读出角度的正确性得到了验证。还需要将 RPY 角代入式（4.12）～式（4.14）以计算方向四元数。

$$\begin{aligned} q_{z\varphi}&=1+0\boldsymbol{k} \\ q_{y\vartheta}&=1+0\boldsymbol{j} \\ q_{x\psi}&=0.866-0.5\boldsymbol{i} \end{aligned} \tag{4.19}$$

通过式（4.15）中的 3 个四元数相乘得到的方向四元数为：

47～48

$$q_0=0.866,\ q_1=-0.5,\ q_2=0,\ q_3=0 \tag{4.20}$$

式（4.16）、式（4.18）和式（4.20）展示了同一个抓爪方向的不同描述。

# 第 5 章

Robotics, Second Edition

# 二连杆机械手

## 5.1 运动学

运动学是经典力学的一部分。它研究运动，而不考虑产生运动的力。运动通常由轨迹、速度和加速度来描述。在机器人学中，我们主要对轨迹和速度感兴趣，这二者都能由关节上的传感器测量得到。在机器人关节上，轨迹是通过转动关节的角度或移动关节的距离来测量的。关节变量也称为内部坐标系。当规划及编程机器人任务时，机器人末端点是至关重要的，机器人末端执行器的位置和方向是由外部坐标系表述的。由内部变量计算外部变量，是机器人学的核心问题，反之亦然。

本章中，我们将兴趣局限于一个二维的、具有两个转动关节的二连杆机械手（见图 5.1）。依据第 1 章中给出的定义，这样的机构很难被称为机器人。然而，这样的机构是 SCARA 机器人和拟人机器人的重要部分，允许我们研究几个标志性的机器人机构的运动特性。

正向运动学和逆向运动学是有区别的。在二连杆机器人的情况下，正向运动学表示从已知的关节角度计算机器人末端点的位置；逆向运动学是从已知的机器人末端点的位置计算关节的变量。正向运动学是简单的问题，因为我们有机器人末端点的唯一解。逆向运动学的解在很大程度上取决于机械手的构成。我们常常要处理从同一机器人末端点位置上得到的几个解，甚至在某些情况下逆向运动学的解是不存在的。

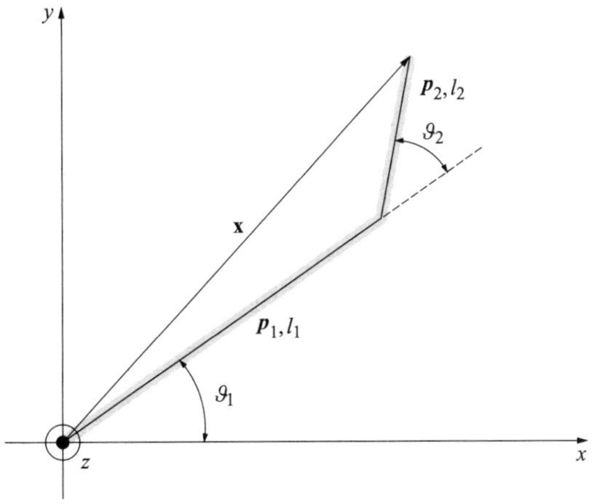


图 5.1 二维的二连杆机械手

49 运动学分析还包括机器人末端点的速度与各关节速度之间的关系。我们发现逆向运动学的速度计算比逆向运动学的轨迹计算要简单。可先找到正向运动学轨迹的解，通过微分我们可以得到描述正向运动学速度的方程，通过简单的矩阵求逆后逆向运动学的速度就可以计算出来了。现在我们看看图 5.1 中二维的二连杆机械手的例子。

第一个关节的旋转轴由垂直指向平面外的 $z$ 轴表示。矢量 $\boldsymbol{p}_1$ 与第一个连杆重合。

$$\boldsymbol{p}_1 = l_1 \begin{bmatrix} \cos\vartheta_1 \\ \sin\vartheta_1 \end{bmatrix} \tag{5.1}$$

矢量 $\boldsymbol{p}_2$ 与第二个连杆重合，其组成可从图 5.1 中看出。

$$\boldsymbol{p}_2 = l_2 \begin{bmatrix} \cos(\vartheta_1 + \vartheta_2) \\ \sin(\vartheta_1 + \vartheta_2) \end{bmatrix} \tag{5.2}$$

矢量 $\boldsymbol{x}$ 连接坐标系的原点和机器人的末端点。

$$\boldsymbol{x} = \boldsymbol{p}_1 + \boldsymbol{p}_2 \tag{5.3}$$

这样我们可知机器人末端点的位置为：

$$\boldsymbol{x} = \begin{bmatrix} x \\ y \end{bmatrix} = \begin{bmatrix} l_1\cos\vartheta_1 + l_2\cos(\vartheta_1 + \vartheta_2) \\ l_1\sin\vartheta_1 + l_2\sin(\vartheta_1 + \vartheta_2) \end{bmatrix} \tag{5.4}$$

定义关节角矢量为：

50

$$\boldsymbol{q} = [\vartheta_1 \vartheta_2]^{\mathrm{T}} \tag{5.5}$$

则式（5.4）可缩写为以下形式：

$$\boldsymbol{x} = k(\boldsymbol{q}) \tag{5.6}$$

其中 $k(.)$ 代表正向运动学方程。

机器人末端点的速度与机器人关节速度的关系可以通过微分得到。机器人末端点的坐标是关节角的函数，而角度是时间的函数。

$$\begin{aligned} x &= x(\vartheta_1(t), \vartheta_2(t)) \\ y &= y(\vartheta_1(t), \vartheta_2(t)) \end{aligned} \tag{5.7}$$

通过计算式（5.7）中的方程对时间的微分，并整理成矩阵的形式，可写成以下形式：

$$\begin{bmatrix} \dot{x} \\ \dot{y} \end{bmatrix} = \begin{bmatrix} \dfrac{\partial x}{\partial \vartheta_1} & \dfrac{\partial x}{\partial \vartheta_2} \\ \dfrac{\partial y}{\partial \vartheta_1} & \dfrac{\partial y}{\partial \vartheta_2} \end{bmatrix} \begin{bmatrix} \dot{\vartheta}_1 \\ \dot{\vartheta}_2 \end{bmatrix} \tag{5.8}$$

对于二连杆机械手我们得到以下表达式：

$$\begin{bmatrix}\dot{x}\\ \dot{y}\end{bmatrix}=\begin{bmatrix}-l_1s1-l_2s12 & -l_2s12\\ l_1c1+l_2c12 & l_2c12\end{bmatrix}\begin{bmatrix}\dot{\vartheta}_1\\ \dot{\vartheta}_2\end{bmatrix} \tag{5.9}$$

式中的矩阵在例子中是二维的，被称为雅可比矩阵 $\boldsymbol{J}(\boldsymbol{q})$。式（5.9）可写为以下简化形式：

$$\dot{\boldsymbol{x}}=\boldsymbol{J}(\boldsymbol{q})\dot{\boldsymbol{q}} \tag{5.10}$$

按照这种方法，正向运动学的轨迹和速度问题都得到了求解。当求解逆向运动学时，我们利用已知的机器人末端点位置计算各关节的角度。图 5.2 仅显示了二连杆机器人机构中与计算 $\vartheta_2$ 角相关的参数，其中用到了余弦规则。

$$x^2+y^2=l_1^2+l_2^2-2l_1l_2\cos(180°-\vartheta_2) \tag{5.11}$$

其中 $-\cos(180°-\vartheta_2)=\cos(\vartheta_2)$。二连杆机械手的第二个连杆的角度可用反三角函数计算得到。

$$\vartheta_2=\arccos\frac{x^2+y^2-l_1^2-l_2^2}{2l_1l_2} \tag{5.12}$$ 51

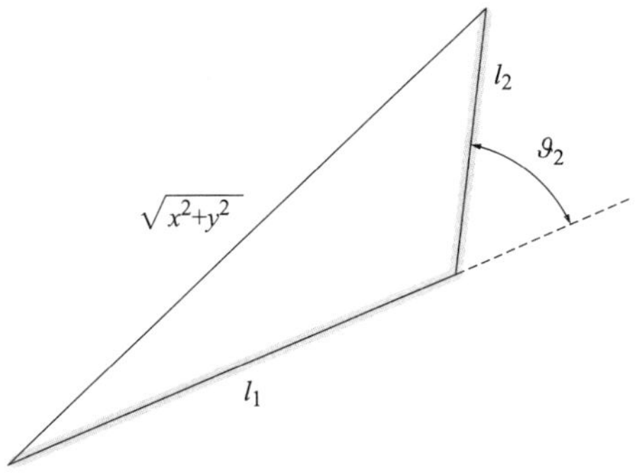


图 5.2　计算角度 $\vartheta_2$

第一个连杆的角度可利用图 5.3 帮助计算，它由角度 $\alpha_1$ 和 $\alpha_2$ 之差得到：

$$\vartheta_1=\alpha_1-\alpha_2$$

如图 5.3 所示，角度 $\alpha_1$ 可由机器人末端点的水平坐标 $x$ 和垂直坐标 $y$ 组成的直角三角形计算得到；角度 $\alpha_2$ 可通过将图 5.2 中的三角形延伸成一个直角三角形来获得结果。我们再一次利用以下反三角函数。

当计算角度 $\vartheta_2$ 时，我们有两个解：提臂时的解及垂臂时的解，如图 5.4 所示。当两个
连杆等长度（即 $l_1$=$l_2$）时，末端点位置坐标为 $x$=$y$=0，这代表着一个退化解。在这种情况下 52
arctan($y$/$x$) 无意义。当 $\vartheta_2$=180° 时，这个简单的二连杆机构的末端点在任意角度 $\vartheta_1$ 处都可以到达其基座。然而，当一个点 ($x$,$y$) 位于机械手的工作空间之外时，逆向运动学的问题无法求解。

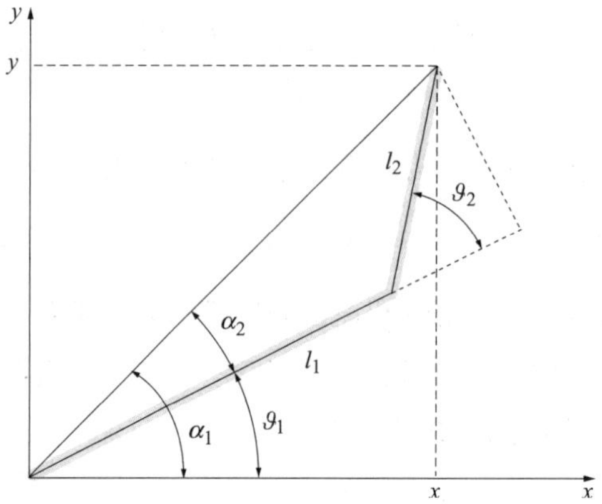


图 5.3　计算角度 $\vartheta_1$

$$\vartheta_1 = \arctan\left(\frac{y}{x}\right) - \arctan\left(\frac{l_2 \sin\vartheta_2}{l_1 + l_2\cos\vartheta_2}\right) \tag{5.13}$$

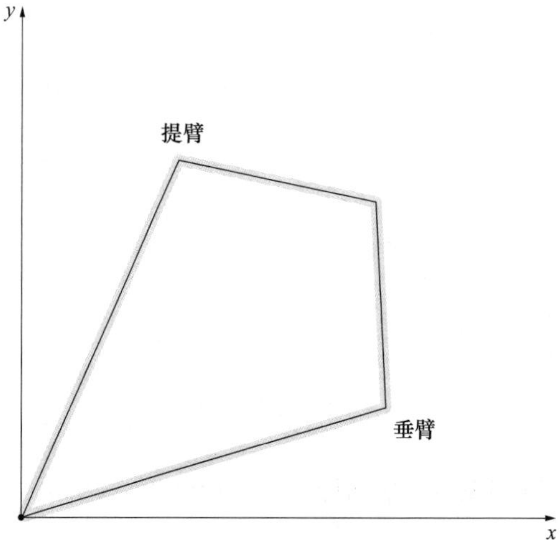


图 5.4　逆向运动学的两个解

机械手关节的速度与末端点速度间的关系，可以由雅可比矩阵 $\boldsymbol{J}(\boldsymbol{q})$ 求逆得到。

$$\dot{\boldsymbol{q}} = \boldsymbol{J}^{-1}(\boldsymbol{q})\dot{\boldsymbol{x}} \tag{5.14}$$

2×2 矩阵的求逆可按下式进行。

$$\boldsymbol{A} = \begin{bmatrix} a & b \\ c & d \end{bmatrix} \qquad \boldsymbol{A}^{-1} = \frac{1}{ad - cb}\begin{bmatrix} d & -b \\ -c & a \end{bmatrix}$$

对于二连杆机械手，我们可以将其写为：

$$\begin{bmatrix} \dot{\vartheta}_1 \\ \dot{\vartheta}_2 \end{bmatrix} = \frac{1}{l_1 l_2 s2}\begin{bmatrix} l_2 c12 & l_2 s12 \\ -l_1 c1 - l_2 c12 & -l_1 s1 - l_2 s12 \end{bmatrix}\begin{bmatrix} \dot{x} \\ \dot{y} \end{bmatrix} \tag{5.15}$$

在一般的机械手例子中，雅可比矩阵不一定必须是方阵，这时，可计算伪逆矩阵 $(\boldsymbol{J}\boldsymbol{J}^{\mathrm{T}})^{-1}$。对一个有 6 个自由度的机器人，其雅可比矩阵是方阵，但通过求逆后，其结果变成了不实用 53
的。当机械手接近一个奇异位姿（例如，简单的二连杆机器人的角度 $\vartheta_2$ 接近 0）时，逆雅可比矩阵是病态的。在研究机器人控制时我们将会用到雅可比矩阵。

## 5.2 静力学

研究了机器人运动学后，让我们简要地看看机器人静力学。假设二连杆机械手的末端点碰到了一个障碍物（见图 5.5），在这种情况下机器人会对障碍物产生一个力，力的水平分量作用在 $x$ 轴的正方向上，而垂直分量指向 $y$ 轴。作用在障碍物上的力是由机器人关节上的马达产生的。第一个关节的马达产生力矩 $\boldsymbol{M}_1$，而 $\boldsymbol{M}_2$ 是第二个关节上的力矩。

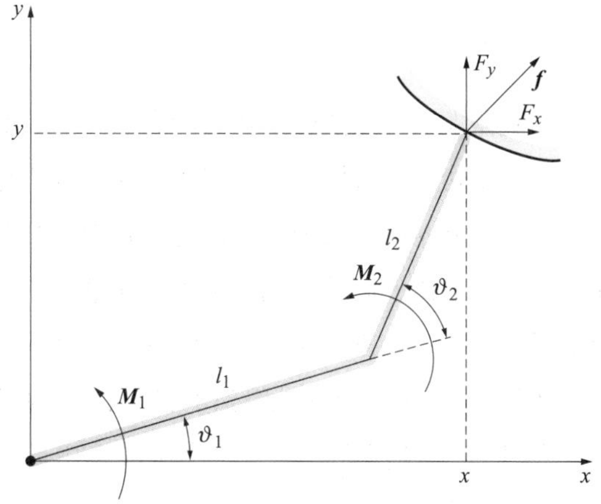


图 5.5　二连杆机械手与环境接触

关节上力矩的正方向是按逆时针规则定义的。由于机器人没有运动，因此外部力矩之和为零。这就意味着第一个关节上的力矩 $\boldsymbol{M}_1$ 等于外部力所产生的力矩，或者等于机械手施加在障碍物上的力矩。

$$\boldsymbol{M}_1 = -F_x y + F_y x \tag{5.16}$$

将由式（5.4）计算得到的末端点坐标 $x$ 和 $y$ 代入式（5.16）。

$$\boldsymbol{M}_1 = -F_x(l_1\sin\vartheta_1 + l_2\sin(\vartheta_1+\vartheta_2)) + F_y(l_1\cos\vartheta_1 + l_2\cos(\vartheta_1+\vartheta_2)) \tag{5.17}$$

使用同样的方法，第二个关节上的力矩也可以确定。 54

$$\boldsymbol{M}_2 = -F_x l_2\sin(\vartheta_1+\vartheta_2) + F_y l_2\cos(\vartheta_1+\vartheta_2) \tag{5.18}$$

将式（5.17）和式（5.18）写成矩阵的形式。

$$\begin{bmatrix}\boldsymbol{M}_1\\ \boldsymbol{M}_2\end{bmatrix} = \begin{bmatrix}-l_1 s1 - l_2 s12 & l_1 c1 + l_2 c12\\ -l_2 s12 & l_2 c12\end{bmatrix}\begin{bmatrix}F_x\\ F_y\end{bmatrix} \tag{5.19}$$

式（5.19）中的矩阵是雅可比矩阵的转置。2×2 矩阵的转置有以下形式。

$$\boldsymbol{A}=\begin{bmatrix} a & b \\ c & d \end{bmatrix} \qquad \boldsymbol{A}^{\mathrm{T}}=\begin{bmatrix} a & c \\ b & d \end{bmatrix}$$

这样我们得到了一个重要的关节力矩和机器人末端执行器上的力的关系式。

$$\boldsymbol{\tau}=\boldsymbol{J}^{\mathrm{T}}(\boldsymbol{q})\boldsymbol{f} \tag{5.20}$$

其中

$$\boldsymbol{\tau}=\begin{bmatrix} \boldsymbol{M}_1 \\ \boldsymbol{M}_2 \end{bmatrix} \qquad \boldsymbol{f}=\begin{bmatrix} F_x \\ F_y \end{bmatrix}$$

式（5.20）描述了机器人静力学，它将用到与环境接触的机器人控制中。

## 5.3　工作空间

机器人的工作空间包含了机器人末端点能够到达的所有点。为预期的任务选择工业机器人过程中，它起到了重要作用。描述确定所选机器人的工作空间的方法是本节的目的。我们将再次考虑简单的平面二连杆带转动关节的机器人的例子，这样我们对机器人工作空间的研究将会发生在一个平面上，实际上是处理工作平面的问题。尽管平面带来了一些局限，但我们还是会了解到机器人工作空间的重要特性。工业机器人一般有绕其第一个垂直关节轴旋转的能力，我们将工作平面绕参考坐标系的垂直轴旋转，那样就得到了实际上三维机器人工作空间的概念。

让我们考虑图 5.6 所示的平面二连杆机械手。两个旋转自由度分别标为 $\vartheta_1$ 和 $\vartheta_2$，两个连杆的长度分别为 $l_1$ 和 $l_2$ 且认为它们相等。机器人末端点的坐标可如式（5.4）所示，可
55 由式（5.21）中的两个式子表示：

$$\begin{aligned} x&=l_1\cos\vartheta_1+l_2\cos(\vartheta_1+\vartheta_2) \\ y&=l_1\sin\vartheta_1+l_2\sin(\vartheta_1+\vartheta_2) \end{aligned} \tag{5.21}$$

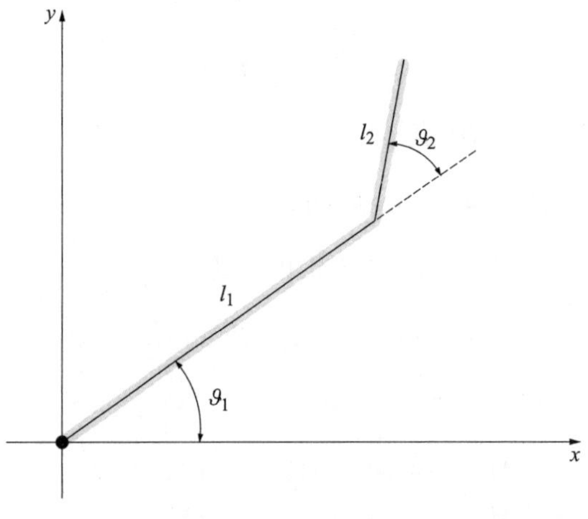


图 5.6　二连杆机械手

将式（5.21）中的方程先求平方再相加，就得到了一个圆的方程。

$$
\begin{aligned}
(x-l_1\cos\vartheta_1)^2+(y-l_1\sin\vartheta_1)^2=l_2^2 \\
x^2+y^2=l_1^2+l_2^2+2l_1l_2\cos\vartheta_2
\end{aligned}
\qquad (5.22)
$$

式（5.22）中的第一个式子仅与角度 $\vartheta_1$ 有关，而 $\vartheta_2$ 出现在第二个式子中。图 5.7 给出了由不同的 $\vartheta_1$ 和 $\vartheta_2$ 值所形成的圆的网格线。第一个式子描述的圆在图 5.7 中标记了 $\vartheta_1$=0°、30°、60°、90°、120°、150° 和 180° 时的情形。这些圆的半径等于第二个连杆的长度 $l_2$，圆的中心取决于角度 $\vartheta_1$，并沿着一个中心在坐标系原点且半径为 $l_1$ 的圆运动。第二个式子描述的圆的中心都在坐标系的原点上，半径取决于两个连杆的长度以及连杆间的角度 $\vartheta_2$。

图 5.7 中的网格线服务于二连杆机器人工作平面的简单图形表示。不难确定当角度 $\vartheta_1$ 和 $\vartheta_2$ 的范围为 0° ～ 360° 时的工作平面域，对于具有相同长度连杆的二连杆机械手，它就是一个简单的以 $l_1+l_2$ 为半径的圆。当机器人关节的运动范围受到限制时（而这是常常遇到的情况），将得到许多非常规的工作平面形状。当 $\vartheta_1$ 的变化范围为 0° ～ 60°，且 $\vartheta_2$ 的变化范围为 60° ～ 120° 时，其工作平面如图 5.7 所示的阴影部分。

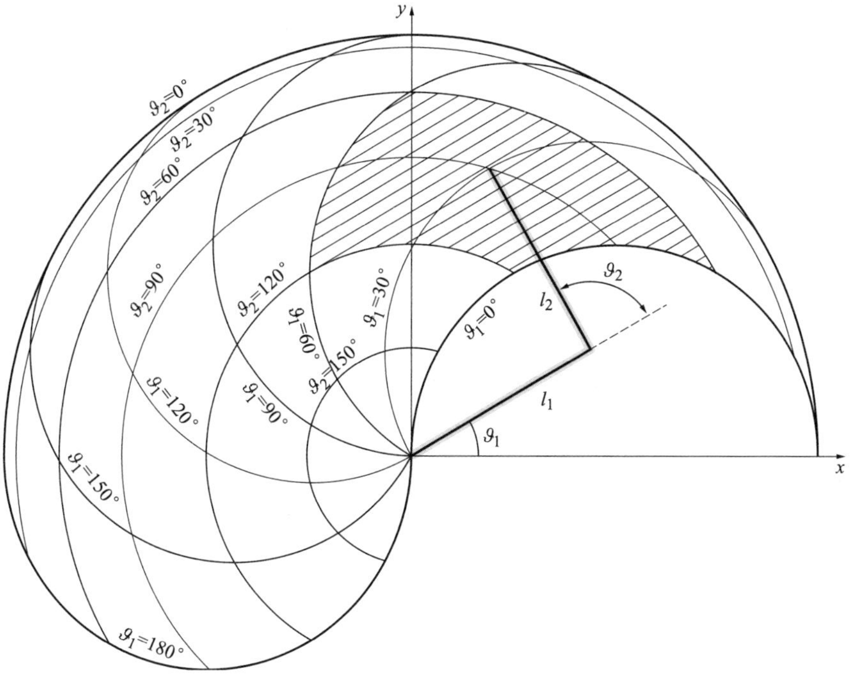


图 5.7　平面二连杆机械手的工作空间（$l_1$=$l_2$，0° ≤ $\vartheta_1$ ≤ 180°，0° ≤ $\vartheta_2$ ≤ 180°）

在绘制二连杆机械手的工作平面域时我们假设了两个连杆的长度是相等的，现将这一假设用合理的证明来支持。工业 SCARA 机器人和拟人机器人的连杆等长度不难实现。让我们 56
考虑一个二连杆机器人，其中第二个连杆取长度比第一个连杆短些，而角度 $\vartheta_1$ 和 $\vartheta_2$ 的范围为 0° ～ 360°（见图 5.8），那么这个机械手的工作区域为一个圆环，其内圆半径为 $R_i$=$l_1$-$l_2$，外圆半径为 $R_o$=$l_1$+$l_2$。我们的目标是在两个连杆的总长度 $R_0$ 保持恒定的情况下，找到能形成最大工作区域的连杆长度 $l_1$ 和 $l_2$ 的比值。所述二连杆机械手的工作区域面积为：

$$A=\pi R_o^2-\pi R_i^2 \tag{5.23}$$

将内圆半径的表达式代入式（5.23）中，可得：

$$R_i^2=(l_1-l_2)^2=(2l_1-R_o)^2 \tag{5.24}$$

可写成：

57

$$A=\pi R_o^2-\pi(2l_1-R_o)^2 \tag{5.25}$$

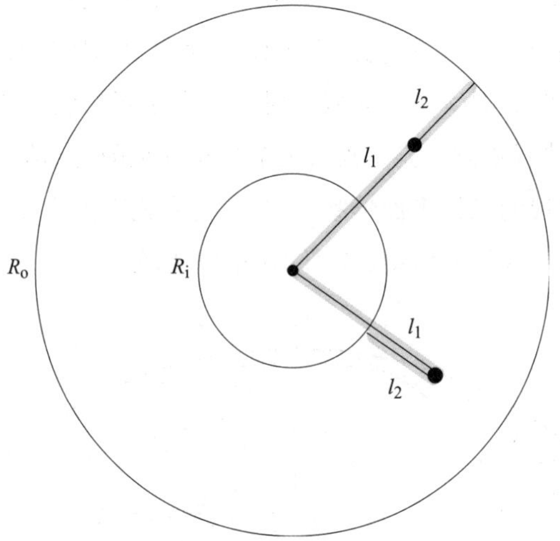


图 5.8　第二个连杆稍短的二连杆机械手的工作区域

为使面积最大，式（5.25）相对于第一个连杆长度 $l_1$ 的偏微分应当等于 0。

$$\frac{\partial A}{\partial l_1}=2\pi(2l_1-R_o)=0 \tag{5.26}$$

其解为：

$$l_1=\frac{R_o}{2} \tag{5.27}$$

得到：

$$l_1=l_2 \tag{5.28}$$

二连杆机构的最大工作区域面积出现在两个连杆等长度时。

工作区域的面积取决于连杆的长度 $l_1$ 和 $l_2$，以及角度 $\vartheta_1$ 和 $\vartheta_2$ 的最小值和最大值。当改变比值 $l_1/l_2$ 时，我们可以得到不同形状的机器人工作区域，其面积如图 5.9 所示。在图 5.9 中，$\Delta\vartheta_1$ 代表着最大和最小关节角度的差值 $\Delta\vartheta_1=(\vartheta_{1_{max}}-\vartheta_{1_{min}})$，其工作区域面积就是此部分圆环的面积。

$$A=\frac{\Delta\vartheta_1\pi}{360}(r_1^2-r_2^2) \tag{5.29}$$ 58

其中 $\Delta\vartheta_1$ 是以角度给出的。

在式（5.29）中，半径 $r_1$ 和 $r_2$ 由余弦规则获得。

$$r_1=\sqrt{l_1^2+l_2^2+2l_1l_2\cos\vartheta_{2_{min}}} \qquad r_2=\sqrt{l_1^2+l_2^2+2l_1l_2\cos\vartheta_{2_{max}}} \tag{5.30}$$

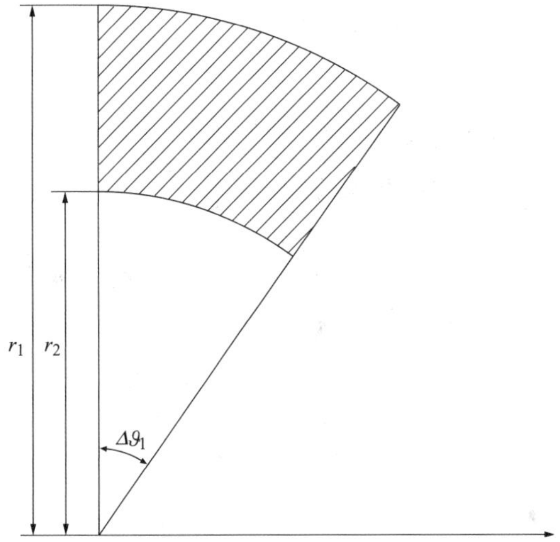


图 5.9　二连杆机械手的工作区域

工作区域的面积就像它的形状一样，取决于比值 $l_2/l_1$ 以及关节角的限制。角度 $\vartheta_1$ 决定了工作区域相对于参考坐标系的位置，但它不影响工作区域的形状。让我们来看一下角度 $\vartheta_2$ 对工作区域面积的影响。假设两连杆长度相等 $l_1=l_2=1$，而角度 $\vartheta_1$ 的范围为 30° ～ 60°。对于同样的变化量，但不同的最大值 $\vartheta_{2_{max}}$ 和最小值 $\vartheta_{2_{min}}$ 的角度 $\vartheta_2$（30°），我们可以得到不同的工作区域面积值。

$0° \leqslant \vartheta_2 \leqslant 30° \qquad A=0.07$

$30° \leqslant \vartheta_2 \leqslant 60° \qquad A=0.19$

$60° \leqslant \vartheta_2 \leqslant 90° \qquad A=0.26$

$90° \leqslant \vartheta_2 \leqslant 120° \qquad A=0.26$

$120° \leqslant \vartheta_2 \leqslant 150° \qquad A=0.19$

$150° \leqslant \vartheta_2 \leqslant 180° \qquad A=0.07$

到目前为止，我们考虑的工作空间称为可达的机器人工作空间，包括在机器人周边所有可以被机器人末端点达到的点。一个被称为灵巧工作空间的术语更为重要。灵巧工作空间由机器人末端点以任何方向可达到的点组成。这个灵巧工作空间总是小于可达工作空间。机器人的最后一个连杆（末端执行器）越短，灵巧工作空间越大。图 5.10 展示了带末端执行器的 59

二连杆机器人的可达工作空间和灵巧工作空间。图中 2 号和 3 号圆是通过机器人末端执行器指向由这两个圆组成的约束区间时得到的，这两个圆代表着灵巧空间的边界。而图中 1 号和 4 号圆约束了可达工作空间。1 号圆和 2 号圆之间的点，以及 3 号圆和 4 号圆之间的点，不能被末端执行器以任意方向到达。

对于有 3 个以上关节的机器人，图形描述的方法就不太适用了。在这种情况下我们应用数字方法和计算机算法。

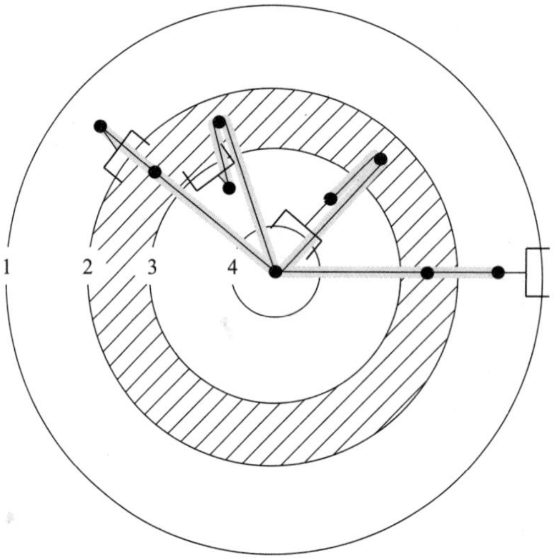


图 5.10　带末端执行器的二连杆机械手的可达工作空间及灵巧工作空间

## 5.4　动力学

作为示例，我们将研究图 5.11 所示的平面二连杆机械手。长度分别为 $l_1$ 和 $l_2$ 的连杆可在由 $x$–$y$ 组成的垂直平面上运动，它们的位置由相对于水平 $x$ 轴的角度来描述，还有 $\vartheta_1$ 及 $\vartheta=\vartheta_1+\vartheta_2$。关节上的驱动器产生力矩 $\boldsymbol{M}_1$ 和 $\boldsymbol{M}_2$，其正方向定义为角度增加的方向，也就是沿着参考坐标系 $z$ 轴的正方向来定义的。

现在我们将连杆近似地以位于其中点的质点 $m_1$ 和 $m_2$ 来代替，其他部分是刚性的但无质量（如图 5.12 所示）。设 $\boldsymbol{r}_1$ 表示质点 $m_1$ 相对于关节 1（也就是坐标系原点）的位置；设 $\boldsymbol{r}_2$ 表

60 示质点 $m_2$ 相对于第二个关节（也就是两个连杆的连接处）的位置。

作用在质点 $m_1$ 和 $m_2$ 上的力包括由无质量的连杆传递的力和重力。牛顿定律指出，作用在某质点上的力的矢量和等于其质量乘以它的加速度。因此有，

$$\boldsymbol{F}_1=m_1\boldsymbol{a}_1 \text{ 和 } \boldsymbol{F}_2=m_2\boldsymbol{a}_2 \tag{5.31}$$

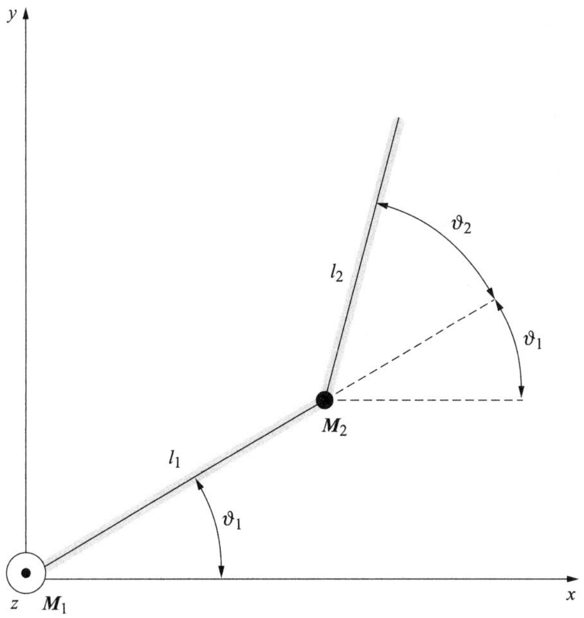


图 5.11 平面二连杆机械手的参数，在 $x$–$y$ 平面上运动

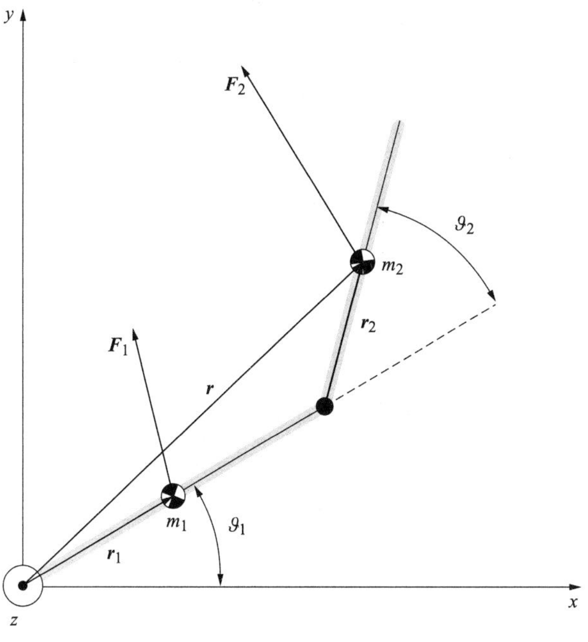


图 5.12 以质点 $m_1$ 和 $m_2$ 近似代表连杆的平面机械手 61

其中 $\boldsymbol{F}_1$ 和 $\boldsymbol{F}_2$ 分别代表作用在质点 $m_1$ 和 $m_2$ 上的合力（也就是，连杆传递的力和重力），而 $\boldsymbol{a}_1$ 和 $\boldsymbol{a}_2$ 是它们相对于坐标系原点的加速度。这样，加速度的计算就等于确定施加在两个质点上的力。

质点 $m_1$ 相对于参考坐标系原点的位置由矢量 $\boldsymbol{r}_1$ 给出；而质点 $m_2$ 的位置由矢量 $\boldsymbol{r}=2\boldsymbol{r}_1+\boldsymbol{r}_2$

给出（参见图 5.12）。因此，对应的加速度为：$\boldsymbol{a}_1=\ddot{\boldsymbol{r}}_1$ 及 $\boldsymbol{a}_2=\ddot{\boldsymbol{r}}$。其中矢量上的两点代表着相对于时间的二阶微分。有

$$\boldsymbol{a}_1=\ddot{\boldsymbol{r}}_1 \text{ 和 } \boldsymbol{a}_2=\ddot{\boldsymbol{r}}=2\ddot{\boldsymbol{r}}_1+\ddot{\boldsymbol{r}}_2 \tag{5.32}$$

现在令 $\boldsymbol{r}_1$ 和 $\boldsymbol{r}_2$ 代表着刚性杆，它们的长度是固定的。这样，这些矢量只能旋转。根据我们知道的力学原理，一个旋转的矢量代表着质点做圆周运动。这样的运动可能有两个加速度（见图 5.13），第一个为径向或向心加速度 $\boldsymbol{a}_\mathrm{r}$。它指向圆周运动的中心，是由速度的方向变化产生的，也代表着一个单位圆的运动。它的表达式为：

$$\boldsymbol{a}_\mathrm{r}=-\omega^2\boldsymbol{r} \tag{5.33}$$

其中 $\omega$ 是角速度，$\omega=\dot{\theta}$。第二个参数是切向角加速度，它指向圆的切线方向（见图 5.13）。它是由速度幅值的变化产生的，当角加速度 $\alpha=\ddot{\theta}$ 时也仅表示圆周运动。它由下式给出：

$$\boldsymbol{a}_\mathrm{t}=\boldsymbol{\alpha}\times\boldsymbol{r} \tag{5.34}$$

其中 $\boldsymbol{\alpha}$ 是角加速度矢量，垂直于运动平面，也就是沿着参考坐标系的 $z$ 轴方向运动。总加速度为：

$$\boldsymbol{a}=\boldsymbol{a}_\mathrm{r}+\boldsymbol{a}_\mathrm{t}=-\omega^2\boldsymbol{r}+\boldsymbol{\alpha}\times\boldsymbol{r} \tag{5.35}$$

让我们现在来计算矢量 $\boldsymbol{r}_1$ 和 $\boldsymbol{r}_2$ 相对于时间的二阶微分。像上面指出的那样，每个矢量的二阶微分都有两个分量，分别对应着径向和切向加速度。因此：

62

$$\ddot{\boldsymbol{r}}_1=-\omega_1^2\boldsymbol{r}_1+\boldsymbol{\alpha}_1\times\boldsymbol{r}_1 \text{ 和 } \ddot{\boldsymbol{r}}_2=-\omega_2^2\boldsymbol{r}_2+\boldsymbol{\alpha}_2\times\boldsymbol{r}_2 \tag{5.36}$$

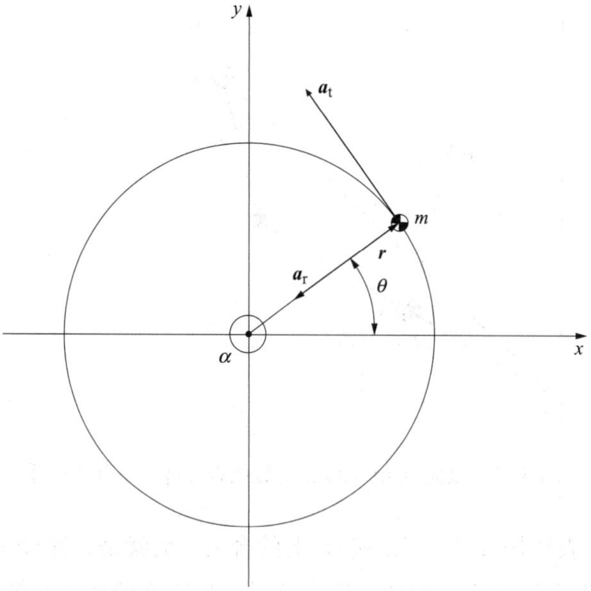


图 5.13　有固定长度的旋转矢量 $\boldsymbol{r}$ 描述质点做圆周运动

第一个连杆的角速度 $\omega_1$ 和角加速度矢量 $\boldsymbol{\alpha}_1$ 的幅值为：

$$\omega_1 = \dot{\vartheta}_1 \text{ 和 } \boldsymbol{\alpha}_1 = \ddot{\vartheta}_1 \boldsymbol{k} \tag{5.37}$$

其中 $\boldsymbol{k}$ 是沿 $z$ 轴的单位矢量。第二个连杆的角速度 $\omega_1$ 和角加速度矢量 $\boldsymbol{\alpha}_1$ 为：

$$\omega_2 = \dot{\vartheta} = \dot{\vartheta}_1 + \dot{\vartheta}_2 \text{ 和 } \boldsymbol{\alpha}_2 = \ddot{\vartheta}\boldsymbol{k} = (\ddot{\vartheta}_1 + \ddot{\vartheta}_2)\boldsymbol{k} \tag{5.38}$$

这里我们利用 $\vartheta=\vartheta_1+\vartheta_2$（参见图 5.11 和图 5.12）。矢量 $\boldsymbol{r}_1$ 和 $\boldsymbol{r}_2$ 的二阶微分可写成：

$$\ddot{\boldsymbol{r}}_1 = -\omega_1^2 \boldsymbol{r}_1 + \boldsymbol{\alpha}_1 \times \boldsymbol{r}_1 = -\dot{\vartheta}_1^2 \boldsymbol{r}_1 + \ddot{\vartheta}_1 \boldsymbol{k} \times \boldsymbol{r}_1 \tag{5.39}$$

及

$$\begin{aligned}\ddot{\boldsymbol{r}}_2 &= -\omega_2^2 \boldsymbol{r}_2 + \boldsymbol{\alpha}_2 \times \boldsymbol{r}_2 = -\dot{\vartheta}^2 \boldsymbol{r}_2 + \ddot{\vartheta}\boldsymbol{k} \times \boldsymbol{r}_2 = \\ &= -(\dot{\vartheta}_1 + \dot{\vartheta}_2)^2 \boldsymbol{r}_2 + (\ddot{\vartheta}_1 + \ddot{\vartheta}_2)\boldsymbol{k} \times \boldsymbol{r}_2\end{aligned} \tag{5.40}$$

我们可以利用这些表达式来计算对应二连杆机器人的两个质点 $m_1$ 和 $m_2$ 的加速度。质点 $m_1$ 的加速度 $\boldsymbol{a}_1$ 为：

$$\boldsymbol{a}_1 = \ddot{\boldsymbol{r}}_1 = -\dot{\vartheta}_1^2 \boldsymbol{r}_1 + \ddot{\vartheta}_1 (\boldsymbol{k} \times \boldsymbol{r}_1) \tag{5.41}$$ 63

质点 $m_2$ 的加速度 $\boldsymbol{a}_2$ 为：

$$\begin{aligned}\boldsymbol{a}_2 = \ddot{\boldsymbol{r}} &= 2\ddot{\boldsymbol{r}}_1 + \ddot{\boldsymbol{r}}_2 = \\ &= -2\dot{\vartheta}_1^2 \boldsymbol{r}_1 + 2\ddot{\vartheta}_1 (\boldsymbol{k} \times \boldsymbol{r}_1) - (\dot{\vartheta}_1 + \dot{\vartheta}_2)^2 \boldsymbol{r}_2 + (\ddot{\vartheta}_1 + \ddot{\vartheta}_2)(\boldsymbol{k} \times \boldsymbol{r}_2)\end{aligned} \tag{5.42}$$

根据这些加速度我们可以得到施加在质点 $m_1$ 和 $m_2$ 上的总外力。

$$\boldsymbol{F}_1 = m_1 \boldsymbol{a}_1 \text{ 和 } \boldsymbol{F}_2 = m_2 \boldsymbol{a}_2 \tag{5.43}$$

现在我们可以计算这些力相对于坐标系原点所产生的力矩。

$$\boldsymbol{\tau}_1 = \boldsymbol{r}_1 \times \boldsymbol{F}_1 = \boldsymbol{r}_1 \times m_1 \boldsymbol{a}_1 \text{ 和 } \boldsymbol{\tau}_2 = \boldsymbol{r} \times \boldsymbol{F}_2 = (2\boldsymbol{r}_1 + \boldsymbol{r}_2) \times m_2 \boldsymbol{a}_2 \tag{5.44}$$

将上面得到的 $\boldsymbol{a}_1$ 和 $\boldsymbol{a}_2$ 的表达式代入，注意双矢量叉乘 $[\boldsymbol{a}\times(\boldsymbol{b}\times\boldsymbol{c})=\boldsymbol{b}(\boldsymbol{a}\cdot\boldsymbol{c})-\boldsymbol{c}(\boldsymbol{a}\cdot\boldsymbol{b})]$，仔细完成几何运算，得到：

$$\begin{aligned}&\boldsymbol{\tau}_1 = m_1 \boldsymbol{r}_1^2 \ddot{\vartheta}_1 \boldsymbol{k} \text{ 和} \\ &\boldsymbol{\tau}_2 = [\ddot{\vartheta}_1 (4m_2 \boldsymbol{r}_1^2 + 4m_2 \boldsymbol{r}_1 \boldsymbol{r}_2 \cos\vartheta_2 + m_2 \boldsymbol{r}_2^2) + \\ &\quad + \ddot{\vartheta}_2 (m_2 \boldsymbol{r}_2^2 + 2m_2 \boldsymbol{r}_1 \boldsymbol{r}_2 \cos\vartheta_2) - \\ &\quad - \dot{\vartheta}_1 \dot{\vartheta}_2 4m_2 \boldsymbol{r}_1 \boldsymbol{r}_2 \sin\vartheta_2 - \dot{\vartheta}_2^2 2m_2 \boldsymbol{r}_1 \boldsymbol{r}_2 \sin\vartheta_2]\boldsymbol{k}\end{aligned} \tag{5.45}$$

施加在系统两个质点上的力矩之和为 $\boldsymbol{\tau}=\boldsymbol{\tau}_1+\boldsymbol{\tau}_2$。

另一方面，我们可以从不同的角度考虑包含两个质点和两个无质量刚性杆的二连杆系统。根据牛顿第三定律（每个作用力总有一个大小相等但方向相反的反作用力）可知，系统内部的力矩是相互抵消的，只有外力产生的力矩是需要考虑的。在本例中，机器人系统上的外力产生的力矩有重力产生的力矩和由机器人基座施加的力矩。基座施加的力矩等于第一个关节的驱动器产生的力矩 $\boldsymbol{M}_1$，外力产生的力矩之和必须等于（上面推导得到的）$\boldsymbol{\tau}_1+\boldsymbol{\tau}_2$，因为两个结果代表着应研究两个不同的角度施加在同一系统上的总力矩。因此有：

$$\boldsymbol{M}_1+\boldsymbol{r}_1\times m_1\boldsymbol{g}+\boldsymbol{r}\times m_2\boldsymbol{g}=\boldsymbol{\tau}_1+\boldsymbol{\tau}_2 \tag{5.46}$$

将 $\boldsymbol{r}=2\boldsymbol{r}_1+\boldsymbol{r}_2$ 代入，我们得到第一个关节驱动器的力矩为：

64

$$\boldsymbol{M}_1=\boldsymbol{\tau}_1+\boldsymbol{\tau}_2-\boldsymbol{r}_1\times m_1\boldsymbol{g}-(2\boldsymbol{r}_1+\boldsymbol{r}_2)\times m_2\boldsymbol{g} \tag{5.47}$$

注意，重力 $\boldsymbol{g}$ 垂直指向下（沿着 $-y$ 轴的方向），将前面得到的 $\boldsymbol{\tau}_1$ 和 $\boldsymbol{\tau}_2$ 的结果代入上式，最后得到：

$$\begin{aligned}\boldsymbol{M}_1 &= \ddot{\vartheta}_1(m_1\boldsymbol{r}_1^2+m_2\boldsymbol{r}_2^2+4m_2\boldsymbol{r}_1^2+4m_2\boldsymbol{r}_1\boldsymbol{r}_2\cos\vartheta_2)+\\ &+\ddot{\vartheta}_2(m_2\boldsymbol{r}_2^2+2m_2\boldsymbol{r}_1\boldsymbol{r}_2\cos\vartheta_2)-\\ &-\dot{\vartheta}_1\dot{\vartheta}_2 4m_2\boldsymbol{r}_1\boldsymbol{r}_2\sin\vartheta_2-\dot{\vartheta}_2^2 2m_2\boldsymbol{r}_1\boldsymbol{r}_2\sin\vartheta_2+\\ &+m_1g\boldsymbol{r}_1\cos\vartheta_1+2m_2g\boldsymbol{r}_1\cos\vartheta_1+m_2g\boldsymbol{r}_2\cos(\vartheta_1+\vartheta_2)\end{aligned} \tag{5.48}$$

为了得到第二个关节驱动器的力矩 $\boldsymbol{M}_2$，我们将首先考虑施加在质点 $m_2$ 上的总力 $\boldsymbol{F}_2$。力 $\boldsymbol{F}_2$ 是两个分量之和，其一是重力 $m_2\boldsymbol{g}$，另一个力是由无质量的刚性杆施加在质点 $m_2$ 上的力 $\boldsymbol{F}_2'$。有：

$$\boldsymbol{F}_2=\boldsymbol{F}_2'+m_2\boldsymbol{g} \tag{5.49}$$

将上式两边左乘矢量 $\boldsymbol{r}_2$，得到：

$$\boldsymbol{r}_2\times\boldsymbol{F}_2=\boldsymbol{r}_2\times\boldsymbol{F}_2'+\boldsymbol{r}_2\times m_2\boldsymbol{g} \tag{5.50}$$

等式右边的第一项是矢量 $\boldsymbol{r}_2$ 与无质量刚性杆施加在质点 $m_2$ 上的力 $\boldsymbol{F}_2'$ 的乘积，它等于第二个关节驱动器的力矩 $\boldsymbol{M}_2$（注意：无质量刚性杆可能还沿着杆的方向给质点 $m_2$ 施加力，但该矢量与 $\boldsymbol{r}_2$ 的矢量积为零）。因此得到：

$$\boldsymbol{M}_2=\boldsymbol{r}_2\times\boldsymbol{F}_2-\boldsymbol{r}_2\times m_2\boldsymbol{g} \tag{5.51}$$

将 $m_2\boldsymbol{a}_2$ 代替 $\boldsymbol{F}_2$，并将 $\boldsymbol{a}_2$ 的表达式代入，推导得到：

$$\begin{aligned}\boldsymbol{M}_2 &= \ddot{\vartheta}_1(m_2\boldsymbol{r}_2^2+2m_2\boldsymbol{r}_1\boldsymbol{r}_2\cos\vartheta_2)+\ddot{\vartheta}_2 m_2\boldsymbol{r}_2^2+\\ &+\dot{\vartheta}_1^2 2m_2\boldsymbol{r}_1\boldsymbol{r}_2\sin\vartheta_2+m_2\boldsymbol{r}_2 g\cos(\vartheta_1+\vartheta_2)\end{aligned} \tag{5.52}$$

$\boldsymbol{M}_1$（见式（5.48））和 $\boldsymbol{M}_2$（见式（5.52））的表达式看起来相对复杂，让我们来看看一些简单点的情况。第一种情况，假设角度 $\vartheta_1=-90°$ 且第二个关节上没有力矩 $\boldsymbol{M}_2=0$（见图 5.14 的左图）。这种情况下式（5.52）简化成：

$$\ddot{\vartheta}_2 m_2\boldsymbol{r}_2^2=-m_2g\boldsymbol{r}_2\sin\vartheta_2 \tag{5.53}$$

这就是一个质量为 $m_2$ 的单摆方程，转动惯量 $m_2\boldsymbol{r}_2^2=J_2$，它绕第二个关节以角加速度 $\ddot{\vartheta}_2$ 来摆动（见图 5.14 的左图）。式（5.53）的左边为 $J_2\boldsymbol{\alpha}_2$，右边为由重力产生的力矩。因此，这
65 就是一个把复杂表达式简化成简单的 $\boldsymbol{M}=J\boldsymbol{\alpha}$ 方程的例子。对于小幅振荡（$\vartheta_2\ll 1$），我们有 $\sin\vartheta_2\approx\vartheta_2$，公式变为：

$$\ddot{\vartheta}_2 + \left(\frac{g}{r_2}\right)\vartheta_2 = 0 \tag{5.54}$$

这就是一个简单的角速度为 $\omega_0 = \sqrt{\frac{g}{r_2}}$ 及振荡周期为 $T = 2\pi\sqrt{\frac{r_2}{g}}$ 的单摆方程。

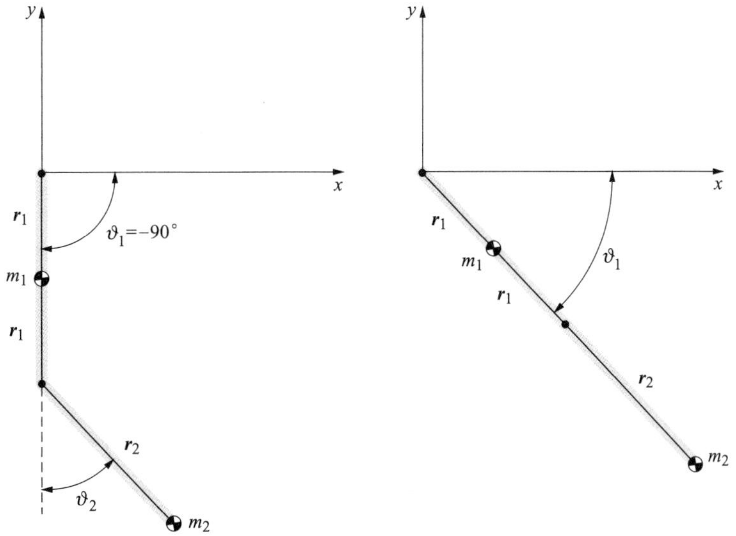


图 5.14 二连杆机械手的两个简单示例：$\vartheta_1=-90°$（左）和 $\vartheta_2=0°$（右）

下一步我们假设 $\vartheta_2=0$，这样就只有一根刚性杆绕其一端转动，且这一端固定在坐标系的原点（见图 5.14 右图）。如果也不考虑重力（令 $g=0$），则得到第一个关节的力矩为：

$$\begin{aligned} \boldsymbol{M}_1 &= \ddot{\vartheta}_1(m_1\boldsymbol{r}_1^2 + m_2\boldsymbol{r}_2^2 + 4m_2\boldsymbol{r}_1^2 + 4m_2\boldsymbol{r}_1\boldsymbol{r}_2) = \\ &= \ddot{\vartheta}_1[m_1\boldsymbol{r}_1^2 + m_2(2\boldsymbol{r}_1 + \boldsymbol{r}_2)^2] = J_{12}\boldsymbol{\alpha}_1 \end{aligned} \tag{5.55}$$

其中 $\alpha_1 = \ddot{\vartheta}_1$ 是角加速度，$J_{12}$ 是两个质点和的转动惯量。另一方面，取第一个关节的力矩为零，其中考虑重力和在一根无质量刚性杆上有两个质点的相对简单的单摆。

我们注意到上面关于 $\boldsymbol{M}_1$ 和 $\boldsymbol{M}_2$ 的完整公式（见式（5.48）及式（5.52）），经过一定的 66
变化后，对有摩擦力的双摆也是有效的。在这种情况下，驱动器的力矩由关节的摩擦力矩代替。

将简单的二连杆机器人末端点的轨迹与地球和月亮在以太阳为参考坐标系中看到的轨迹进行比较，这是一个有趣的练习。让我们将地球和月亮近似为共平面轨道上的两个质点（$m_E >> m_M$）。由于引力沿连接两质点间的连线起作用，它不能传递力矩，因此角加速度为零而角速度值是恒定的。地球在绕太阳公转的轨道上的速度为 $R_{S-E} \approx 150\times10^6$km、$T$=365 天、$v_E \approx 2.6\times10^6$km/ 天），这远大于月亮在绕地球转动的轨道上的速度（$R_{E-M} \approx 0.38\times10^6$km、$T$=28 天、$v_E \approx 0.08\times10^6$km/ 天）。这样在以太阳为参考坐标系时，月亮的轨迹看起来就像叠加在地球绕太阳的圆轨道上的一条正弦曲线（见图 5.15）。在二连杆机器人中，第二个连杆可有更高的角速度，这将使其末端点的轨迹有不同的形状（例如 Ptolemy 周转圆）。

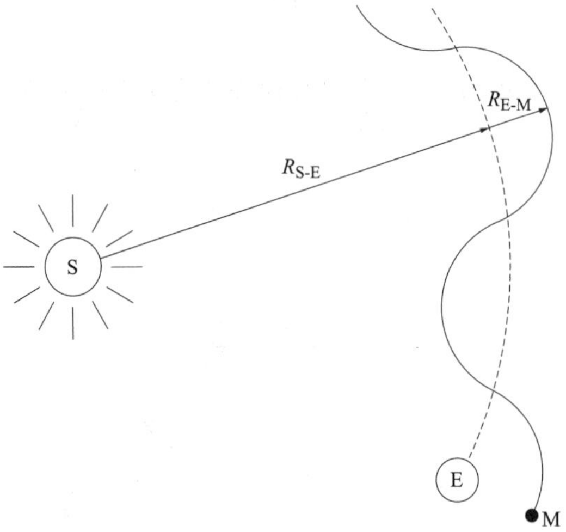


图 5.15　地球（虚线）和月亮（实线）在以太阳为参考坐标系时的轨迹示意图（未按比例画）

回到相对复杂的力矩 $\boldsymbol{M}_1$ 和 $\boldsymbol{M}_2$ 的方程（式（5.48）及式（5.52））上，由于关节上有驱动器，因此这两个方程可以缩写成代表机器人动力学模型的矩阵形式。

67

$$\boldsymbol{\tau}=\boldsymbol{B}(\boldsymbol{q})\ddot{\boldsymbol{q}}+\boldsymbol{C}(\boldsymbol{q},\dot{\boldsymbol{q}})\dot{\boldsymbol{q}}+\boldsymbol{g}(\boldsymbol{q}) \tag{5.56}$$

上式中矢量 $\boldsymbol{\tau}$ 是两个驱动器的力矩集合。

$$\boldsymbol{\tau}=\begin{bmatrix}\boldsymbol{M}_1\\ \boldsymbol{M}_2\end{bmatrix} \tag{5.57}$$

矢量 $\boldsymbol{q}$、$\dot{\boldsymbol{q}}$ 和 $\ddot{\boldsymbol{q}}$ 分别对应着连杆的轨迹、速度和加速度。对于二连杆机器人有：

$$\boldsymbol{q}=\begin{bmatrix}\vartheta_1\\ \vartheta_2\end{bmatrix},\ \dot{\boldsymbol{q}}=\begin{bmatrix}\dot{\vartheta}_1\\ \dot{\vartheta}_2\end{bmatrix},\ \ddot{\boldsymbol{q}}=\begin{bmatrix}\ddot{\vartheta}_1\\ \ddot{\vartheta}_2\end{bmatrix}$$

式（5.56）右边的第一项常被称为惯性项，在平面二连杆机械手中，若有 $r_1=r_2=\frac{l}{2}$，则通过简化符号 $s1=\sin\vartheta_1$、$c12=\cos(\vartheta_1+\vartheta_2)$ 等，可得到：

$$\boldsymbol{B}(\boldsymbol{q})=\begin{bmatrix}\frac{1}{4}m_1l^2+\frac{5}{4}m_2l^2+m_2l^2c2 & \frac{1}{4}m_2l^2+\frac{1}{2}m_2l^2c2\\ \frac{1}{4}m_2l^2+\frac{1}{2}m_2l^2c2 & \frac{1}{4}m_2l^2\end{bmatrix} \tag{5.58}$$

式（5.56）右边的第二项被称为哥氏项，包括速度和离心效应。对于二连杆机器人有下面的矩阵：

$$\boldsymbol{C}(\boldsymbol{q},\dot{\boldsymbol{q}})=\begin{bmatrix}-m_2 l^2 s2\dot{\vartheta}_2 & -\frac{1}{2}m_2 l^2 s2\dot{\vartheta}_2 \\ \frac{1}{2}m_2 l^2 s2\dot{\vartheta}_1 & 0\end{bmatrix} \tag{5.59}$$

在我们的例子中，重力列矢量有以下形式：

$$\boldsymbol{g}(\boldsymbol{q})=\begin{bmatrix}\frac{1}{2}m_1 glc1+m_2 glc1+\frac{1}{2}m_2 glc12 \\ \frac{1}{2}m_2 glc12\end{bmatrix} \tag{5.60}$$

68

第 6 章

Robotics, Second Edition

# 并联机器人

本章将探讨名气越来越大且性能颇高的并联机器人。工业机器人的标准机构拥有以连杆和关节交替排列的串联运动链，如图 6.1 左图所示。这种机器人被称为串联机器人。后来，我们看到了并联机器人的显著进步，它们包含闭合的运动链，如图 6.1 右图所示。

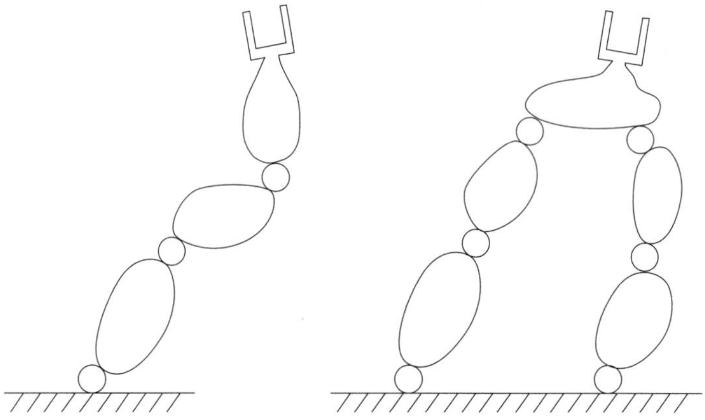

图 6.1　串联运动链（左）和闭合的运动链（右）

在工业界，并联机器人在刚过去的二十年才开始占领地盘。然而，并联机器人的最初发展要追溯到 1962 年，苟夫（Gough）和怀特霍尔（Whitehall）为测试汽车轮胎开发了一个并联机器人。在同一时期，类似的并联机器人被斯提沃尔特（Stewart）引入设计的飞行模拟器中。因此这种并联机器人被称为斯提沃尔特 – 苟夫（Stewart–Gough）平台，其移动平台由 6 条可驱动的腿控制。并联机器人的突破主要是克拉维尔（Clavel）在 20 世纪 80 年代开发的机器人。它的机构在 20 世纪 90 年代在美国以德尔塔（Delta）机器人为名获得了专利保护。并联机构在 20 世纪 80 年代早期成为机器人界系统科学的研究主题。这些研究活动在 20 世纪 90 年代获得了显著进步并在机器人运动学方面获得了一些关键的进展。

## 6.1　并联机器人的特点

在串联机器人中，机器人的自由度数等于所有关节自由度数的总和，因此所有的关节必须是主动的，且常常只用到机器人关节的移动或者转动的一个自由度。在并联机器人中，机器人的自由度数小于关节自由度总数，这样许多关节是被动的。被动关节可以更为复杂，典型代表有万向关节和球状关节。万向关节包含 2 个相互正交的转动，球状关节包含 3 个相互正交的转动，如图 6.2 所示。在图 6.2 中，字母 T、R、U 和 S 分别用来标识移动关节、转动关节、万向关节和球状关节。

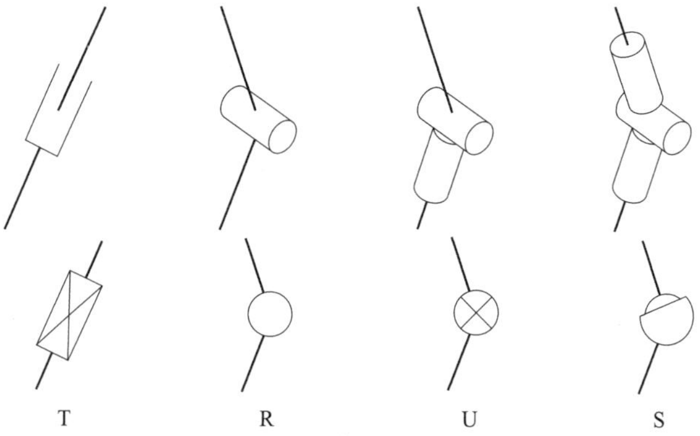


图 6.2 常常用在并联机构中的关节类型

在并联机器人中，机构最后（最上面）一个连杆被称为平台。平台主要是用来连接末端执行器的，平台（通常是）由给定数量的串联机构（称为腿）连接到固定的基座上。整个结构包含至少一个闭合的运动链（最少两条腿）。腿的运动导致平台的移动，如图 6.3 所示。平台和腿的运动由非常复杂的三角函数表达式（正向或逆向运动学）连接起来，表达式取决于机构的几何结构、关节的种类、腿的数量和它们之间的机械排序。

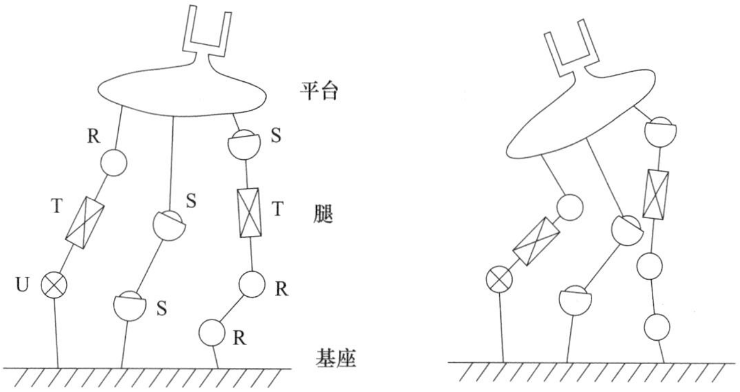


图 6.3 并联机器人的基本结构

可惜的是，无法为并联机器人给出唯一或统一的命名。在本书中，并联机器人是以代表 70
其腿的运动学链的类型来命名的。这样，图 6.3 所示的机器人的名称就是 UTR–SS–RRTS。当有多条腿重复同样的类型时，例如，在 TRR–TRR–TRR 机器人中命名也可简化为 3TRR。

## 6.1.1 自由度数

每个关节通过引入一定数量的自由度，或相应数量的约束，可为机器人的移动做出贡献，这将有以下的定义。设 $\lambda$ 表示完全自由运动物体的最大自由度数（空间中 $\lambda=6$，平面上 $\lambda=3$），设 $f_i$ 为第 $i$ 个关节的自由度，那么对应的约束数为：

$$c_i=\lambda-f_i \tag{6.1}$$

在以串联机器人为主的机器人学中，我们通常认为关节是一个增加机器人末端执行器自由度的元素。与此相反，在并联机器人中，考虑由关节引入的约束数，更有利于考虑平台（末端执行器连接在平台上）的运动。因此，对于空间中的万向关节 U（$\lambda=6$），引入 $f_i=2$ 个自由度和 $c_i=\lambda-f_i=6-2=4$ 个约束。又如在平面上 $\lambda=3$，一个转动关节引入 $f_i=1$ 个自由度和 $c_i=\lambda-f_i=3-1=2$ 个约束，而同样的关节在空间中引入 $c_i=\lambda-f_i=6-1=5$ 个约束。请注意转动和移动关节可在平面和空间中运行，而球状关节和万向关节仅产生空间运动，不能用于平面机器人。

并联机器人的自由度数少于其关节的自由度数总和，但在串联机器人中这二者是一致的。设 $N$ 为机器人的运动连杆数，$n$ 为关节数。关节下标为 $i=1, 2,\cdots, n$。每个关节有 $f_i$ 个自由度和 $c_i$ 个约束。$N$ 个运动连杆具有 $N\lambda$ 个自由度，当它们组合成为一个机构后，它们的运动受限于由关节引入的约束，因此机器人机构的自由度数为：
71

$$F= N\lambda-\sum_{i=1}^{n}c_i \tag{6.2}$$

这里，通过将 $c_i=\lambda-f_i$ 代入，我们将得到知名的古卜勒（Grubler）公式。

$$F= \lambda(N-n)+\sum_{i=1}^{n}f_i \tag{6.3}$$

我们需注意控制一台机器人运动的马达数量应与 $F$ 相等。

注意在串联机器人中，运动连杆的数量与关节数量是相同的（$N=n$），因此古卜勒公式的第一部分总是等于零（$\lambda(N-n)=0$）。这解释了为什么串联机器人的自由度数可以简单表示如下：

$$F= \sum_{i=1}^{n}f_i \tag{6.4}$$

一个计算并联机器人自由度的实用的古卜勒公式可以由以下步骤得到：假设一个并联机构有 $k=1, 2,\cdots, K$ 条腿，每条腿又包含 $v_k$ 个自由度和 $\xi_k=\lambda-v_k$ 个约束；当平台没有与腿相连接时能在空中自由运动，这时它有 $\lambda$ 个自由度；当平台与腿连接起来时，其自由度可由 $\lambda$ 减去由腿带来的约束来计算。

$$F= \lambda-\sum_{k=1}^{K}\xi_k \tag{6.5}$$

式（6.3）和式（6.5）在数学上是等同的，它们能通过简单的代数运算相互转换。

现在我们可以计算图 6.3 所示的机器人的自由度了。这个机器人有 $N=7$ 个运动连杆，有 $n=9$ 个关节。关节引入的总自由度数是 16（3 个转动关节、2 个移动关节、1 个万向关节和 3 个球状关节）。利用式（6.3）中的标准古卜勒公式，我们有：

$$F=6(7-9)+16=4$$

如果应用改进的古卜勒公式（见式（6.5）），则需要计算每条腿带来的约束。这也很简单，因为我们仅需要从 $\lambda$ 中减去每条腿的自由度。对于给定的机器人（从左往右算腿号），我 72
们有 $\xi_1=2$、$\xi_2=0$、$\xi_3=0$。将它们代入式（6.5），可得到：

$$F=6-2=4$$

### 6.1.2 并联机器人的优点和缺点

相比于串联机器人，并联机器人有一些显著的优点，这是工业上引入并联机器人的原因。最明显的优点如下：

*负载能力、刚度和精确性。*并联机器人的带载能力比串联机器人大了很多。并联机器人的刚度更大，其末端执行器的定位和定向精度要比串联机器人高几个数量级。

*良好的动力学特性。*平台可以以高速和更大的加速度运动。此外，并联机器人的谐振频率也要比串联机器人高几个数量级。

*制造的简易性。*并联机器人中的多个被动关节使得其机械构造简单且便宜。制造并联机器人时可以用标准的轴承、轴及其他机械组件。

然而，并联机器人的使用还是很有限的。由于腿的缠绕，并联机器人很难避开在其工作空间中的障碍。一些缺点为：

*很小的工作空间。*并联机器人相比于同尺度的串联机器人，工作空间小了相当多。它的工作空间可能由于运动过程中平台和腿的相互干涉，更加少了。

*复杂的运动学。*并联机器人的运动学计算是复杂且冗长的。串联机器人的计算难点是其逆向运动学问题，与其相反，并联机构中的难点是求解其正向运动学问题。

*致命的运动学奇异性。*串联机器人在运动学奇异点处失去运动能力。并联机器人在奇异点处增加了自由度，这将导致其不可控。这是一个致命的状况，因为它无解。

## 6.2 并联机器人的运动学编排

我们可以创造大量的并联机器人的运动学编排，然而在工业实践中，仅有少量的可以使用。运动学意义上最知名和最常用的是图 6.4 所示的斯提沃尔特 – 荀夫（Stewart-Gough）平台。 73

### 6.2.1 斯提沃尔特 – 荀夫平台

通用的斯提沃尔特 – 荀夫平台如图 6.4 所示（左图）。按照我们的命名法，这个机构是 6UTS 型的。这个机器人包含 $n=18$ 个关节，$N=13$ 个运动连杆，其自由度 $f_i$ 之和为 36（$i=1,2,\cdots,n$）。这里给出了期望的自由度数为：

$$F=6(13-18)+36=6$$

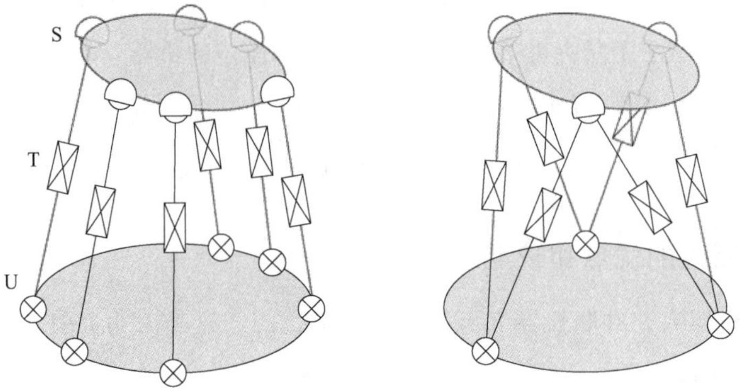


图 6.4　斯提沃尔特 – 荀夫平台

通过控制 6 个马达，产生典型的 6 个平移运动，机器人平台可实现在空中的位置和方向。通过腿的缩短或伸展（改变腿的长度），平台就能运动到期望的位姿（位置和方向）。带有 UTS 型腿的斯提沃尔特 – 荀夫平台的一个特别的优势是：腿方向上的负载以纵向力的形式传递到每条特定的腿上，并没有任何横向负载加载到腿上。这一特性允许机器人有很好的动力学性能。

一条 UTS 型腿的自由度数是 6，约束数是 0。如果我们考虑古卜勒公式（式（6.5）），就很容易验证 UTS 型腿的数量不影响机器人的自由度数，也就是说斯提沃尔特 – 荀夫平台的运动性不依赖于腿的数量。只有一条 UTS 型腿的机器人，实际上是一个串联机器人，与一个完整的有 6 条腿的斯提沃尔特 – 荀夫机器人一样，也有 6 个自由度。

图 6.4 右图所示的 6 腿机构代表着最初的斯提沃尔特 – 荀夫平台，它有中央对称的星形。在这种编排中，两两相交的腿被夹紧在同一点，该点上有两个重叠一致的球状（或万向）关节。因此，独立的球状关节有 6 个，万向关节的数量也一样。重叠的关节不仅简化了构
74 造，也使得机器人运动学和动力学的计算更加容易。

### 6.2.2　德尔塔机器人

由于特殊的运动特性和在工业中的大量应用，德尔塔（Delta）机器人（如图 6.5 所示）在机器人制造中找到了自己的位置。这种机器人的运动学很灵活。它的创造者的主要目标是制造一款轻量级的具有超级动态性能的机器人。

机器人的固定基座是图 6.5 中上部的多边形，而其下部的多边形代表机器人的运动平台。这个机器人有 3 条侧向的腿，但在图中只显示了 1 条侧腿，这条腿具有 1 个 R 关节、2 个 S 关节和 2 个 U 关节，另外 2 条侧腿以虚线代表了。机器人的一条独立的中间腿 $R_0U_0T_0U_0$，它对平台的运动不产生任何影响，在侧向腿和平台间有个平行四边形机构，包含 2 个球状关节 S 和 2 个万向关节 U。因此，每条腿有 3 根连杆和 5 个关节。在不考虑中间腿的情况下，机构的自由度数是：

$$F=6(10-15)+33=3$$

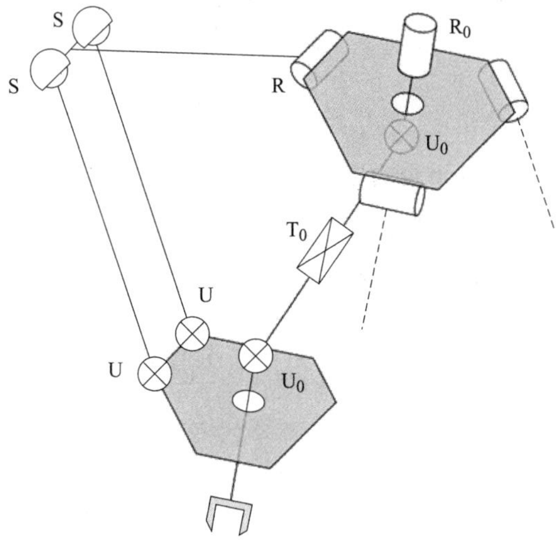


图 6.5 德尔塔机器人

平台的位姿由 3 个变量来决定。在德尔塔机器人的原型中，侧边腿的 3 个转动角度 R 是由马达控制的。由于腿的平行四边形结构，平台仅执行平移运动且总是平行于基座的。

中间腿的作用是传递转动 $R_0$ 穿过平台到机器人末端执行器的抓爪上，就像望远镜的操作杆一样转动抓爪。这条腿是一个卡登接头（万向轴节），带有的 2 个万向关节 $U_0$ 被 1 个移动关节 $T_0$ 的两端连着。总体来看，这个机构有 4 个自由度：3 个移动自由度使抓爪到达空间位置，1 个旋转自由度使得抓爪可以绕垂直于平台的轴旋转。德尔塔机器人的全部驱动器固连在基座上且不可移动，这样的（运动）机构就特别轻，且平台能以很高的速度和加速度运动。 75

## 6.2.3 平面并联机器人

下面是在一个给定的平面上以三自由度操作的平面并联机器人的例子。第一个例子由图 6.6 中的左图给出。机器人包含 3 条腿，类型为 RTR–RRR–RRR。这样我们有 $N$=7 和 $n$=9，关节的总自由度数是 9。依据式（6.3），机器人的自由度数为

$$F=3(7-9)+9=3$$

这是期望的结果，因为所有的腿带来的约束为零（见式（6.5））。所以，平台能在其工作空间内到达任意期望的位姿。注意，在一个平面上，需要 2 个自由度确定位置（$x$–$y$ 平面上的移动），1 个自由度确定方向（绕 $z$ 轴的旋转）。驱动这个机器人需要 3 个马达。我们可在 9 个关节中任意选择安装这些马达，但通常更愿意将马达安装在基座上，这样马达不运动，它们的质量也不影响机器人的动力学。在特定情况下，移动关节也可以由电主轴或液压缸来驱动。

在图 6.6 的右图中展示了一个类似的平面并联机器人，它的结构为 RTR–RR–RR。这里，我们期望两条 RR 腿中的每一条都引入一个约束。依据式（6.5），这个并联机器人的自由度数为：

$$F=3-2=1$$

76 这个机器人用一个马达控制，其平台有受限的运动性，仅能沿 $x$–$y$ 平面上的一条弧线移动。例如，我们可以沿 $x$ 轴达到某点位置而不考虑 $y$ 轴上的控制和平台的方向；或者，确定平台的方向而不控制其在 $x$ 轴或 $y$ 轴上的位置。

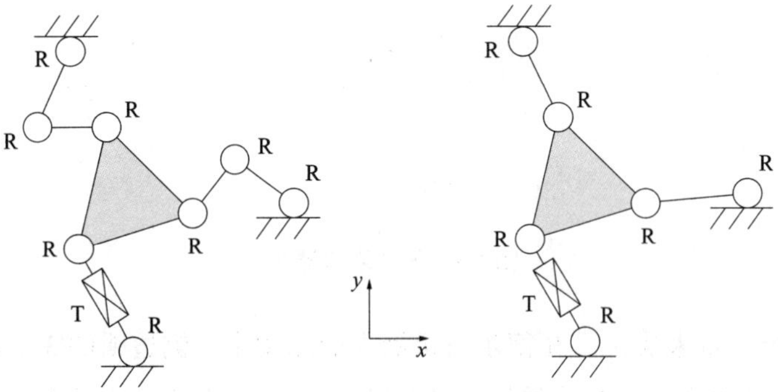


图 6.6　平面并联机器人

## 6.2.4　并联仿人肩

在自然界的人体或动物中，并联机构是常见的。因此，可以毫不奇怪地用并联机器人的模型有效地模拟人的生物特性，如用多种并联运动学结构模拟由肌肉和韧带包围的关节。例如，肩关节复合体可由两种基本组件表示：包含锁骨和肩胛骨相对于躯干运动的所谓的内关节，以及附着在盂肱关节（腔）上的所谓的外关节。在当今的仿人机器人中，由于运动机构的复杂性，内关节的运动一般是被忽略的。尽管如此，它们对人的运动、手臂的可达性和动力学特性还是具有决定性的。

有文献提出了一种内肩关节的并联肩关节机构，图 6.7 展示了其运动。所提出的结构是 TS–3UTS 型的，有 1 条带 4 个自由度和 2 个约束的中间腿 $T_0S_0$。围绕中间腿有 3 条 UTS 型侧边腿，每条腿有 6 个自由度而约束为零。依据式（6.5）这个机器人的自由度数为：

$$F=6-2=4$$

这个机器人可以产生复杂的平台方向（有 3 个主要的方向角），以及类似于人的肩关节的张开或收缩。手臂通过盂肱关节（腔）连接平台上。就像文献所推荐的，这个内肩关节
77 精确地模仿了手的运动，包括耸肩和避开与身体接触，并提供了很好的静态和动态负载能力。

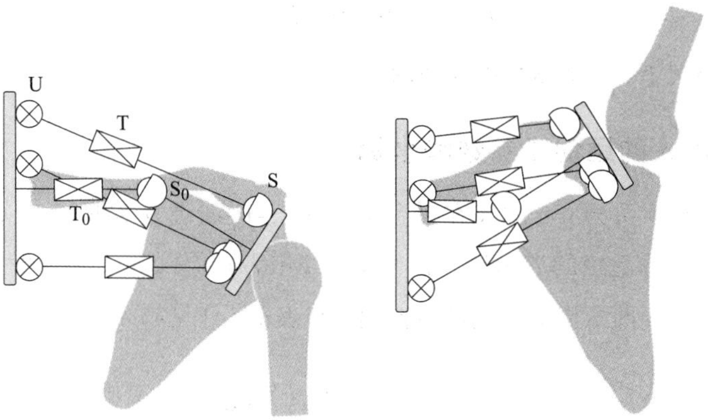


图 6.7 模仿内肩关节机构的并联机器人

## 6.3 并联机器人的建模与设计

大多数在工业上出现的或实验室研究的并联机器人具有对称的运动学编排。从它们的构造角度来看，这是有益的，这样它们由相同的机械部件组成。对称性还使得对它们进行数学处理变得简单。

前面描述的肩关节机器人代表了一组通用的运动学编排。这组包含了一条带有 $v_1$ 个自由度的中间腿，周边有对称的侧边腿，侧边腿常常是 UTS 型的且带有 $v_2, v_3, \cdots, v_k=\lambda$ 个自由度（及零约束）。中间腿是在整个机器人运动学中起决定性作用的，因为机器人的自由度数为 $F=v_1$。

第二组运动学编排以斯提沃尔特－荀夫平台为代表，所有的腿都是相同的，常常是 UTS 型的，这样，$v_1, v_2, \cdots, v_k=\lambda$。当 $v_1, v_2, \cdots, v_k<\lambda$ 时，仅有少数这样的机器人可以运动，它们中的大多数结构具有零或负的自由度。具有负自由度数的机器人被归为是无解的（超约束的）。

考虑第二组机器人（类斯提沃尔特－荀夫平台结构），每条腿上有一个马达。这样的机器人必须有 $K=F$ 条腿，因为有 $K<F$ 的机器人是不可控的。很容易验证仅有下面的机器人可以在空间存在（其中 $\lambda=6$）。

$$K=1,\ v_1=1$$
$$K=2,\ v_1=v_2=4$$
$$K=3,\ v_1=v_2=v_3=5$$
$$K=6,\ v_1=v_2=\cdots=v_6=6$$

这组机器人中带有 4 条腿或 5 条腿的是不存在的。在平面上，$\lambda=3$，仅有下列机器人可以存在。

$$K=1,\ v_1=1$$

$$K=3,\ v_1=v_2=v_3=3$$

平面机器人情况下，2 条腿是不存在的。

### 6.3.1 并联机器人的运动学参数和坐标

在图 6.8 中，坐标系 $x$–$y$–$z$ 固连在平台上，而 $x_0$–$y_0$–$z_0$ 坐标系固定在基座上。平台的位
78 置由矢量 $\boldsymbol{r}$ 在固定坐标系中的表示给出，矢量 $\boldsymbol{r}$ 表示为 $r_x$、$r_y$、$r_z$。平台的方向可由选定的 3 个参数 $\psi$、$\vartheta$、$\varphi$（代表两个坐标系间的方向角）来表示（详见第 4 章）。

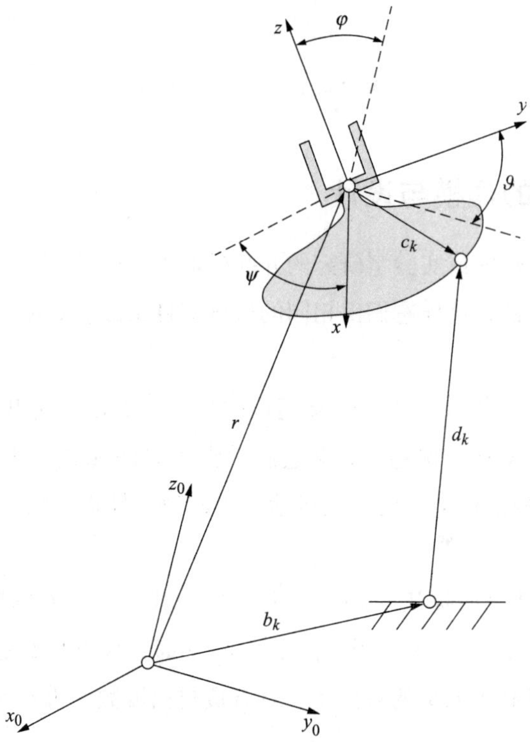


图 6.8 并联机器人的运动学参数

矢量 $\boldsymbol{b}_k$ 在坐标系 $x_0$–$y_0$–$z_0$ 中定义第 $k$ 条腿在基座上的连接，而矢量 $\boldsymbol{c}_k$ 在坐标系 $x$–$y$–$z$ 中定义第 $k$ 条腿在平台上的连接。矢量

$$\boldsymbol{d}_k=\boldsymbol{r}+\boldsymbol{R}\boldsymbol{c}_k-\boldsymbol{b}_k,\ k=1,\ 2,\cdots,\ K \tag{6.6}$$

描述在坐标系 $x_0$–$y_0$–$z_0$ 中机器人腿的几何参数。这里，$\boldsymbol{R}=\boldsymbol{R}(\psi,\ \vartheta,\ \varphi)$ 是从坐标系 $x$–$y$–$z$ 变换到 $x_0$–$y_0$–$z_0$ 的 3×3 旋转矩阵。式（6.6）也可写成以下齐次形式：

$$\boldsymbol{d}_k=\boldsymbol{H}\boldsymbol{c}_k,\ k=1,\ 2,\cdots,\ K \tag{6.7}$$

其中齐次变换矩阵为：

$$H=\begin{bmatrix} R & & & r-b_k \\ 0 & 0 & 0 & 1 \end{bmatrix} \quad (6.8)$$ 79

我们假设腿的长度是机器人的关节坐标：

$$q_k=\|d_k\|, k=1,2,\cdots,K \quad (6.9)$$

其中 ‖.‖ 表示矢量的模，它们是关节坐标矢量的元素。

$$q=(q_1, q_2,\cdots, q_K)^T$$

机器人的运动学参数是在坐标系 $x_0$–$y_0$–$z_0$ 中表示的矢量 $b_k$（$k$=1, 2,⋯, $K$）和在坐标系 $x$–$y$–$z$ 中表示的矢量 $c_k$。

一旦定义了机器人的内部坐标，那么让我们看看机器人的外部坐标。在并联机器人中它们常常表示安装末端执行器的平台的某些运动特性。多数情况下，选择的外部坐标是平台的位置或方向，称为笛卡儿坐标。在空间中，$\lambda$=6，它包括图 6.8 中的 3 个位置分量 $r_x$、$r_y$、$r_z$，以及 3 个方向角 $\psi$、$\vartheta$、$\varphi$，因此外坐标系的矢量由下式定义：

$$p=(r_x, r_y, r_z, \psi, \vartheta, \varphi)^T$$

### 6.3.2 并联机器人的逆向运动学和正向运动学

从控制的角度来看，外部坐标和内部坐标间的关系是很重要的。与串联机器人相似，它们的关系是由非常复杂的三角几何方程确定的。

并联机器人的逆向运动学问题要求通过一系列给定的代表平台位置和方向的外部坐标 $p$ 确定其内部坐标 $q$。对于给定的外部坐标 $p$，内部坐标 $q$ 可通过求解式（6.7）而得到。与串联机器人不一样，重要的是认识到外部坐标值唯一地定义了并联机器人的腿长，并且计算简单。

并联机器人的正向运动学问题要求通过一系列的关节坐标 $q$（见图 6.9）来确定外部坐标 $p$。这个问题在数学上是相当复杂的，且计算步骤是相当烦琐的。一般不可能将外部坐标表示成内部坐标的解析函数，而这在串联机器人中是相当直接的。通常，它们是耦合的三角函数和二次方程，这些方程只能在某些特殊情况下才能求得闭合形式的解。不存在怎样获得解析解的法则。常见困难如下：

*不存在实解*。对某些内部坐标值，外部坐标的实解不存在。当这种情况发生时，内部坐标的区间是不能提前预知的。 80

*多解*。对于一组给定的内部坐标，存在多种外部坐标解。对于给定腿长度的组合解的数量，取决于机构的运动学结构。一般的斯提沃尔特 – 苟夫平台有 40 种可能的正向运动学解。对于一个选定腿长度的组合存在着 40 种不同的平台位姿。此外，由于腿的缠绕，有时平台的两个位姿之间是不能过渡的。在这种情况下，只有把腿在第一个位姿点处拆开，然后在新位姿点把腿再组装上，平台才能从第一个位姿过渡到第二个位姿。

不存在闭合形式解。一般对于一组给定的关节坐标，不可能找到一个准确的正向运动学问题的解，即使有一个实际解存在。在这种情况下，我们使用的数值技术可能不一定收敛，也可能找不到所有的解。

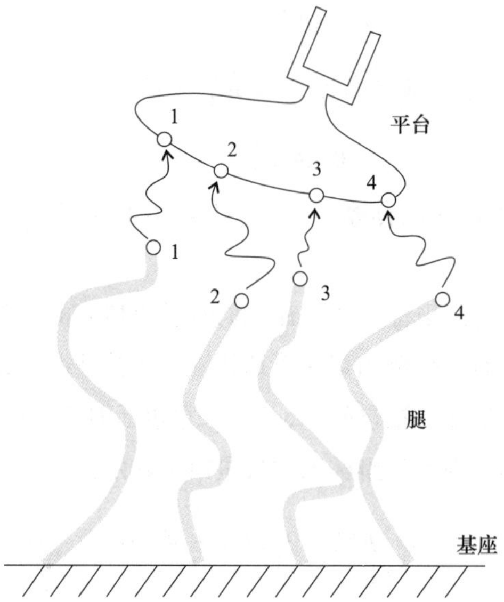


图 6.9　正向运动学问题包含与腿的长度相对应的平台位姿。各腿的末端点需与平台上的点相对应（例如 1—1）

### 6.3.3　设计并联机器人

设计并联机器人取决于期望的性能、灵活性、移动性、负载能力以及实际的工作空间。

在考虑并联和串联机器人的工作空间时，我们谈及可达工作空间和灵巧工作空间。并联机器人主要的缺点就是它们的工作空间小。因此，工作空间分析的主要目标是：确定一条期望的轨迹是否在机器人工作空间内。在并联机器人中工作空间的尺寸受限于机器人腿的移动
81 范围、被动关节的移动范围，特别是腿之间的相互干扰，即使是小的运动，腿与腿也可能相互碰撞。实际上，腿之间的交错是机器人运动和其可达性的一个主要障碍。确定和分析工作空间通常是一个冗长乏味的过程。在并联机器人情况下一般更为复杂，这取决于其自由度数和机械结构。

在串联机器人中，负载的影响通常从动力学的角度来分析，动力学很大程度上包含连杆的惯性。外力的贡献一般很小且在许多情况下可以忽略。在有多条腿的并联机器人中，连杆都很轻，马达一般安装在固定基座上，机器人静力学起更重要的作用。机器人静力学的计算与知名的雅可比矩阵有关，它代表着外部坐标和内部坐标的变换。这部分内容超出了本书的范围，有兴趣的读者可以参考大量的文献、文章和工具书。

实践中，我们常会看到图 6.10 所示的斯提沃尔特 – 苟夫平台。这个机器人包含 6 条类

型为 STS 的腿（取代了 6 条 UTS 型的腿）。运动学上，这个结构是相当独特和冗余的。这个机器人有太多的自由度，每条腿有 7 个自由度，对应着 –1 个约束。依据古卜勒公式（见 82
式（6.5）)，机器人的自由度数为：

$$F=6-(-6)=12$$

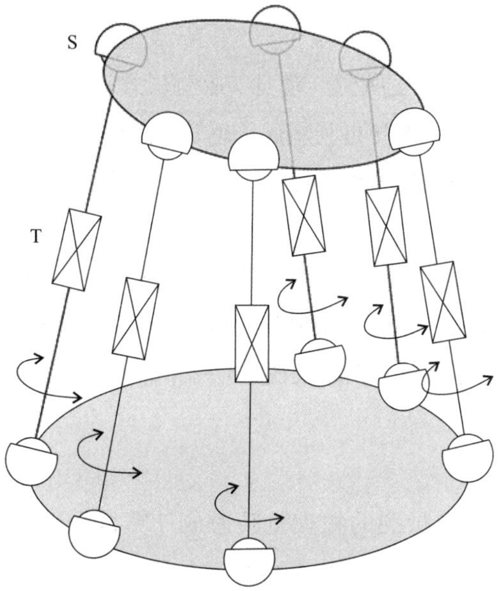


图 6.10　一个斯提沃尔特 – 苟夫平台的变形

要着重指出，12 个自由度中的 6 个明显是腿绕其自身的轴在转动的，这些转动对平台的运动没有任何影响。这样，机器人仍然可以由 6 个马达驱动，这些马达改变腿的长度，从而影响平移 T，而绕腿轴的转动可以保持被动且可以自由改变。这种构造的优点是 S 关节比
U 关节容易制造（因此也便宜），以及绕腿轴的被动旋转使得在连接能源和信号电缆时更为 83~84
灵活，这些电缆常常是从基座到平台沿腿布置的。

第 7 章

Robotics, Second Edition

# 机器人所用传感器

人体的感知系统包括视觉、听觉、动觉（运动、力和触觉）、味觉以及嗅觉。这些感知系统将输入信号传递给大脑，大脑再利用这些感知信息建立对环境的认知并做出决策。上述过程对于机器人的体系架构同样适用。然而，人类感知系统过于复杂，机器人感知仅涉及少数几种传感器。

传感器对于机器人高效、准确的操作至关重要。机器人传感器一般可分为两种：（1）用于监测机器人内部状态（位置、速度和关节力矩）的本体感知传感器；（2）用于感知外部环境信息（力、触觉、距离传感器、机器人视觉）的外部感知传感器。

## 7.1 感知原理

一般来说，传感器将测量到的物理量转换成计算机能够处理的数字信号。在机器人学中，我们主要研究以下变量：位置、速度、力和力矩。通过合适的换能器，这些变量可以转换成电压、电流、电阻、电容或电感等电信号。根据信号变换的工作原理，传感器可分为：

- 电传感器——将物理量直接转换成电信号，例如电位计或应变计；
- 85 电磁传感器——利用磁场进行物理量的转换，例如转速计；
- 光电传感器——将光信号转换为电信号，例如光电编码器。

## 7.2 运动传感器

电位计、光电编码器和转速计是用于感知机器人运动的典型传感器，都可用于测量机器人的关节运动。在实际应用时，这类传感器在关节内部的安装位置及如何测量运动参数是需要重点考虑的两个问题。

### 7.2.1 传感器的安装位置

首先以角位移传感器为例。我们的目的是测量由马达驱动的机器人关节的角度，关节是由马达通过减速比为 $k_r$ 的减速器驱动的。因为减速器的作用，关节角速度减小为马达角速度的 $1/k_r$；同时，关节力矩增加相同的倍数。运动传感器是安装在减速器之前还是减速器之后是很重要的，选择的依据是根据任务的要求和所选用的传感器。在如图 7.1 所示的场景中，理想的情况是传感器安装在减速器之前（在马达的边上）。用这种方法我们直接测量马达的旋转角，为了获得关节的角度，传感器的输出必须除以减速比。

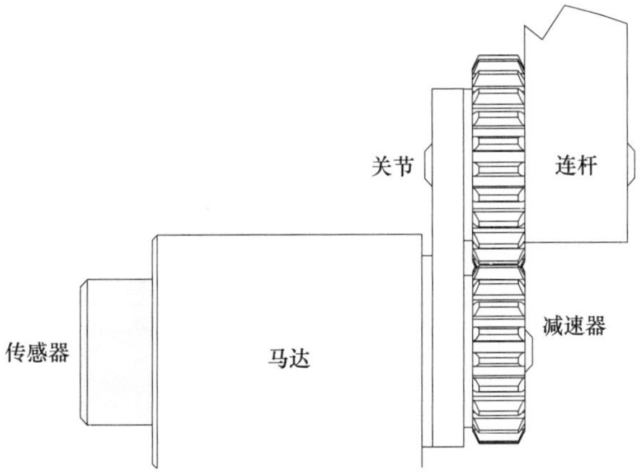


图 7.1　运动传感器位于减速器前的安装方式

令关节和马达的角度分别为 $\vartheta$ 和 $\vartheta_m$，$k_r$ 为减速器的减速比。当传感器放置在减速器前面时，传感器的输出角度等于 $\vartheta_m$。控制系统要求的反馈角度为关节角度 $\vartheta$，可由减速比决定。 86

$$\vartheta=\frac{\vartheta_m}{k_r} \tag{7.1}$$

对式（7.1）进行关于 $\vartheta_m$ 的微分可得：

$$\frac{d\vartheta}{d\vartheta_m}=\frac{1}{k_r},\ 即 d\vartheta=\frac{1}{k_r}d\vartheta_m \tag{7.2}$$

上式意味着传感器的测量误差下降为原来的 $1/k_r$。因此，将传感器放置在减速器前的好处是可以得到更精确的关节角度。

另一种传感器安装的可能方式如图 7.2 所示，这是将传感器安装在减速器后。这种方式直接测量关节的运动。由于传感器测量误差（此时没有被衰减）直接进入关节的运动控制回路，控制信号的质量有所下降。此外，由于马达的角的变化范围为关节角的变化范围的 $k_r$ 倍，因此这种方式更适合量程小的运动传感器。有时不可避免地要使用这种安装方式，因此了解这种把运动传感器装在关节上的安装方式的缺陷是十分有必要的。

## 7.2.2　电位计

图 7.3 所示为旋转电位计的示意图，由电阻绕组和移动式电刷两部分组成。电位计中的电刷沿着圆形电阻绕组滑动，因此这是一种接触测量方法。 87

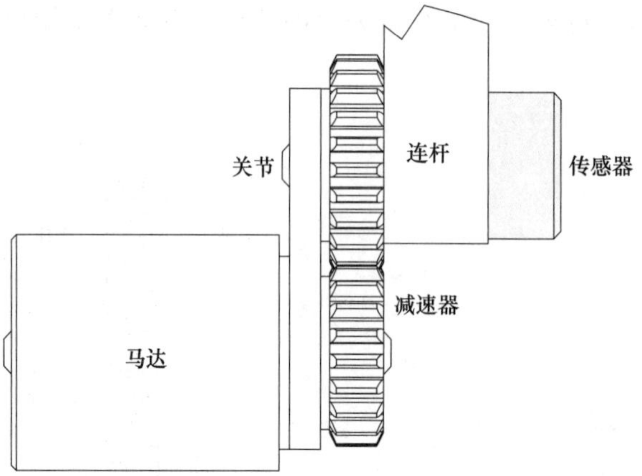


图 7.2　运动传感器位于减速器后的安装方式

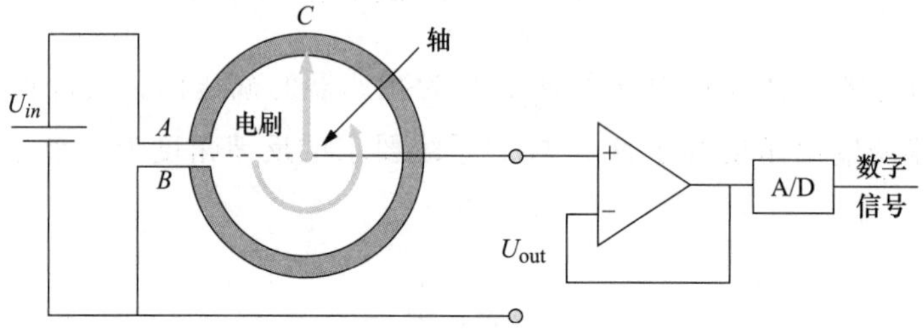


图 7.3　电位计模型

电位计通常放置在减速器后，这样电位计的轴线就可以与关节轴重合。假设点 $B$ 代表安装在关节上的电位计的参考零位，绕组 $\overset{\frown}{AB}$ 和 $\overset{\frown}{CB}$ 两部分的电阻分别为 $R$ 和 $r$。电刷相对于 $B$ 的角度用 $\vartheta$（弧度）表示。假设电位计圆形绕组的电阻均匀分布且点 $A$ 和点 $B$ 之间的距离可忽略不计，可得到以下方程：

$$\frac{r}{R}=\frac{\overset{\frown}{CB}}{\overset{\frown}{AB}}=\frac{\vartheta}{2\pi} \tag{7.3}$$

假设对电位计施加电压 $U_{in}$，则电刷上的电压就等于：

$$\frac{U_{out}}{U_{in}}=\frac{r}{R}=\frac{\vartheta}{2\pi} \tag{7.4}$$

或

$$U_{out}=\frac{U_{in}}{2\pi}\vartheta \tag{7.5}$$

因此角度 $\vartheta$ 可以通过电压输出 $U_{out}$ 来确定。

### 7.2.3　光电编码器

用接触式电位计测量关节角度缺点较多，最严重的问题是磨损导致使用寿命缩短。此

外，电位计最合适的安装位置是在关节轴（减速器后）而不是马达轴上（减速器前），根据 88
7.2.1 节的结论可知，此时精度相对较低。因此，在机器人中应用最广的是非接触式传感器，即光电编码器。

光电编码器将关节运动转化为一系列光脉冲，再将其转化为电脉冲。光脉冲的生成需要一个光源，这一般用发光二极管来实现。光脉冲到电脉冲的转换则由光电晶体管或光敏二极管将光线转换成电流来实现。

光电编码器的模型如图 7.4 所示，由光源、透镜、光敏器和带有缝隙（槽道）的光栅转盘组成，转盘连接到马达或关节的转轴上。在转盘上有带缝隙和间隔的轨道（按一定规律排列的透光和不透光部分，编者注），它允许或阻止发光二极管发出的光（透过转盘）到达光电三极管。当光线穿过缝隙到达转盘另一侧的光电晶体管时，传感器的逻辑输出为高；当发光二极管和光电晶体管之间的光路被转盘上的二条缝隙间的间隔遮挡时，传感器的逻辑输出为低。

光电编码器一般分为绝对式编码器和增量式编码器。在下文中，我们将学习它们的重要性质。

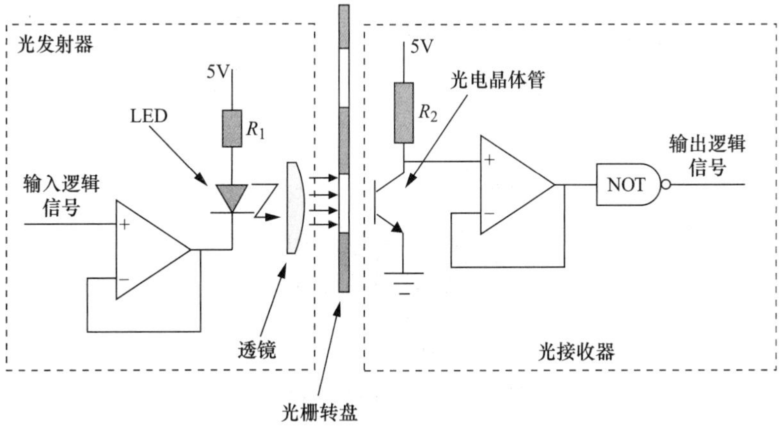


图 7.4　光电编码器模型

### 7.2.3.1　绝对式编码器

绝对光电编码器用于测量关节的绝对角度，其输出为数字信号。在数字系统中，每个逻辑信号线代表一个二进制的“位”的信息。当将所有这些位连接成一个逻辑状态变量时，所有可能的逻辑状态数量就决定了编码器可以测量的绝对角度的数量。 89

假设要求以不低于 0.1° 的角分辨率测量 360° 的旋转，那么绝对式编码器必须能够区分 3600 种不同的逻辑状态，这意味着我们至少需要 12 位表示来达到要求的分辨率，因为 12 位可以表示 4096 个逻辑状态。因此，绝对式编码器的一个重要设计参数是逻辑状态的位数，这取决于任务要求和编码器的安装位置（在减速器的前或后）。当编码器安装在减速比为 $k_r$ 的减速器前时，角度测量的分辨率将提高为原来的 $k_r$ 倍。当编码器位于减速器后时，所需的编码器的分辨率直接由所需的关节角度测量分辨率决定。所有逻辑状态都要均匀地刻在编码器的转盘上。图 7.5 展示了一个有 16 种逻辑状态的绝对式编码器，16 种逻辑状态可以用 4 位（二进制）表示。全部 16 种逻辑状态被刻在转盘的盘面上。转盘沿径向分为 4 条轨道，代表 4 位。每条轨道实际上是一个圆环，每个圆环被分成 16 段，对应 16 种逻辑状态。由于角位移的信息由 4 位表示，因此需要 4 对发光二极管和光电晶体管（每一对对应一位）。随
90 着连接在电主轴或关节轴上的转盘的旋转，输出信号将根据由段的顺序定义的逻辑状态而变化。格雷码（Grey），两个相邻状态值仅有 1 位不同，常用于绝对式编码器。绝对式编码器不仅能够确定角度，还能够确定转动方向。

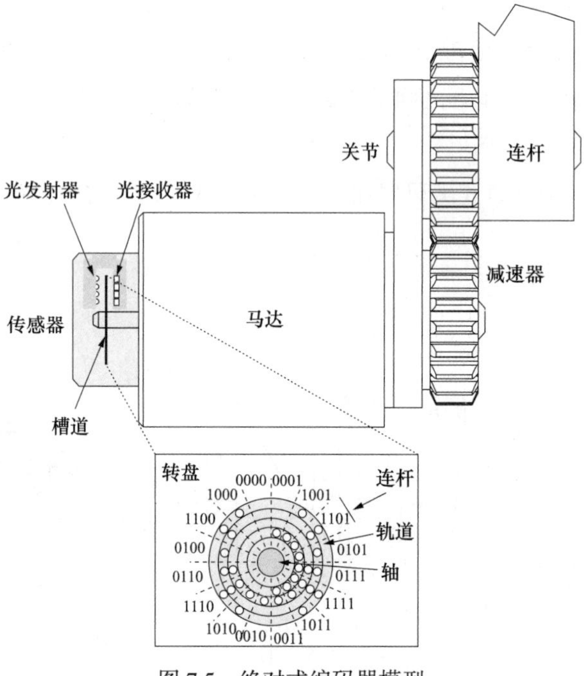


图 7.5　绝对式编码器模型

#### 7.2.3.2　增量式编码器

与绝对式编码器不同，增量式编码器只提供关于关节角度变化的信息。与绝对式编码器相比，增量式编码器的优势在于其结构简单、尺寸小和成本低（最重要的一点）。增量式编码器可以将转盘上的轨道数减少至一条。不同于要用表示所要求的逻辑状态必需的（二进制）位数同样数量的轨道数，增量式编码器只需要一条沿圆盘边缘均匀雕刻的轨道。图 7.6 展示了增量式编码器的模型。一条轨道导致只需要一对发光二极管和光电晶体管（光器件对）。在编码器转盘的旋转过程中会产生一系列电脉冲，基于对这些脉冲的计数就可以测量关节角度的变化，其数量正比于机器人关节的角度变化。如图 7.6 所示的增量式编码器在每次旋转时产生 8 个脉冲。该编码器的分辨率为：

$$\Delta\vartheta=\frac{2\pi}{8}=\frac{\pi}{4} \tag{7.6}$$

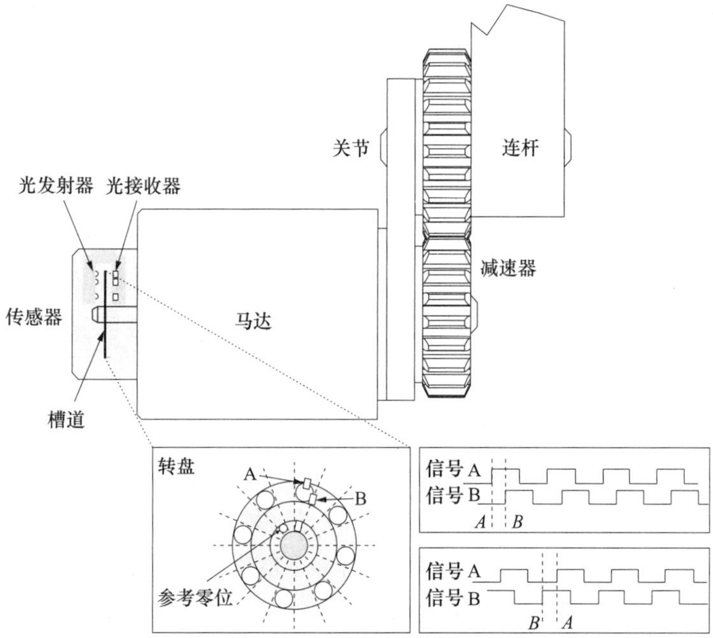


图 7.6 增量式编码器模型

增加转盘上的缝隙数量就可以提高编码器的角分辨率。令缝隙的数量为 $n_c$，编码器的分辨率就可以写为：

$$\Delta\vartheta=\frac{2\pi}{n_c} \tag{7.7}$$

单轨道编码器只能测量关节角度的变化，无法提供有关旋转方向或关节绝对角度的信息。如果要用增量式编码器控制机器人，必须确定关节位置变化测量的参考零位和旋转方向。

参考零位的问题可以通过在转盘上增加一个额外的参考缝隙来解决，这个参考缝隙相对于测量角度的轨道在径向上有位移。为确定参考位置，需要增加一对发光二极管和光电晶体管。在搜索参考零位时，机器人被编程控制以低速运动，直到找到参考缝隙或关节运动到极限位置。在后一种情况中，机器人将反方向运动以找到参考缝隙。

旋转方向的问题可以通过再增加一对发光二极管和光电晶体管来解决。如图 7.6 所示， 91
增加的光器件对与第一对光器件的安装位置在径向和切向上有一定的位移。当转盘旋转时，得到二路信号，这二路信号由于光器件对之间存在位移而相位有移动。产生相位移动的原因是轨道上的每个缝隙先经过第一个光器件对，随后在很短的时间后经过第二个光器件对。通常将两个光器件对安装在以获得的二个信号间的相位差为 π/2 的位置。当转盘顺时针转动时，信号 $B$ 的相位较信号 $A$ 滞后 $\pi/2$。逆时针转动时，信号 $B$ 的相位则较信号 $A$ 超前 $\pi/2$（见图 7.6）。因此编码器的旋转方向可以根据信号 $A$ 和 $B$ 之间的相位差来确定。使用两组光学对管的另一个优点是，可以充分利用信号 $A$ 和 $B$ 的所有变化，如用正交解码的方法使测量分辨率提高到标称编码器分辨率的 4 倍。

### 7.2.4 磁编码器

与光电编码器不同，磁编码器利用磁场测量关节角度。一般将一组磁极（两个或以上）
92 固定在传感器的转子上，代表编码器相对于磁传感器的位置。转子转动时周围均布的磁场也随之转动，用磁传感器（通常基于磁阻或霍尔效应）就可以读取磁极位置。其中，霍尔传感器产生与外加的磁场强度成正比的输出电压，磁阻传感器检测由磁场引起的电阻变化，工作原理如图 7.7a 所示。

当它放置于由径向磁化磁铁产生的正弦波磁场附近时，霍尔传感器可用于角度测量。该方法的局限性在于，只能测量过零点前后 90° 内的角度，超过这个范围后测量值不唯一，会造成歧义。为了将测量范围扩大到 360°，需要改进这种测量方法。这个问题可以通过增加霍尔传感器的数量，而不是仅用一个来解决。将多个霍尔传感器放置在同一个径向磁化磁铁下面，转子转动时将激励霍尔传感器产生多个正弦波形。如图 7.7b 所示为 4 个等间距布置的霍尔传感器，它们产生 4 个正弦波，每个正弦波与相邻信号的相位偏移 90°。磁编码器通常比光电编码器更鲁棒。

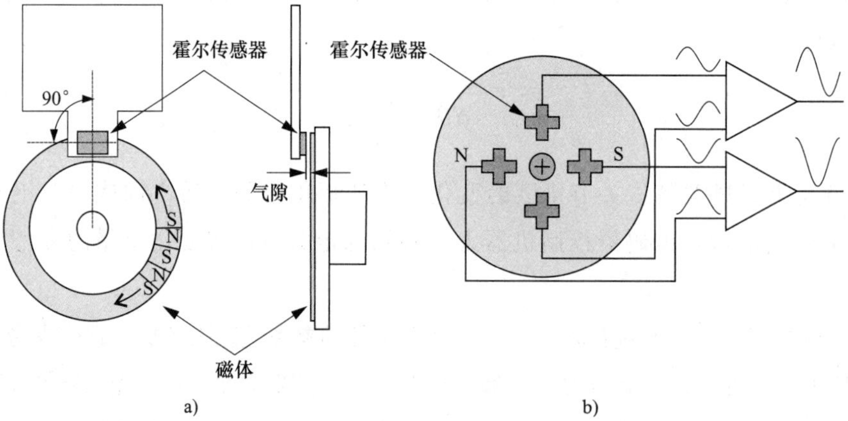


图 7.7　磁传感器模型。a）霍尔传感器及其交替的南北极；b）径向磁化磁铁及 4 个等间距布置的霍尔传感器

### 7.2.5 转速计

关节的速度信号可以通过对其位置进行数值微分来得到。然而，在机器人领域通常通过转速计直接测量得到关节速度，其原因是数值微分引入的噪声将极大地影响机器人控制
93 的精度。

转速计可以分为直流（DC）转速计和交流（AC）转速计。相对简单的直流转速计在机器人领域应用更加广泛。其工作原理是基于由永磁体提供磁场的直流发电机。由于磁场恒定，转速计的输出电压和转子的角速度成正比。由于直流转速计使用了换向器，因此在输出电压中会出现无法滤除的纹波。这个缺点，以及其他瑕疵，在使用交流转速计时就可以避免。

### 7.2.6　惯性测量单元

电位计和光电编码器可以测量机器人关节的角位移，但是这些传感器无法为飞行机器人或轮式机器人提供其在空间的方向信息。

机器人等物体在空间的方向一般基于磁惯性原理测量。这种方法结合了陀螺仪（角速度传感器）、加速度计（线加速度传感器）和磁强计（测量相对于地球磁场的方向，非惯性传感器）。

该方法以配备 1 个双轴加速度计（测量沿两个相互垂直轴的加速度）和 1 个单轴陀螺仪的刚性摆（见图 7.8）为例进行说明。两种传感器都给出其在各自的坐标系中的测量值，传感器的坐标系都与传感器中心固连，其坐标轴平行于固连在刚性摆上的坐标系的 $x$ 和 $y$ 轴。图 7.8a 为静止状态，图 7.8b 为摆动状态。我们感兴趣的是刚性摆相对于参考坐标系 $x_0$-$y_0$-$z_0$ 的方向，因为刚性摆只能绕 $z$ 轴摆动，所以我们只关心测量角 $\varphi$。

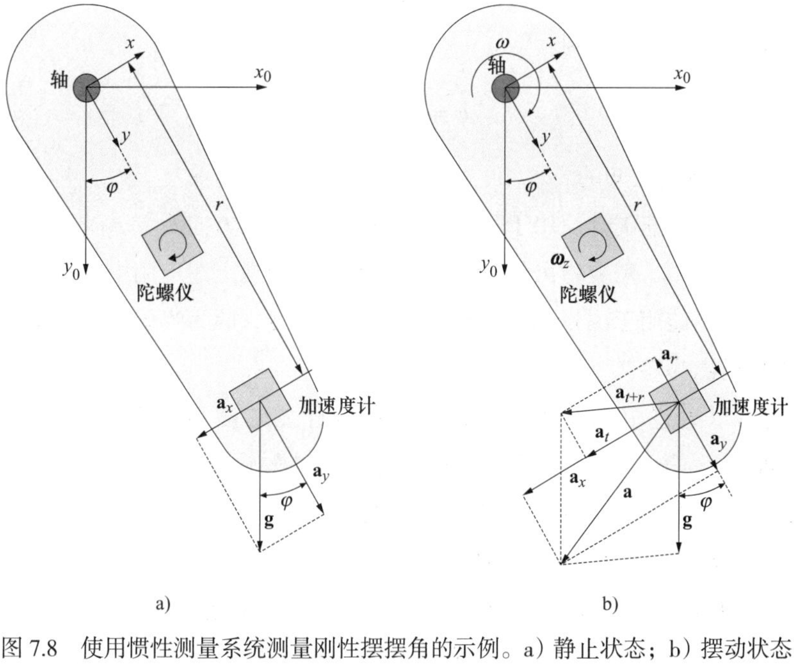


图 7.8　使用惯性测量系统测量刚性摆摆角的示例。a）静止状态；b）摆动状态

首先分析静止状态时的情况。因为静止状态的摆的角速度等于零，陀螺仪的输出也是零，陀螺仪不能告诉我们任何关于摆的方向的信息。然而，此时加速度计仍然可以测量重

力加速度。因为加速度计与重力加速度间有角度 $\varphi$，通过加速度计可以测得两个加速度分量 $\boldsymbol{a}_x$ 和 $\boldsymbol{a}_y$，这两个分量的矢量和为重力加速度。从图 7.8a 可知矢量 $\boldsymbol{g}$ 和 $\boldsymbol{a}_y$ 之间的夹角等于 $\varphi$。由于加速度的标量值 $\boldsymbol{a}_x$ 和 $\boldsymbol{a}_y$ 可以测得，因此可以确定摆角：

$$\varphi = \arctan\frac{\boldsymbol{a}_x}{\boldsymbol{a}_y} \tag{7.8}$$

因此，在静止状态时使用加速度计可以测量刚性摆的摆角。由于这个原因，加速度计经常用
94 于测量倾角（倾角仪）。

摆动状态下的情况就完全不同了。由于摆动是加速旋转运动，因此加速度计不仅受到重力加速度 $\boldsymbol{g}$ 的影响，同时受到向心加速度

$$\boldsymbol{a}_r = \boldsymbol{\omega}\times(\boldsymbol{\omega}\times\boldsymbol{r}) \tag{7.9}$$

以及切向加速度

$$\boldsymbol{a}_t = \dot{\boldsymbol{\omega}}\times\boldsymbol{r} \tag{7.10}$$

的影响。于是加速度计的实际测量值为：

$$\boldsymbol{a} = \boldsymbol{g} + \boldsymbol{a}_t + \boldsymbol{a}_r \tag{7.11}$$

这时，在静止状态下计算角度的公式（见式（7.8））不再适用，因此，加速度计无法再用于测量刚性摆的摆角。然而，此时测量摆的角速度的陀螺仪的输出是可以用的，刚性摆的摆角可以通过角速度的瞬时积分得到。

$$\varphi = \varphi_0 + \int \omega \mathrm{d}t \tag{7.12}$$

95 其中初始角度 $\varphi_0$ 必须是已知的。

上述例子表明，加速度计适用于静态或准静态条件下的方向测量，陀螺仪适用于动态条件下的方向测量。然而，需要指出的是加速度计和陀螺仪在上述应用中有两个缺陷。第一个缺陷是，加速度计不能用于测量摆处于水平方向上的角度，因为当传感器的轴线垂直于重力方向时传感器的输出为零。

这一问题可以通过引入磁强计来解决。磁强计能够测量绕重力场矢量方向的旋转（罗盘的工作原理）。第二个缺陷是陀螺仪和加速度计的输出都不是理想的。传感器的输出除了测量值外，还包括偏移量和噪声。对偏移量进行积分会导致线性漂移，因此式（7.12）无法给出精确的摆角的方向测量。为了克服单一传感器的缺陷，通常会将 3 个正交的加速度计、3 个正交的陀螺仪和 3 个正交的磁强计集成在同一个系统中，称为磁惯性测量单元（IMU）。综合加速度计、陀螺仪和磁强计的优点，可以精确可靠地测量在空间的方向。

具体来讲，对陀螺仪测得的角速度进行积分，可以得到对方向的估计，而加速度计和磁

强计可以直接测量传感器相对于重力和地磁场的方向，通过应用卡尔曼滤波器的传感器数据融合，可以实现精确可靠的空间方向测量。

## 7.3 接触式传感器

前面介绍的传感器都是用于测量机器人位姿和运动信息的，它们使得机器人位置和速度的闭环控制成为可能。在某些任务中，机器人需要使末端执行器与环境进行接触。典型的接触式传感器有触觉传感器、力和力矩传感器。触觉传感器测量传感器和物体之间接触时相互作用的参数。

这些测量包括接触点的作用力以及垂直于某一区域的力的空间分布。相反，力和力矩传感器测量施加在物体上的合力。

### 7.3.1 触觉传感器

机器人可以通过触觉获得环境信息。如图 7.9a 所示，机器人手指上的触觉传感器可以提高机械手的操作能力。传感器可以提供机器人手指与被抓握物体之间的接触力的分布数据。此外，为了提高机器人的安全性（如与人类协作时），触觉传感器可以用作机器人的人 96
造皮肤，使其能够感知与环境中物体的接触，如图 7.9b 所示。

触觉感知是基于如图 7.10 所示的接触传感器阵列。该传感器阵列常用到以下感知原理：

- 基于形变的传感器——材料表面受到外力作用时变形（长度变化），形变量经与惠斯通电桥相连的应变计转换成电信号。
- 变阻传感器——电阻随两电极之间的材料受到压力的变化而变化。
- 电容传感器——传感元件是一个电容器，其电容值随施加力的变化而变化，力会引起电容极板之间距离或面积的变化。
- 光电传感器——通常基于光强的变化进行测量。光强可以通过遮蔽物或反射表面在光路中的移动进行调制，接收到的光强是位移的函数，也就是作用力的函数。
- 压电传感器——石英等材料具有压电特性，因此可用于触觉感知。压电传感器无法用于静力感知，为了解决这个问题，可以使传感器处于振动状态，并检测由作用力引起的振动频率的变化。 97
- 磁传感器——磁通密度的变化或电路间的磁耦合是磁触觉传感中广泛采用的原理。
- 机械传感器——敏感元件是具有通断状态的机械微动开关。

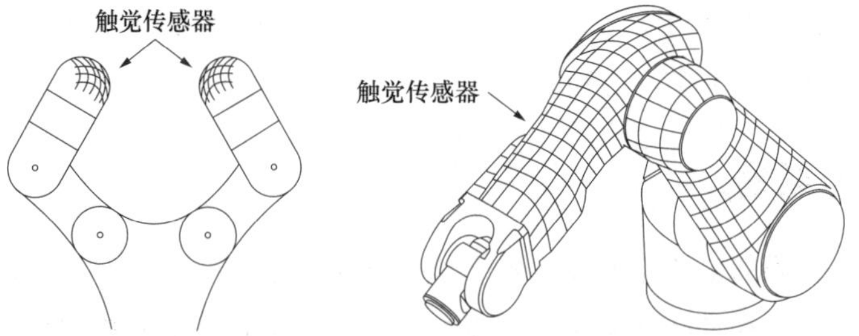


a) b)

图 7.9 a）触觉传感器用于机器人手指；b）机器人皮肤

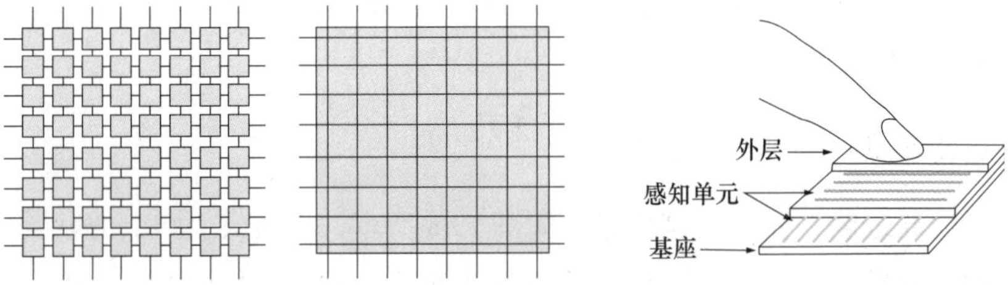


图 7.10 触觉传感器模型

### 7.3.2 限位开关和碰撞传感器

限位开关通常用于控制机器人机构。它们可以感知单个运动部件的位置，因此适用于确保运动不超过预设阈值。作为一种特殊的限位开关，碰撞传感器可以给出机器人是否与物体接触的信息。如图 7.11 所示，如果传感器安装在移动机器人的前保险杠上，则机器人可以借此信息判断是否碰到了墙壁等障碍物。真空吸尘扫地机器人一般靠碰撞传感器实现在家庭环境中的导航。

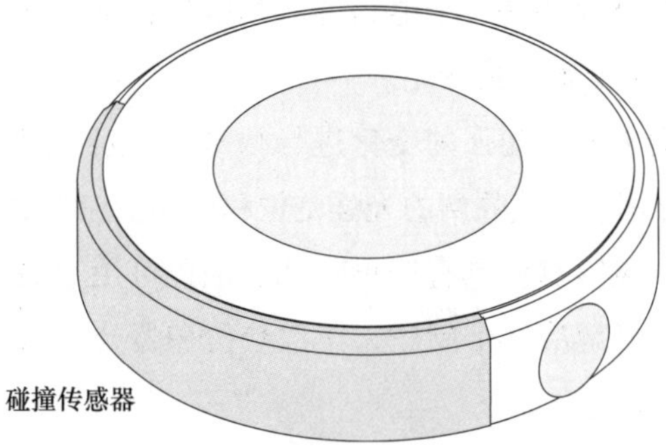


图 7.11 碰撞传感器用于移动机器人

### 7.3.3 力和力矩传感器

作为最简单的应用，当力传感器测得的作用力超过预设的安全极限时，控制机器人脱离与外界的接触。在更复杂的情况下，可以借助力传感器来控制机器人的末端执行器和环境之间的作用力。因此，力传感器常安装在机器人手腕上，常被称为腕部传感器。

应变计通常用于测量作用力，为此，将应变计贴在弹性梁上，弹性梁在外力的作用下会发生形变。此时，应变计相当于可变电阻，其电阻与形变成正比。对于实际应用，腕部传感 98
器不得影响机器人与环境的相互作用，这意味着腕部传感器必须具备足够的刚性。一般的机器人腕部传感器如图 7.12 所示，主要包括 3 个部分：（1）与机器人末端执行器连接的内部刚性部件；（2）与环境接触的外部刚性环⊖；（3）连接外环和内环的弹性梁。在机器人与环境接触的过程中，弹性梁会因外力而发生形变，从而导致应变计的电阻发生变化。

在三维空间中，作用在机器人末端执行器上的力和力矩的矢量可以由 6 个元素表示，即 3 个力和 3 个力矩。

图 7.12 所示长方体弹性梁能够测量两个方向的形变，如果要测量三维空间中的力和力矩矢量，则至少需要 3 根不共线的弹性梁。图 7.12 所示的示例使用了 4 根弹性梁，每个梁中相互正交的两个面上都装有应变计。因此共有 8 个应变计，可以将其看作 8 个可变电阻，记为 $R_1 \sim R_8$。在外力和力矩的作用下，产生的弹性形变为 $W_1 \sim W_8$，导致电阻发生变化，记电阻的变化量为 $\Delta R_1 \sim \Delta R_8$。电阻的微小变化通过惠斯通电桥转换成电压信号，如图 7.13 99
所示。每个可变电阻 $\{R_1 \cdots R_8\}$ 都与 3 个额外的电阻构成惠斯通电桥。假设施加在电桥上的电压为 $U_{\text{in}}$，输出电压 $U_{\text{out}_i}$ 由 $U_{1_i} - U_{2_i}$ 确定。其中，$U_{1_i}$ 为：

$$U_{1_i} = \frac{R_{i,2}}{R_{i,1} + R_{i,2}} U_{\text{in}} \tag{7.13}$$

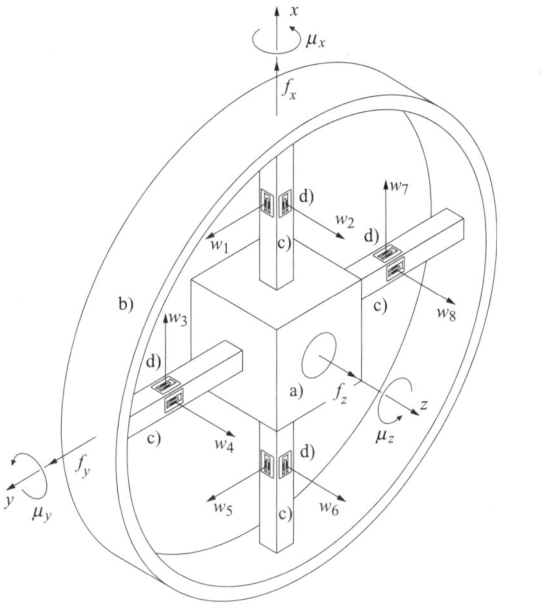


图 7.12 力和力矩传感器模型。a）与机器人末端执行器连接的刚体；b）与机器人环境接触的刚性环；c）弹性梁；d）应变计

⊖ 在实际的机器人腕部传感器中，该部分应该不是与环境接触，而是用于安装在机械臂的最后一个连杆上，与外部接触的是末端执行器。——译者注

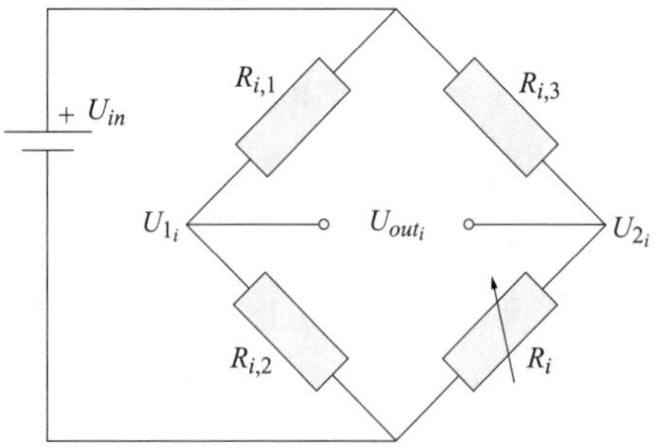


图 7.13 惠斯通电桥

$U_{2_i}$ 为：

$$U_{2_i} = \frac{R_i}{R_i + R_{i,3}} U_{\text{in}} \tag{7.14}$$

输出电压为：

$$U_{\text{out}_i} = \left( \frac{R_{i,2}}{R_{i,1} + R_{i,2}} - \frac{R_i}{R_i + R_{i,3}} \right) U_{\text{in}} \tag{7.15}$$

对式（7.15）进行关于 $R_i$ 的微分，可以得到应变计电阻的改变对输出电压的影响为：

$$\Delta U_{\text{out}_i} = -\frac{R_{i,3} U_{\text{in}}}{\left(R_i + R_{i,3}\right)^2} \Delta R_i \tag{7.16}$$

在实际应用中，力传感器要进行预先标定。标定结果为一个 6×8 的矩阵，用于将 6 个输出电压转换为 3 个力 $\left[f_x\ f_y\ f_z\right]^{\text{T}}$ 和 3 个力矩 $\left[\mu_x\ \mu_y\ \mu_z\right]^{\text{T}}$。

100

$$\left[f_x f_y f_z \mu_x \mu_y \mu_z\right]^{\text{T}} = \boldsymbol{K}\left[U_{\text{out}_1} U_{\text{out}_2} U_{\text{out}_3} U_{\text{out}_4} U_{\text{out}_5} U_{\text{out}_6} U_{\text{out}_7} U_{\text{out}_8}\right]^{\text{T}} \tag{7.17}$$

其中

$$\boldsymbol{K} = \begin{bmatrix} 0 & 0 & K_{13} & 0 & 0 & 0 & K_{17} & 0 \\ K_{21} & 0 & 0 & 0 & K_{25} & 0 & 0 & 0 \\ 0 & K_{32} & 0 & K_{34} & 0 & K_{36} & 0 & K_{38} \\ 0 & 0 & 0 & K_{44} & 0 & 0 & 0 & K_{48} \\ 0 & K_{52} & 0 & 0 & 0 & K_{56} & 0 & 0 \\ K_{61} & 0 & K_{63} & 0 & K_{65} & 0 & K_{67} & 0 \end{bmatrix} \tag{7.18}$$

为标定矩阵，且所有 $K_{ij}$ 都为常数。

### 7.3.4 关节力矩传感器

有时需要或更有利的是测量作用在机器人关节上的力矩，而不是末端执行器上的力矩，此时就需要关节力矩传感器。通过测量关节力矩，机器人可以对作用在其机构上任何位置的力做出反应。如果机器人的动力学模型已知，还可以通过关节力矩估计机器人末端执行器上的作用力。

以式（5.20）为例，对其取逆可得：

$$\boldsymbol{f}=\boldsymbol{J}^{-\mathrm{T}}(\boldsymbol{q})\tau \tag{7.19}$$

值得注意的是，式（7.19）只在静止状态且重力没有对关节力矩造成影响时才有效。否则，必须考虑机器人的动力学模型（见式（5.56））。

关节力矩传感器的工作原理与腕部传感器相似，但是其机械结构是考虑安装在关节上而设计的。因此，传感器集成在驱动器（可能包括齿轮）和对应的机器人连杆之间。传感 101
器需要保证对力矩的高灵敏度，对非力矩的低灵敏度，以及对所有方向上力和力矩的高刚度。机械结构在关节力矩作用下的形变可以用应变计来测量。图 7.14 所示为典型的关节力矩传感器。

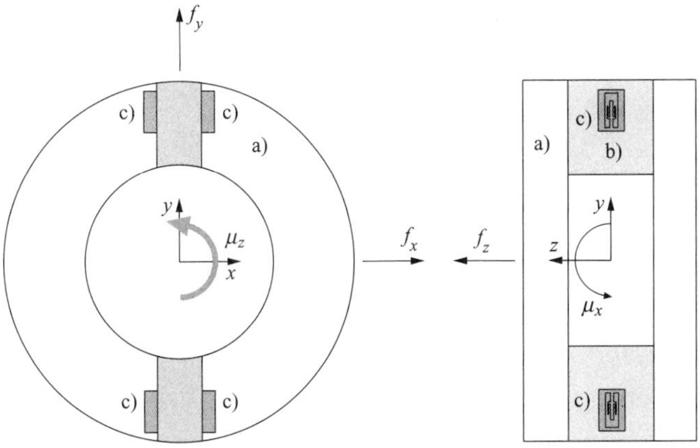


图 7.14　关节力矩传感器测量力矩 $\mu_z$：a）框架；b）弹性梁；c）应变计

## 7.4　接近和测距传感器

接近和测距传感器可以在没有任何物理接触的情况下检测附近的物体。与接触式传感器相比，它们能区分不同形状和大小的障碍物，在障碍规避方面也更加高效。在一定距离外检测障碍物的方法有多种。基于磁场和电容原理的方法通常能够检测物体的接近趋势，但不能给出距离。如果需要知道距离，可以使用超声波测距仪、激光测距仪和红外接近等主动传感器，或者基于相机的被动测距方法来获得。使用上述方法时，传感器和被测物体之间都没有物理接触，因此都具备可靠性高、使用寿命长的优势。

### 7.4.1　超声波测距仪

超声波测距仪使用声波测量到物体的距离，通过发出超声波（高频更适合短程、高精度的测距需求）并接收反射声波来测量距离，如图 7.15a 所示。传感器和物体之间的距离可以用发射声波与反射声波之间的时间差来计算（一般认为声波在空气中的传播速度为343m/s）。

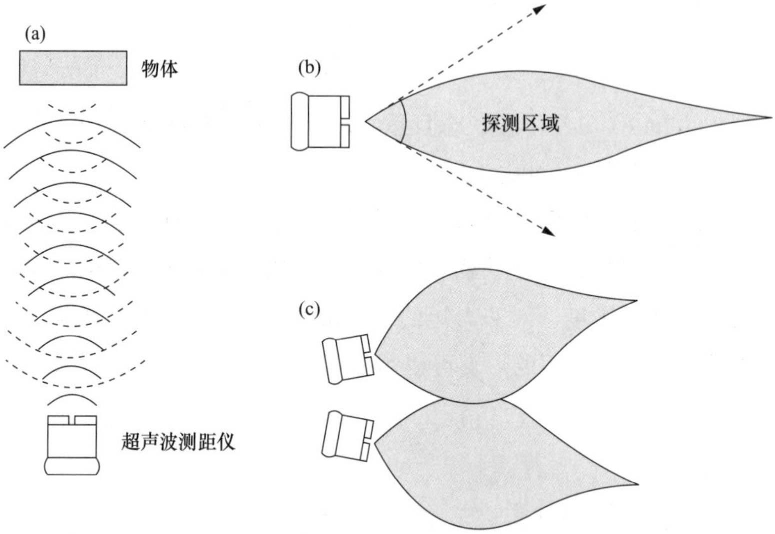


图 7.15　超声波测距仪。a）测量原理；b）可探测区域；c）组合多个超声波测距仪

了解传感器的探测区域对于成功探测和规避障碍物具有重要意义。超声波测距仪的波束通常可以看作有一定开角的圆锥。然而，在一定距离后，声波的开角开始衰减，如图 7.15b 所示。使用多个朝向不同角度的传感器可以拓宽超声波测距仪的探测区域，如图 7.15c 所示。值得指出的是，使用多个超声波测距仪时需要考虑串扰的问题。

影响超声波测距仪性能的因素还有很多，比如物体的大小、组成、形状和朝向都必须要考虑。在图 7.16 中，对于上面两种情况，测量结果通常是正确的；而在图 7.16 下面两种情
102 况下，超声波测距仪将给出错误的结果。

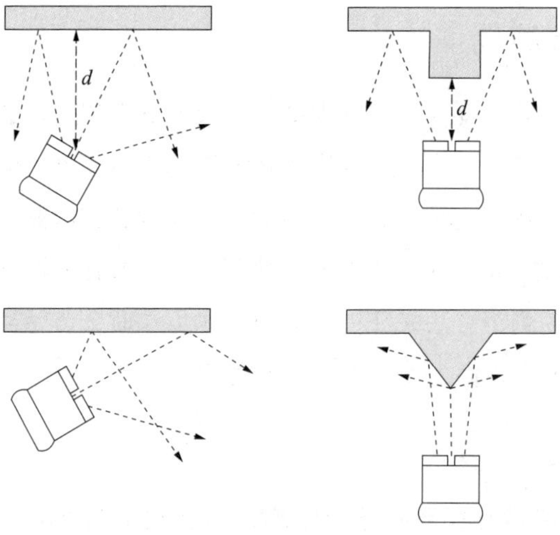


图 7.16　超声波测距仪的距离测量及局限：成功测量距离 $d$（上一行示例）及错误测量（下一行示例）

## 7.4.2 激光测距仪和激光扫描仪

激光测距仪利用激光脉冲确定与物体之间的距离。光飞行时间原理是激光测距仪最常使用的测距原理，即根据激光脉冲发出和返回传感器的时间差计算距离，这要求时间测量的精度非常高。在光速已知且时间测量精确的情况下，就可以计算出距离。另一种可能的方法是通过比较入射光和参考信号分析计算光波的相位移动。如果要测量距离的变化量而不是绝对距离，干涉法是最精确的方法。 103

激光测距仪只能在同一时间测量与一个物体之间的距离，因此，它是一维的传感器。激光扫描仪使用激光在传感器视场中进行扫描。顾名思义，激光扫描仪由激光（测距仪）和扫描仪组成。激光扫描仪以高速对环境进行采样并产生一系列的采样点阵列。一般通过旋转组件或旋转镜面实现对环境进行 360° 的扫描。图 7.17 所示为激光扫描仪的工作原理。

采样点代表物体相对于传感器的位置，图 7.18 展示了采样点阵列的产生过程，其中，距离 $d_L$ 由激光测量，旋转角 $\vartheta_L$ 通常由旋转组件上的编码器给出。因此，采样点一般在极坐标系下表示，也可以将其转换到笛卡儿坐标系 $(x_L, y_L)$ 中。

$$x_L = d_L \cos\vartheta_L,\ y_L = d_L \sin\vartheta_L \tag{7.20}$$

采样点可以用于生成环境地图，便于路径规划以及规避障碍。通过在旋转组件处增加另外一个自由度可以构成三维激光扫描仪，它能够扫描完整的三维空间，得到三维点云数据。这些三维激光扫描仪通常称为激光雷达（Light Detection And Ranging, LiDAR），常用于自动车辆的环境观测。 104

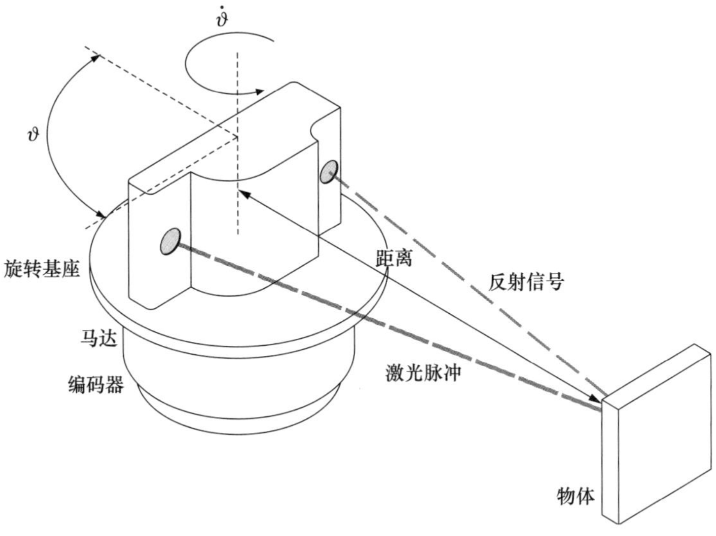


图 7.17 激光扫描仪

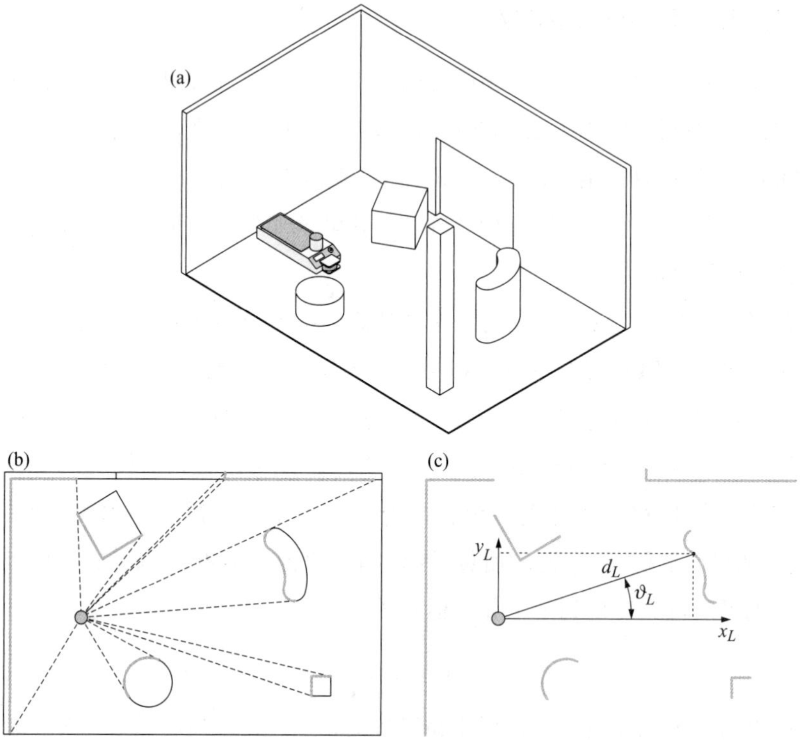


105 ~ 106

图 7.18　激光扫描仪用于创建环境地图。a）环境；b）扫描；c）地图

# 机器人视觉

机器人视觉的任务是从数字图像中识别出其工作空间中的几何信息。具体来说，是要找到二维（2D）投影点与三维（3D）机器人真实环境中点坐标之间的关系。

## 8.1 系统配置

机器人视觉系统一般利用一到两台或多台摄像机进行工作。如果使用多台摄像机来观察同一个物体，则可以推算出该物体的深度信息，我们称为 3D 视觉或立体视觉。当然，单个摄像机也可以实现三维测算，这需要我们从不同的位置对同一个物体拍摄两幅图像。如果只有一幅图像可用，则可以根据物体某些已知的几何属性来估计其深度。

在分析机器人视觉系统的配置时，有必要区分不同的摄像机放置情况。摄像机的位置可能是固定的，比如它们被安装在工作单元中的某个固定位置上；它们也有可能被安装在运动的机器人上。在前一种配置中，摄像机从相对于机器人基坐标系而言固定的位置观察各个物体。此时摄像机的视角在工作中不会发生改变，这意味着其测量精度基本是恒定的。但是在某些任务中，机械手会不可避免地进入摄像机的视野，遮挡被测物体。如果遇到这种情况，我们就有必要将摄像机放置在机器人上（其位置因而是变化的）。

摄像机可能安装在机器人手腕之前或之后。在第一种情况下，摄像机将从有利位置进行观察，机械手一般不会遮挡其视野。在第二种情况下，摄像机安装在机械手末端执行器上，且仅观察需要被操控的物体。两种情况下，摄像机的视野都会随着机械手的运动而变化。当机械手接近物体时，摄像机的测量精度通常会变高。



## 8.2 正向投影

光学基本方程决定了一个点在图像平面的位置是如何对应于三维空间中点的（如图 8.1 所示）。我们可以由此找到空间点坐标 $P=(x_c, y_c, z_c)$ 与投影点坐标 $p=(u, v)$ 之间的几何关系。

光线通过摄像机镜头入射到图像平面上，由于摄像机镜头的尺寸与被机器人操控的物体大小相比较小，因此我们可以在数学模型中将摄像机镜头用一个简单的针孔来代替。在透视投影模型中，空间中的点通过交汇于一些公共点（称为投影中心）的直线而投影到图像平面上。当我们用针孔摄像机模型替代真实的摄像机模型时，这个投影中心就在摄像机镜头的中心。

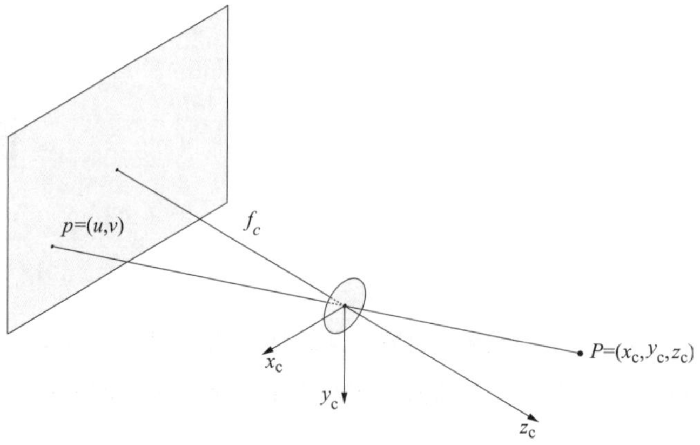


图 8.1 透视投影

在研究机器人的几何学和运动学时，我们给每个刚体（比如机器人的部件或被机器人操控的物体）都赋予一个坐标系。在考虑机器人视觉时，摄像机本身将被看成一个刚体并且也为其赋予一个坐标系，即摄像机坐标系。从现在起，摄像机的位姿将由其坐标系来描述。摄像机坐标系的 $z_c$ 轴指向光轴，坐标系的原点位于投影中心。这一右手坐标系的 $x_c$ 轴平行于
108 图像感知器件阵列的行，其 $y_c$ 轴与图像感知器件阵列的列平行。

图像平面位于摄像机中，在投影中心之后。图像平面与投影中心之间的距离 $f_c$ 称为焦距。在摄像机坐标系中，该焦距为负值，因为图像平面与 $z_c$ 的负半轴相交。通常在 $z_c$ 的正半轴设置一个等效的图像平面会更加方便（如图 8.2 所示）。该等效的图像平面和实际的图像平面对称于摄像机坐标系原点。所有对象的几何性质在这两个平面中都是等效的，区别仅体现在数值的正负号上。

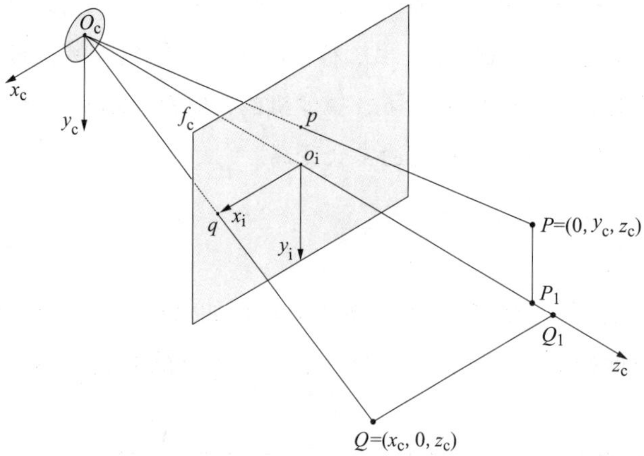


图 8.2 等效图像平面

从现在开始，文中的图像平面代指等效图像平面，而且，该图像平面也是一个具有自身坐标系的刚体。它的坐标系原点设置在光轴与图像平面的交点处，它的 $x_i$ 轴和 $y_i$ 轴分别与摄像机坐标系的 $x_c$ 轴、$y_c$ 轴平行。

这样，每个摄像机将有两个坐标系，分别为摄像机坐标系与图像坐标系。假设点 $P$ 为摄像机坐标系中的点，而点 $p$ 是其在图像平面上的投影。我们的目的是要找到点 $P$ 与投影点 $p$ 的坐标值之间的关系。

首先假设 $P$ 位于摄像机坐标系的 $y_c$–$z_c$ 平面，它的坐标为：

$$\boldsymbol{P}=\begin{bmatrix}0\\y_c\\z_c\end{bmatrix}\tag{8.1}$$

投影点 $p$ 将位于图像平面的 $y_i$ 轴上：

$$\boldsymbol{p}=\begin{bmatrix}0\\y_i\end{bmatrix}\tag{8.2}$$

109

由于三角形 $PP_1O_c$ 和 $poO_c$ 的相似性，有：

$$\frac{y_c}{y_i}=\frac{z_c}{f_c}$$

或

$$y_i=f_c\frac{y_c}{z_c}\tag{8.3}$$

接着假设点 $Q$ 位于摄像机坐标系的 $x_c$–$z_c$ 平面上。对点 $Q$ 进行透视投影后，其图像点 $q$ 落在图像坐标系的 $x_i$ 轴上。由于三角形 $QQ_1O_c$ 和 $qoO_c$ 的相似性，我们有：

$$\frac{x_c}{x_i}=\frac{z_c}{f_c}$$

或

$$x_i=f_c\frac{x_c}{z_c}\tag{8.4}$$

由此获得了摄像机坐标系中 $P$ 点坐标（$x_c$, $y_c$, $z_c$）与图像平面中 $p$ 点坐标（$x_i$, $y_i$）之间的关系。式（8.3）和式（8.4）代表了从 3D 空间透视投影到 2D 空间的数学描述。这两个方程可以改写成透视矩阵的形式。

$$s\begin{bmatrix}x_i\\y_i\\1\end{bmatrix}=\begin{bmatrix}f_c&0&0&0\\0&f_c&0&0\\0&0&1&0\end{bmatrix}\begin{bmatrix}x_c\\y_c\\z_c\\1\end{bmatrix}\tag{8.5}$$

式（8.5）中 $s$ 是一个缩放因子，（$x_i$, $y_i$）是图像坐标系中投影点的坐标，（$x_c$, $y_c$, $z_c$）是摄像机坐标系中被投影点的坐标。

从式（8.5）中不难发现，当已知（$x_c$, $y_c$, $z_c$）时，坐标（$x_i$, $y_i$）与缩放因子 $s$ 有唯一解。

但是，当我们只知道图像坐标（$x_i, y_i$）而不知道缩放因子时，无法计算摄像机坐标系中的坐标（$x_c, y_c, z_c$）。我们称式（8.5）为正向投影，从（$x_i, y_i$）到（$x_c, y_c, z_c$）的计算称为反向投影。当只使用单个摄像机且没有机器人周围环境中物体大小的先验信息时，我们无法找到这个逆问题的唯一解。

为了便于编程，使用索引来指示单个像素（即数字图像中的最小单元）在2D图像中的位置，这会比使用沿图像坐标系 $x_i$ 和 $y_i$ 轴的距离度量更方便。我们使用两个数字来表示像
110 素的索引坐标（如图8.3所示），分别为行索引和列索引。在存储数字图像的存储器中，行索引从图像顶部往图像底部增长，列索引从图像左侧开始到图像的右边缘结束。我们使用轴 $u$ 指代列索引，轴 $v$ 指代行索引。通过这种方式，每幅图像都有一个索引坐标系 $u$–$v$。左上角像素由（0，0）或（1，1）表示，索引坐标没有量纲。

下面，我们将寻找图像坐标（$x_i, y_i$）与索引坐标（$u, v$）之间的关系。假设所讨论的数字图像是图像传感器未经处理的直接输出结果（模－数转换在图像传感器的输出处执行）。在这种情况下，每个像素与图像传感器测量单元一一对应。同时假设图像传感器的成像区域是矩形的。

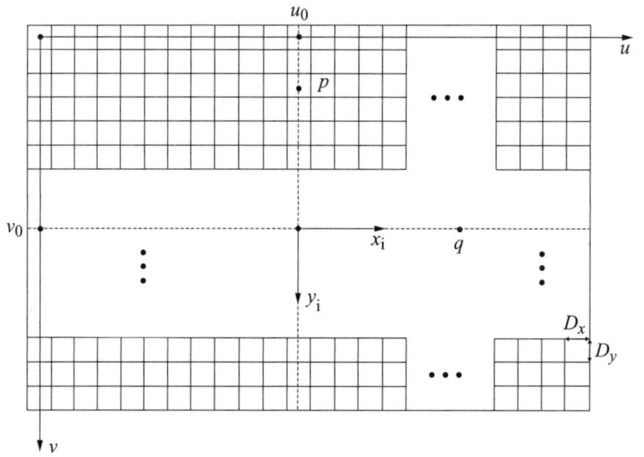


图8.3　图像平面和索引坐标系

图像坐标系的原点位于索引坐标系的点（$u_0, v_0$）处，像素的大小由数字（$D_x, D_y$）表示。图像坐标系 $x_i$–$y_i$ 与索引坐标系 $u$–$v$ 之间的关系由以下两个方程描述。

$$\begin{aligned}\frac{x_i}{D_x} &= u - u_0 \\ \frac{y_i}{D_y} &= v - v_0\end{aligned} \tag{8.6}$$

式（8.6）可以写为：

$$u = u_0 + \frac{x_i}{D_x}$$
$$v = v_0 + \frac{y_i}{D_y} \tag{8.7}$$

111

在式（8.7）中，$\frac{x_i}{D_x}$ 和 $\frac{y_i}{D_y}$ 分别表示沿行和列进行数字化转换的次数。式（8.7）可以重写成如下矩阵形式。

$$\begin{bmatrix} u \\ v \\ 1 \end{bmatrix} = \begin{bmatrix} \frac{1}{D_x} & 0 & u_0 \\ 0 & \frac{1}{D_y} & v_0 \\ 0 & 0 & 1 \end{bmatrix} \begin{bmatrix} x_i \\ y_i \\ 1 \end{bmatrix} \tag{8.8}$$

式（8.5）利用针孔摄像机模型建立了图像坐标系与摄像机坐标系间的关系，我们将之与描述图像坐标系与索引坐标系之间的关系式（式（8.8））相结合，得到了：

$$s\begin{bmatrix} u \\ v \\ 1 \end{bmatrix} = \begin{bmatrix} \frac{1}{D_x} & 0 & u_0 \\ 0 & \frac{1}{D_y} & v_0 \\ 0 & 0 & 1 \end{bmatrix} \begin{bmatrix} f_c & 0 & 0 & 0 \\ 0 & f_c & 0 & 0 \\ 0 & 0 & 1 & 0 \end{bmatrix} \begin{bmatrix} x_c \\ y_c \\ z_c \\ 1 \end{bmatrix} = \begin{bmatrix} \frac{f_c}{D_x} & 0 & u_0 & 0 \\ 0 & \frac{f_c}{D_y} & v_0 & 0 \\ 0 & 0 & 1 & 0 \end{bmatrix} \begin{bmatrix} x_c \\ y_c \\ z_c \\ 1 \end{bmatrix} \tag{8.9}$$

上述矩阵也可用以下形式来表示。

$$\boldsymbol{P} = \begin{bmatrix} f_x & 0 & u_0 & 0 \\ 0 & f_y & v_0 & 0 \\ 0 & 0 & 1 & 0 \end{bmatrix} \tag{8.10}$$

**P** 矩阵代表了从摄像机坐标系到索引坐标系的透视投影。变量

$$f_x = \frac{f_c}{D_x}$$
$$f_y = \frac{f_c}{D_y} \tag{8.11}$$

是摄像机沿 $x_c$ 和 $y_c$ 轴的焦距。参数 $f_x$、$f_y$、$u_0$ 和 $v_0$ 称为摄像机的内参数。

通常，摄像机的内参数是不知道的，仅仅依靠摄像机与镜头的规格说明是不够精确的。摄像机内参数通常需要通过摄像机标定程序获得。当知道了摄像机的内参数，我们可以从给定的坐标 $(x_c, y_c, z_c)$ 中唯一地计算索引坐标 $(u, v)$。坐标 $(x_c, y_c, z_c)$ 在不知道缩放因子的情况下无法从给定的 $(u, v)$ 坐标中求出。112

## 8.3　反向投影

数字图像由像素组成的矩阵来表示。由于索引坐标 $(u, v)$ 没有量纲，因此这意味着在描述图像特征的时候更多采用的是定性而不是定量描述。如果我们要以公制单位来说明距离，则必须知道索引坐标 $(u, v)$ 与 3D 参考坐标系中坐标 $(x_r, y_r, z_r)$ 之间的关系。如果不了解场景的真实尺寸或几何性质，则我们无法识别出图像的特征。

### 8.3.1　单摄像机

假设现在有一套只带单个摄像机的机器人视觉系统。这套系统以机器人工作空间的图像作为输入，我们需要它产生几何测量值作为输出。图 8.4 显示了各个坐标系之间的转换关系。

假设在图像中识别出了点 $q$，我们希望根据 $q$ 点的图像坐标求出环境中真实点 $Q$ 的坐标。这属于反向投影问题。为了解决这个问题，我们必须知道 $q$ 点坐标与 $Q$ 点坐标的对应关系，即正向投影问题。

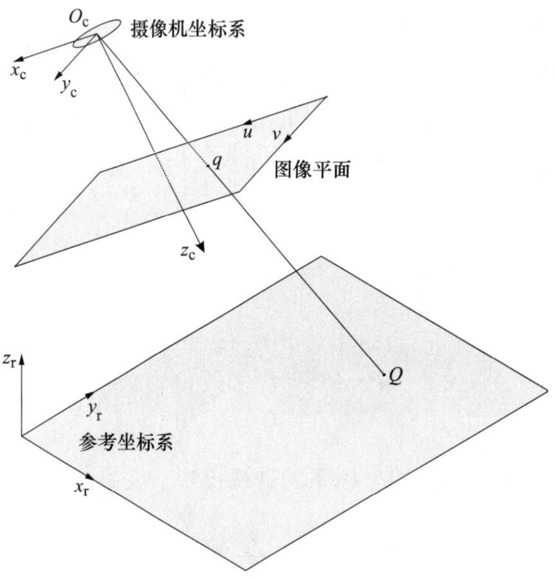


113　图 8.4　机器人视觉系统中的坐标系

让我们首先解决正向投影问题。假设在参考坐标系下 $Q$ 点坐标为 $(x_r, y_r, z_r)$，我们要求出其图像在索引坐标系中的坐标 $q=(u, v)$。坐标系 $x_c$–$y_c$–$z_c$ 固连在摄像机上，矩阵 $\boldsymbol{M}$ 表示从参考坐标系到摄像机坐标系的变换。

$$\begin{bmatrix} x_c \\ y_c \\ z_c \\ 1 \end{bmatrix} = \boldsymbol{M} \begin{bmatrix} x_r \\ y_r \\ z_r \\ 1 \end{bmatrix} \tag{8.12}$$

结合式（8.12）和式（8.9），有：

$$s\begin{bmatrix} u \\ v \\ 1 \end{bmatrix} = \boldsymbol{PM} \begin{bmatrix} x_r \\ y_r \\ z_r \\ 1 \end{bmatrix} \tag{8.13}$$

式（8.13）描述了正向投影过程。矩阵 $\boldsymbol{P}$ 中的元素为摄像机的内参数，而矩阵 $\boldsymbol{M}$ 中的元素为外参数。以下 3×4 矩阵

$$\boldsymbol{H}=\boldsymbol{PM} \tag{8.14}$$

称为摄像机的标定矩阵。它用于摄像机的标定过程，以确定摄像机的内参数和外参数。

接着，考虑反向投影问题。我们的目标是根据已知的投影点坐标 $(u, v)$ 和标定矩阵 $\boldsymbol{H}$ 来确定真实点 $Q$ 的坐标 $(x_r, y_r, z_r)$，缩放因子 $s$ 是未知的。在式（8.13）中，对于空间中的一点我们有 4 个未知数 $s$、$x_r$、$y_r$、$z_r$ 和 3 个方程。

让我们考虑以下 3 个点 $A$、$B$ 和 $C$（见图 8.5）。已知这三点之间的距离，它们在参考坐标系中的坐标为：

$$\left\{(x_{r_j}, y_{r_j}, z_{r_j}), \quad j=1,2,3\right\}$$

它们相对应的投影点的坐标为：

$$\left\{(u_j, v_j), \quad j=1,2,3\right\}$$

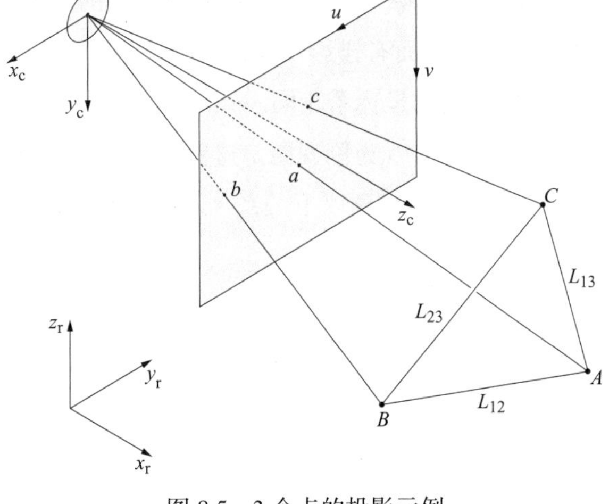


图 8.5　3 个点的投影示例

正向投影过程可以写成以下形式：

$$s_j\begin{bmatrix}u_j\\v_j\\1\end{bmatrix}=\boldsymbol{H}\begin{bmatrix}x_{r_j}\\y_{r_j}\\z_{r_j}\\1\end{bmatrix}\tag{8.15}$$

114

式（8.15）中有 12 个未知数和 9 个方程。为了求解这个问题，我们需要引入 3 个额外的方程。这些方程可以从由点 $A$、$B$ 和 $C$ 表示的三角形大小中获得。我们将三角形的边 $AB$、$BC$ 和 $CA$ 的长度分别记作 $L_{12}$、$L_{23}$ 和 $L_{31}$。

$$\begin{aligned}L_{12}^2&=(x_{r_1}-x_{r_2})^2+(y_{r_1}-y_{r_2})^2+(z_{r_1}-z_{r_2})^2\\L_{23}^2&=(x_{r_2}-x_{r_3})^2+(y_{r_2}-y_{r_3})^2+(z_{r_2}-z_{r_3})^2\\L_{31}^2&=(x_{r_3}-x_{r_1})^2+(y_{r_3}-y_{r_1})^2+(z_{r_3}-z_{r_1})^2\end{aligned}\tag{8.16}$$

现在我们有了 12 个方程和 12 个未知数，因此可以求解该逆问题。然而这个方法的求解过程并不方便，因为最后 3 个附加方程是非线性的，需要利用计算机进行数值求解。我们称这一方法为基于模型的反向投影。

### 8.3.2　立体视觉

由于被测物体的几何模型通常是不知道的，又或者该物体会随着时间发生改变，因此我们需要寻找另外一种解决反向投影问题的方案。其中一种可能的解决方案是采用立体视觉，即利用两个摄像机进行拍摄。它的工作原理与人类的视觉感知方式相似，即左眼和右眼看到的图像会由于视差效应而略有不同，然后大脑利用这种图像差异来确定自身与被观察物体的距离。

为简明起见，我们假设有两个互相平行的摄像机在观察点 $Q$ 处，如图 8.6 所示。点 $Q$
115 投影到了左右两个摄像机的图像（成像）平面上。左侧摄像机的图像平面上有投影点 $q_l$，坐标为 $(x_{i,l}, y_{i,l})$；右侧摄像机的图像平面有投影点 $q_r$，坐标为 $(x_{i,r}, y_{i,r})$。该视觉系统坐标系 $x_0$-$y_0$-$z_0$ 中各个轴的方向与左侧摄像机的坐标系相同。

图 8.7a 为图 8.6 的俯视图，图 8.7b 为侧视图，这些视图可以帮助我们计算点 $Q$ 的坐标。利用图 8.7a 中的几何图形，我们可以得到以下关系（这里的距离值 $x_Q$、$y_Q$ 和 $z_Q$ 是相对于坐标系 $x_0$-$y_0$-$z_0$ 而言的）。

$$\begin{aligned}\frac{z_Q}{f_c}&=\frac{x_Q}{x_{i,l}}\\\frac{z_Q}{f_c}&=\frac{x_Q-d_c}{x_{i,l}}\end{aligned}\tag{8.17}$$

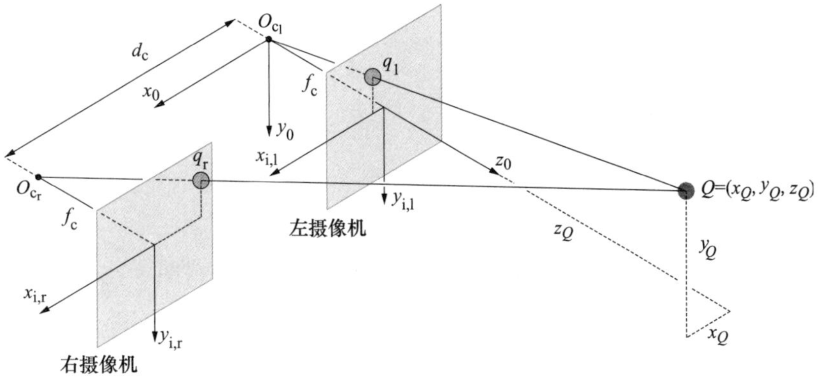


图 8.6 使用两个平行安装的摄像机获得的 Q 点的立体视图

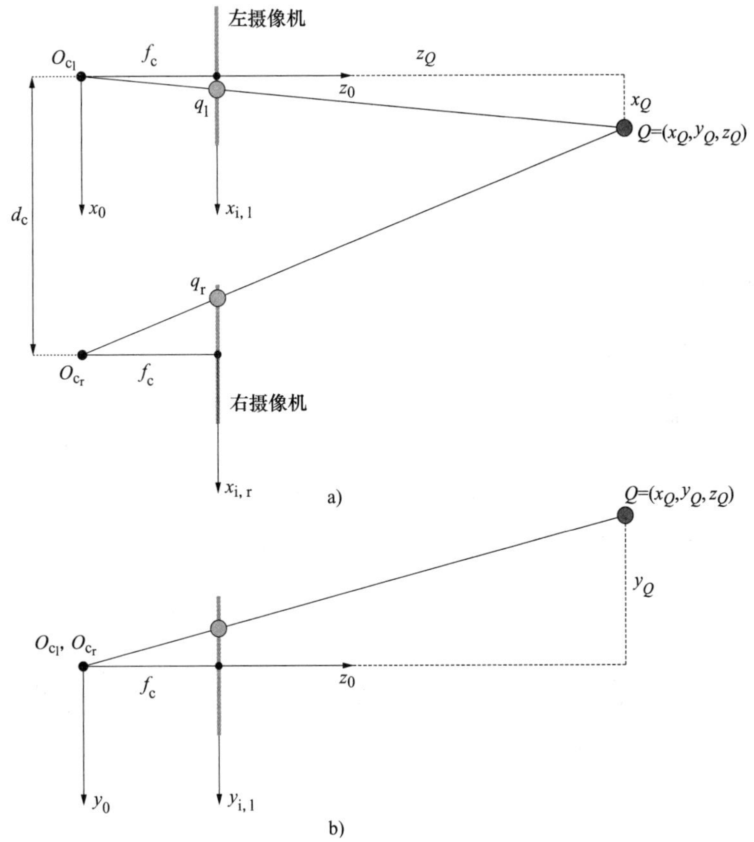


图 8.7 点 Q 在左右摄像机平面上的投影。a）两个摄像机的俯视视图；b）侧视图

式中，$d_c$ 是两个摄像机的距离。根据式（8.17）中的第一个方程，有：

$$x_Q=\frac{x_{i,l}}{f_c}z_Q \tag{8.18}$$

将它代入第二个方程，有：

$$\frac{x_{i,l}z_Q}{x_{i,r}f_c}-\frac{z_Q}{f_c}=\frac{d_c}{x_{i,r}} \quad (8.19)$$

然后，可以求出到点 $Q$ 的距离 $z_Q$。

116

$$z_Q=\frac{f_c d_c}{x_{i,l}-x_{i,r}} \quad (8.20)$$

距离 $x_q$ 可以利用式（8.18）来确定。为了计算距离 $y_Q$，根据图 8.7b 中的几何关系，可以得到：

$$\frac{z_Q}{f_c}=\frac{y_Q}{y_{i,l}} \quad (8.21)$$

然后计算出

$$y_Q=\frac{y_{i,l}}{f_c}z_Q \quad (8.22)$$

通过使用两个摄像机，我们可以在无须知道物体精确模型的情况下，直接计算物体在空间中
117 的位置（和方向）。

## 8.4　图像处理

与其他大多数感官系统相比，视觉系统提供的感知信息非常丰富，因而需要复杂的信息处理算法，以便使之能够用于机器人的控制。图像处理的目标是要从图像中提取出能够对场景中的物体进行可靠描述的数值信息。图 8.8 展示了一个图像处理结果的例子。我们首先在场景中识别出一个物体，然后以画出其坐标系的方式确定它的位姿。

图像处理不是本书的讨论范畴，因而此处不展开讨论。

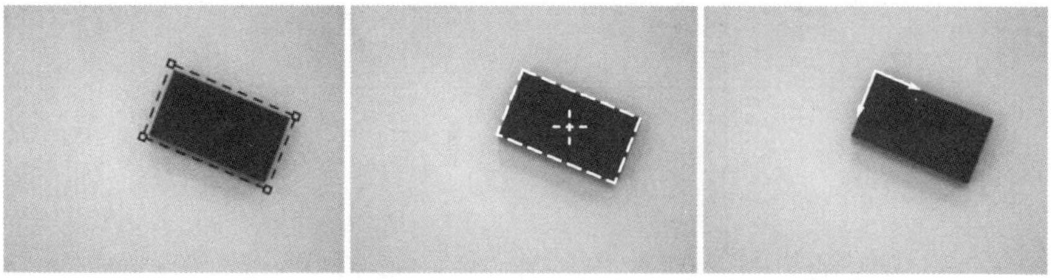

a)　b)　c)

图 8.8　a）模型定义；b）识别出物体的特征；c）物体定位

## 8.5　从图像获得物体位姿信息

为了根据目标物体的位姿信息来控制机器人，该物体的位姿需要在机器人坐标系 $x$–$y$–$z$ 下进行定义。如图 8.8 所示，在经过图像处理以后，我们得到了物体在图像坐标系下的位

姿。为了确定该物体在机器人坐标系下的位姿，我们需要定义图像坐标系与机器人坐标系之间的坐标变换，而这一变换可通过摄像机的标定工作来获得。图 8.9 展示了一种简单的标定方法，其中图像平面平行于水平面。为简单起见，图像坐标系 $x_i$-$y_i$-$z_i$ 与索引坐标系 $u$-$v$ 处于相同的位置（添加 $z_i$ 坐标轴到图像坐标系以强调绕垂直轴的旋转）。

## 8.5.1 摄像机标定

摄像机安装在机器人工作空间上方的一个固定位置，我们使用标定图案（棋盘格）和机器人末端执行器上的标定针尖来进行标定。标定图案上可以添加一些基准标记，这些基准标记可以作为参考点或度量出现在图像中。标定的目的是要找出图像坐标系 $x_i$-$y_i$-$z_i$ 与机器人坐标系 $x$-$y$-$z$ 之间的变换矩阵 $\boldsymbol{H}_i$。根据图 8.9 中的关系，可以写出以下等式： 118

$$\boldsymbol{H}_{cp}=\boldsymbol{H}_i\,{}^i\boldsymbol{H}_{cp} \tag{8.23}$$

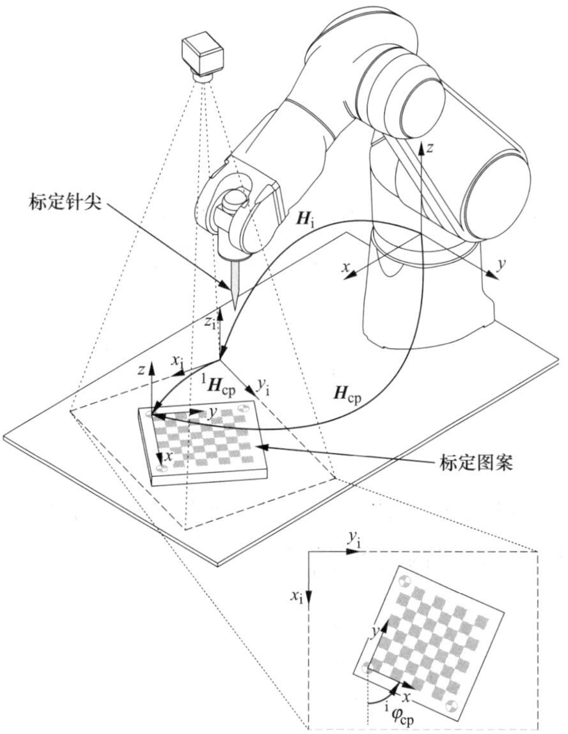


图 8.9 用于摄像机标定的坐标变换

其中 $\boldsymbol{H}_{cp}$ 和 ${}^i\boldsymbol{H}_{cp}$ 分别表示标定图案在机器人和图像坐标系中的位姿。 119

标定图案在图像坐标系 $x_i$-$y_i$-$z_i$ 下的位姿 ${}^i\boldsymbol{H}_{cp}$ 是图像处理的结果。

$${}^i\boldsymbol{H}_{cp}=\begin{bmatrix}\cos{}^i\varphi_{cp} & -\sin{}^i\varphi_{cp} & 0 & {}^ix_{cp}\\ \sin{}^i\varphi_{cp} & \cos{}^i\varphi_{cp} & 0 & {}^iy_{cp}\\ 0 & 0 & 1 & 0\\ 0 & 0 & 0 & 1\end{bmatrix} \tag{8.24}$$

其中 ${}^{\mathrm{i}}\varphi_{\mathrm{cp}}$ 和 $({}^{\mathrm{i}}x_{\mathrm{cp}}, {}^{\mathrm{i}}y_{\mathrm{cp}})$ 分别是标定图案相对于图像平面的方向和位置，位置信息以公制单位表示。

$$\begin{bmatrix} {}^{\mathrm{i}}x_{\mathrm{cp}} \\ {}^{\mathrm{i}}y_{\mathrm{cp}} \end{bmatrix} = \lambda \begin{bmatrix} u_{\mathrm{cp}} \\ v_{\mathrm{cp}} \end{bmatrix} \tag{8.25}$$

其中 $(u_{\mathrm{cp}}, v_{\mathrm{cp}})$ 是标定图案原点的坐标（以像素为单位）；$\lambda$ 是图像上公制距离与像素距离之比（该比值可以根据标定图案中黑白方框的大小获得）。矩阵 ${}^{\mathrm{i}}\boldsymbol{H}_{\mathrm{cp}}$ 表示围绕 $z_{\mathrm{i}}$ 轴的旋转运动与沿图像坐标系 $x_{\mathrm{i}}$、$y_{\mathrm{i}}$ 轴的平移运动。

标定图案在机器人坐标系 $x$–$y$–$z$ 下的位姿 $\boldsymbol{H}_{\mathrm{cp}}$ 可以通过机器人末端执行器上的标定针尖与标定图案上的标记点来确定。我们将标定针尖放在标记点上，记录机器人末端执行器的坐标，然后对 3 个标记点重复这一过程就可以获得一组坐标，使得标定图案相对于机器人坐标系的位姿可以定义为：

$$\boldsymbol{H}_{\mathrm{cp}} = \begin{bmatrix} \cos\varphi_{\mathrm{cp}} & -\sin\varphi_{\mathrm{cp}} & 0 & x_{\mathrm{cp}} \\ \sin\varphi_{\mathrm{cp}} & \cos\varphi_{\mathrm{cp}} & 0 & y_{\mathrm{cp}} \\ 0 & 0 & 1 & z_{\mathrm{cp}} \\ 0 & 0 & 0 & 1 \end{bmatrix} \tag{8.26}$$

其中 $\varphi_{\mathrm{cp}}$ 和 $(x_{\mathrm{cp}}, y_{\mathrm{cp}}, z_{\mathrm{cp}})$ 分别是标定图案相对于机器人坐标系的方向和位置。

根据式（8.23）、式（8.24）和式（8.26）可以得到图像坐标系与机器人坐标系之间的变换矩阵：

$$\boldsymbol{H}_{\mathrm{i}} = \boldsymbol{H}_{\mathrm{cp}}\,{}^{\mathrm{i}}\boldsymbol{H}_{\mathrm{cp}}^{-1} \tag{8.27}$$

### 8.5.2　物体位姿

120 利用已知的 $\boldsymbol{H}_{\mathrm{i}}$，我们可以确定物体相对机器人坐标系的位姿 $\boldsymbol{H}_{o}$，如图 8.10 所示。

物体在图像坐标系 $x_{\mathrm{i}}$–$y_{\mathrm{i}}$–$z_{\mathrm{i}}$ 下的位姿 ${}^{\mathrm{i}}\boldsymbol{H}_{o}$ 是图像处理的结果。

$$ {}^{\mathrm{i}}\boldsymbol{H}_{o} = \begin{bmatrix} \cos{}^{\mathrm{i}}\varphi_{o} & -\sin{}^{\mathrm{i}}\varphi_{o} & 0 & {}^{\mathrm{i}}x_{o} \\ \sin{}^{\mathrm{i}}\varphi_{o} & \cos{}^{\mathrm{i}}\varphi_{o} & 0 & {}^{\mathrm{i}}y_{o} \\ 0 & 0 & 1 & 0 \\ 0 & 0 & 0 & 1 \end{bmatrix} \tag{8.28}$$

121

其中 ${}^{\mathrm{i}}\varphi_{o}$ 和 $({}^{\mathrm{i}}x_{o}, {}^{\mathrm{i}}y_{o})$ 分别是物体相对于图像平面的方向和位置。位置信息以公制单位表示如下：

$$\begin{bmatrix} {}^{\mathrm{i}}x_{o} \\ {}^{\mathrm{i}}y_{o} \end{bmatrix} = \lambda \begin{bmatrix} u_{o} \\ v_{o} \end{bmatrix} \tag{8.29}$$

其中 $(u_{o}, v_{o})$ 是以像素为单位的物体原点的坐标。

最后，$\boldsymbol{H}_{o}$ 可以确定为：

$$\boldsymbol{H}_{o} = \boldsymbol{H}_{\mathrm{i}}\,{}^{\mathrm{i}}\boldsymbol{H}_{o} \tag{8.30}$$

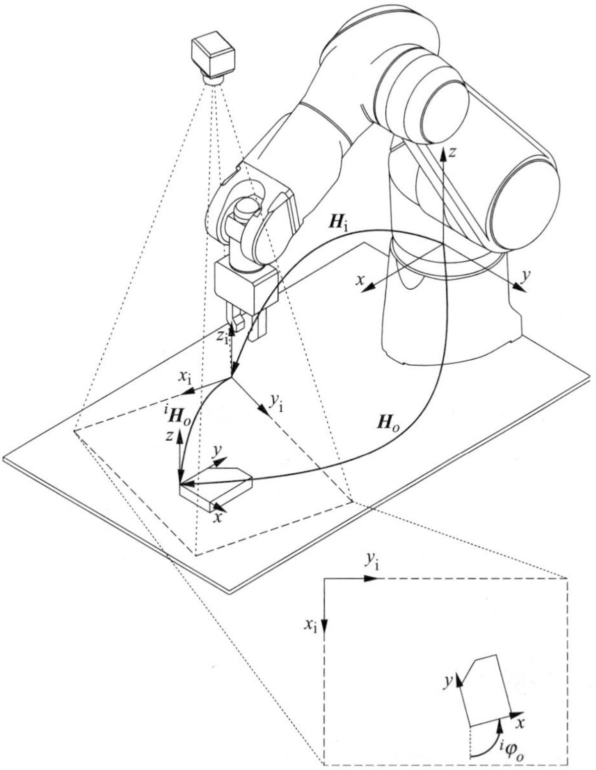


图 8.10　用于物体位姿计算的变换

122

第 9 章

Robotics, Second Edition

# 轨迹规划

在之前的章节中，我们已经建立了机器人机构的数学模型。其中，最为重要的便是机器人的运动学和动力学。在将它们应用于机器人控制之前，我们必须熟练掌握机器人的运动规划。轨迹规划用于生成机器人控制系统的参考输入，使得机器人末端执行器能够跟踪期望的轨迹。

机器人运动常被定义在一个直角世界坐标系中，该坐标系被置于机器人工作空间，这对于表达机器人的任务而言是最为方便的。在最简单的任务中，我们仅定义机器人末端执行器的起始点和终点，然后使用逆向运动学模型来解算对应的各关节变量值，以使机器人末端执行器能够达到期望的目标位置。

## 9.1 两点间轨迹的插值

在两点之间移动时，机械手必须在给定的时间 $t_f$ 内，由起始点运动到终点。我们通常并不关注两点间的精确轨迹。不过，必须确定每个关节变量运动的时间进程，并根据控制输入计算响应的轨迹。

关节变量要么是旋转变量对应的角度 $\vartheta$，要么是平移变量对应的位移 $d$。在轨迹的插值中，我们将不再区分转动关节和移动关节，关节变量统一用 $q$ 表示。在规划工业机械手两点间的移动时，我们通常选择所谓的梯形速度曲线。机器人从 $t=0$ 时刻开始匀加速运动，紧随

其后的是一个匀速运动阶段，最后以一个匀减速运动阶段结束（如图 9.1 所示）。

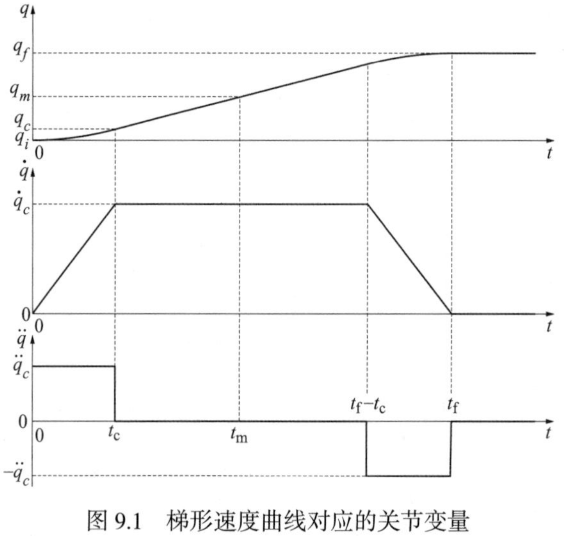


图 9.1 梯形速度曲线对应的关节变量

无论是关节角度还是位移的规划轨迹结果，都是由开始和结束的两个抛物线段以及二者之间的直线段组成，两点间运动的初始速度和最终速度均为 0。匀加速运动的持续时间等于匀减速运动的持续时间。此外，这两个阶段中加速度的幅值均为 $\ddot{q}_c$。最终，我们可得到一条对称轨迹，其中：

$$q_m = \frac{q_f + q_i}{2}，当 t_m = \frac{t_f}{2} 时 \tag{9.1}$$

轨迹 $q(t)$ 须满足一些约束条件，方能使机器人关节在指定的时间 $t_f$ 内从起始点 $q_i$ 运动到终点 $q_f$。起始抛物线段末端的速度必须等于直线段的速度（常值）。由匀加速运动公式可得第一个阶段中的速度为：

$$\dot{q} = \ddot{q}_c t \tag{9.2}$$

当第一个阶段结束时，可得：

$$\dot{q}_c = \ddot{q}_c t_c \tag{9.3}$$ 124

如图 9.1 所示，第二个阶段的速度为：

$$\dot{q}_c = \frac{q_m - q_c}{t_m - t_c} \tag{9.4}$$

其中 $q_c$ 为初始抛物线段末端（$t_c$ 时刻）对应的关节变量 $q$ 的取值。由于在 $t_c$ 时刻之前，机器人始终保持的加速度为 $\ddot{q}_c$，可利用式（9.2）确定其速度。最后，对式（9.2）进行积分，可得机器人关节位置随时间变化的方程：

$$q = \int \dot{q}\mathrm{d}t = \ddot{q}_c \int t\mathrm{d}t = \ddot{q}_c \frac{t^2}{2} + q_i \tag{9.5}$$

式中初始的关节位置 $q_i$ 为积分常量。因此，第一个阶段结束时，有：

$$q_c = q_i + \frac{1}{2}\ddot{q}_c t_c^{\,2} \tag{9.6}$$

而第一个阶段结束时的速度（见式（9.3））与第二个阶段的恒定速度（式（9.4））是相等的，有：

$$\ddot{q}_c t_c = \frac{q_m - q_c}{t_m - t_c} \tag{9.7}$$

将式（9.6）代入式（9.7）中，同时结合式（9.1），再经过变换可得如下二次方程：

$$\ddot{q}_c t_c^{\,2} - \ddot{q}_c t_f t_c + q_f - q_i = 0 \tag{9.8}$$

加速度 $\ddot{q}_c$ 可以根据选定的驱动器，以及机器人机构的动力学特性来确定。给定 $q_i$、$q_f$、$\ddot{q}_c$ 以及 $t_f$，则时间 $t_c$ 为：

$$t_c = \frac{t_f}{2} - \frac{1}{2}\sqrt{\frac{t_f^2 \ddot{q}_c - 4(q_f - q_i)}{\ddot{q}_c}} \tag{9.9}$$

为了从起始位置 $q_i$ 运动到终点位置 $q_f$，第一阶段中的运动可用如下多项式描述：

$$q(\mathrm{t}) = q_i + \frac{1}{2}\ddot{q}_c t^2, \ 0 \leqslant t \leqslant t_c \tag{9.10}$$

第二个阶段则对应一条始于 $(t_c, q_c)$、斜率为 $\dot{q}_c$ 的线性轨迹。

$$(q - q_c) = \dot{q}_c (t - t_c) \tag{9.11}$$

125 经过变换，可得：

$$q(t) = q_i + \ddot{q}_c t_c (t - \frac{t_c}{2}) \qquad t_c < t \leqslant (t_f - t_c) \tag{9.12}$$

最后一个阶段中的抛物线轨迹与第一个阶段相似，区别在于它的极值点为 $(t_f, q_f)$，且曲线上下翻转。

$$q(t) = q_f - \frac{1}{2}\ddot{q}_c (t - t_f)^2 \qquad (t_f - t_c) < t \leqslant t_f \tag{9.13}$$

这样，我们便得到了点到点运动时转动关节的角度或移动关节的位移关于时间的表达式。

## 9.2　路径点插值法

在一些任务中，机器人末端执行器需要执行的运动比点到点运动更为复杂，例如，焊接操作便要求机器人末端执行器沿着物体表面运动。因此，在定义这一类轨迹时，除了轨迹的起点和终点外，还需要定义一系列机器人末端执行器必须经过的中间点，它们称为路径点。

本节将对这一问题进行分析，希望通过对轨迹用 $n$ 个路径点 $\{q_1, \cdots, q_n\}$ 进行插值，使得机器人在给定的时间间隔 $\{t_1, \cdots, t_n\}$ 到达给定的路径点。插值过程同样借鉴了梯形速度曲线的思想。轨迹由一系列实现两路径点间运动的线性段以及经过路径点的抛物线段组成。为了避免一阶差分在 $t_k$ 时刻的不连续性，轨迹 $q(t)$ 在 $q_k$ 附近为抛物线。而这也意味着，轨迹在 $q_k$ 处的二阶差分（加速度）是不连续的。由一系列线性函数和经过路径点的抛物线函数（过渡时间长度为$\Delta t_k$）所定义的插值轨迹，其数学表达形式如下：

$$q(t) = \begin{cases} a_{1,k}(t - t_k) + a_{0,k} & t_k + \dfrac{\Delta t_k}{2} \leqslant t < t_{k+1} - \dfrac{\Delta t_{k+1}}{2} \\ b_{2,k}(t - t_k)^2 + b_{1,k}(t - t_k) + b_{0,k} & t_k - \dfrac{\Delta t_k}{2} \leqslant t < t_k + \dfrac{\Delta t_k}{2} \end{cases} \tag{9.14}$$

轨迹的线性段可由系数 $a_{0,k}$ 和 $a_{1,k}$ 确定，其中 $k$ 为对应线性段的序号；系数 $b_{0,k}$、$b_{1,k}$ 和 $b_{2,k}$ 为抛物线段的参数，系数 $k$ 表示抛物线段的序号。

如图 9.2 所示，可先利用给定的位置以及相应的时间计算线性段的速度。在这里，我们假定轨迹的初始速度和终止速度均为 0。如此，则有： 126

$$\dot{q}_{k-1,k}=\begin{cases}0 & k=1\\ \dfrac{q_k-q_{k-1}}{t_k-t_{k-1}} & k=2,\cdots,n\\ 0 & k=n+1\end{cases} \tag{9.15}$$

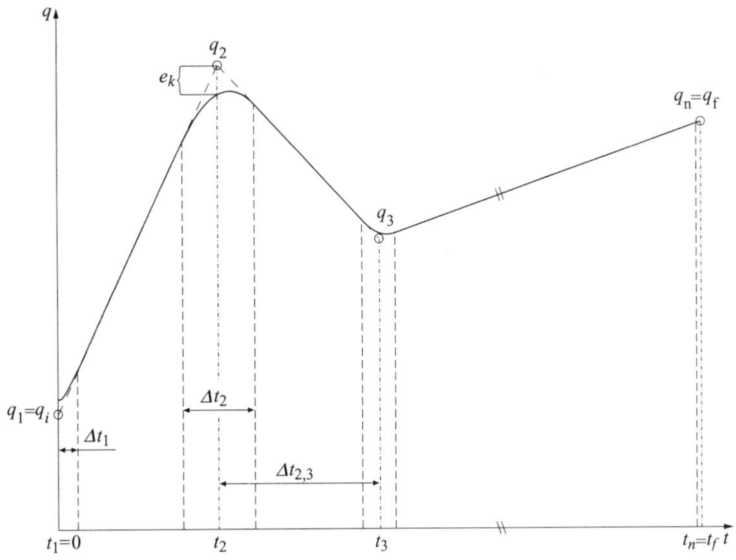


图 9.2　$n$ 个路径点的轨迹插值，轨迹中包含线性段和抛物线段

而后，需要确定线性段的系数 $a_{0,k}$ 和 $a_{1,k}$。由于机器人在 $t_k$ 时刻的位置已知（$q_k$），那么利用线性函数（见式（9.14））即可求得系数 $a_{0,k}$。

$$q(t_k)=q_k=a_{1,k}(t_k-t_k)+a_{0,k}=a_{0,k} \tag{9.16}$$

因此，我们有：

$$t=t_k\Rightarrow a_{0,k}=q_k\quad k=1,\cdots,n-1 \tag{9.17}$$

而系数 $a_{1,k}$ 是线性函数（见式（9.14））关于时间的微分。

$$\dot{q}(t)=a_{1,k} \tag{9.18}$$

考虑在 $t_{k,k+1}$ 时间段的速度，可得：

$$a_{1,k}=\dot{q}_{k,k+1}\quad k=1,\cdots,n-1 \tag{9.19}$$

此时，我们便已经确定了轨迹线性段的相关参数，之后可以进一步计算抛物线段的相关 127
参数了。用$\Delta t_k$表示过渡时间。倘若$\Delta t_k$未知，则需给定路径点处加速度的绝对值$|\ddot{q}_k|$，而后利用路径点前后的速度以及加速度确定过渡时间。此时，仅需路径点处速度差的符号即可确

定加速度的符号。

$$\ddot{q}_k = \text{sign}(\dot{q}_{k,k+1} - \dot{q}_{k-1,k})|\ddot{q}_k| \tag{9.20}$$

其中 sign(•) 表示括号中表达式的符号。在得到路径点处的加速度以及路径点前后的速度后，便可以计算经过路径点的运动（匀加速或者匀减速）时长。

$$\Delta t_k = \frac{\dot{q}_{k,k+1} - \dot{q}_{k-1,k}}{\ddot{q}_k} \tag{9.21}$$

接下来，我们将计算抛物线函数的参数。在 $t_k - \frac{\Delta t_k}{2}$ 时刻，轨迹由线性段进入抛物线段，而在 $t_k + \frac{\Delta t_k}{2}$ 时刻，轨迹由抛物线段进入线性段，根据其速度连续性，即可计算参数 $b_{1,k}$ 和 $b_{2,k}$。首先，式（9.14）中二次函数的时间微分为：

$$\dot{q}(t) = 2b_{2,k}(t - t_k) + b_{1,k} \tag{9.22}$$

令 $t_k - \frac{\Delta t_k}{2}$ 时刻的速度为 $\dot{q}_{k-1,k}$，$t_k + \frac{\Delta t_k}{2}$ 时刻的速度为 $\dot{q}_{k,k+1}$，则有：

$$\begin{aligned} \dot{q}_{k-1,k} &= 2b_{2,k}\left(t_k - \frac{\Delta t_k}{2} - t_k\right) + b_{1,k} = -b_{2,k}\Delta t_k + b_{1,k} \qquad t = t_k - \frac{\Delta t_k}{2} \\ \dot{q}_{k,k+1} &= 2b_{2,k}\left(t_k + \frac{\Delta t_k}{2} - t_k\right) + b_{1,k} = b_{2,k}\Delta t_k + b_{1,k} \qquad t = t_k + \frac{\Delta t_k}{2} \end{aligned} \tag{9.23}$$

将式（9.23）中的方程组相加，则可得系数 $b_{1,k}$。

$$b_{1,k} = \frac{\dot{q}_{k,k+1} + \dot{q}_{k-1,k}}{2} \qquad k = 1, \cdots, n \tag{9.24}$$

将式（9.23）中的方程组相减，则可得系数 $b_{2,k}$。

128

$$b_{2,k} = \frac{\dot{q}_{k,k+1} - \dot{q}_{k-1,k}}{2\Delta t_k} = \frac{\ddot{q}_k}{2} \qquad k = 1, \cdots, n \tag{9.25}$$

而后，可以利用 $t_k + \frac{\Delta t_k}{2}$ 时刻的位置连续性计算二次多项式的参数 $b_{0,k}$。用线性函数计算 $t_k + \frac{\Delta t_k}{2}$ 时刻的位置 $q(t)$ 为：

$$q\left(t_k + \frac{\Delta t_k}{2}\right) = a_{1,k}\left(t_k + \frac{\Delta t_k}{2} - t_k\right) + a_{0,k} = \dot{q}_{k,k+1}\frac{\Delta t_k}{2} + q_k \tag{9.26}$$

它与二次函数计算所得的 $q(t)$ 是相等的。

$$\begin{aligned} q\left(t_k + \frac{\Delta t_k}{2}\right) &= b_{2,k}\left(t_k + \frac{\Delta t_k}{2} - t_k\right)^2 + b_{1,k}\left(t_k + \frac{\Delta t_k}{2} - t_k\right) + b_{0,k} \\ &= \frac{\dot{q}_{k,k+1} - \dot{q}_{k-1,k}}{2\Delta t_k}\left(\frac{\Delta t_k}{2}\right)^2 + \frac{\dot{q}_{k,k+1} + \dot{q}_{k-1,k}}{2} \cdot \frac{\Delta t_k}{2} + b_{0,k} \end{aligned} \tag{9.27}$$

式（9.26）和式（9.27）进行等式相消，即可得到 $b_{0,k}$。

$$b_{0,k}=q_k+(\dot{q}_{k,k+1}-\dot{q}_{k-1,k})\frac{\Delta t_k}{8} \tag{9.28}$$

可以证明，利用上式求得的 $b_{0,k}$ 同样能够确保轨迹在 $t_k-\dfrac{\Delta t_k}{2}$ 时刻的位置连续性，但是它求得的 $b_{0,k}$ 会使轨迹无法经过点 $q_k$，机器人只能或多或少地接近 $q_k$。而从参考点开始的生成轨迹的距离取决于加速或者减速的时长$\Delta t_k$，而它又由给定的加速度幅值$|\ddot{q}_k|$来确定。生成轨迹的误差 $e_k$ 可以利用期望位置 $q_k$ 与 $t_k$ 时刻的实际位置 $q(t)$ 来计算，将 $t_k$ 代入式（9.14）的二次方程中，即可得到轨迹在 $t_k$ 时刻的位置误差：

$$e_k=q_k-q(t_k)=q_k-b_{0,k}=-(\dot{q}_{k,k+1}-\dot{q}_{k-1,k})\frac{\Delta t_k}{8} \tag{9.29}$$

需要指出的是，只有路径点前后的线性段对应的速度相等或者时间间隔$\Delta t_k$ 为 0 时（即加速度为无穷大（实际上这是不可能的）），误差 $e_k$ 才能为 0。

前文所提出的轨迹插值法同样存在一些不足。从式（9.29）中可以看出，机器人永远无法到达路径点，而只能经过路径点附近。由于轨迹起始点和终点都作为路径点进行计算，因此轨迹规划中引入了一定的误差。在轨迹的起始点，实际位置和期望位置存在的误差记为 $e_1$，$e_1$ 可利用式（9.29）求得（在图 9.3 中，浅色曲线表示未经过校正的轨迹）。此误差为位置阶跃误差，而这并不是机器人所希望的。为了避免这种位置的突然变化，必须将轨迹起始点和终点从路径点中区分出来，进行特殊处理。

由于起始点和终点的期望速度均为 0，而在$\Delta t_1$ 结束时刻的速度必须与第一段线性段的 129
速度相等。因此，我们可以首先计算线性段对应的速度：

$$\dot{q}_{1,2}=\frac{q_2-q_1}{t_2-t_1-\frac{1}{2}\Delta t_1} \tag{9.30}$$

式（9.30）与式（9.15）是非常相似的，但是在分母中减去了 $\frac{1}{2}\Delta t_1$，这也使得在很短的时间内（图 9.3 中的起始抛物线段的起点处）机器人位置仅仅发生了非常小的改变。这也意味着轨迹的线性段需要更大的运动速度。当时长为$\Delta t_1$ 的加速过程结束时，有：

$$\frac{q_2-q_1}{t_2-t_1-\frac{1}{2}\Delta t_1}=\ddot{q}_1\Delta t_1 \tag{9.31}$$

我们同样需要确定轨迹起始点的加速度 $\ddot{q}_1$。当给定 $\ddot{q}_1$ 的绝对值时，只需要确定 $\ddot{q}_1$ 的符 130
号，它由位置差值决定。理论上，在确定加速度符号时需要利用速度差值，但是因为初始点的速度为 0，所以此时加速度符号由位置差值决定。

$$\ddot{q}_1=\operatorname{sign}(q_2-q_1)|\ddot{q}_1| \tag{9.32}$$

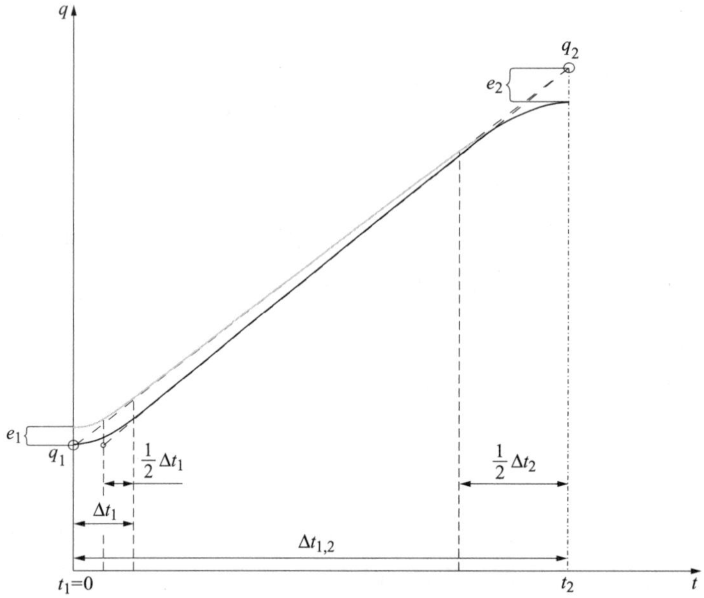


图 9.3　轨迹插值法——图 9.2 中第一个线性段的放大图，其中浅色曲线为未经校正的轨迹，深色曲线为校正后的轨迹

根据式（9.31），可以进一步计算时间间隔$\Delta t_1$。

$$(q_2 - q_1) = \ddot{q}_1 \Delta t_1 (t_2 - t_1 - \frac{1}{2}\Delta t_1) \tag{9.33}$$

变换之后可得：

$$-\frac{1}{2}\ddot{q}_1 \Delta t_1^{\ 2} + \ddot{q}_1 (t_2 - t_1)\Delta t_1 - (q_2 - q_1) = 0 \tag{9.34}$$

因此，可以求得$\Delta t_1$为：

$$\Delta t_1 = \frac{-\ddot{q}_1 (t_2 - t_1) \pm \sqrt{\ddot{q}_1^{\ 2} (t_2 - t_1)^2 - 2\ddot{q}_1 (q_2 - q_1)}}{-\ddot{q}_1} \tag{9.35}$$

再对式（9.35）进行化简，有：

$$\Delta t_1 = (t_2 - t_1) - \sqrt{(t_2 - t_1)^2 - \frac{2(q_2 - q_1)}{\ddot{q}_1}} \tag{9.36}$$

在式（9.36）中，平方根的符号为负号，这是因为时间间隔$\Delta t_1$必须小于（$t_2 - t_1$）。而根据式（9.30）可计算得到轨迹在线性段的速度。从图 9.3 中可以看出（深色曲线表示校正后的轨迹），引入的校正有效消除了初始位置的误差。

与第一个阶段相似，需要对$q_{n-1} \sim q_n$的最后一个阶段进行校正。最后一个线性段的速度为：

$$\dot{q}_{n-1,n}=\frac{q_n-q_{n-1}}{t_n-t_{n-1}-\frac{1}{2}\Delta t_n} \tag{9.37}$$

式（9.37）中的分母减去了 $\frac{1}{2}\Delta t_n$，这也使得在机器人完全停下来时，位置误差非常小。由于轨迹自最后一个线性段过渡进入最后一个抛物线段时，速度是相等的，

$$\frac{q_n-q_{n-1}}{t_n-t_{n-1}-\frac{1}{2}\Delta t_n}=\ddot{q}_n\Delta t_n \tag{9.38}$$ 131

因此最后一个抛物线段的加速度（减速度）也可利用位置差值来确定。

$$\ddot{q}_n=\operatorname{sign}(q_{n-1}-q_n)|\ddot{q}_n| \tag{9.39}$$

将上式代入式（9.38）中，与第一个抛物线段类似，可得到最后一个抛物线段的时长。

$$\Delta t_n=(t_n-t_{n-1})-\sqrt{(t_n-t_{n-1})^2-\frac{2(q_n-q_{n-1})}{\ddot{q}_n}} \tag{9.40}$$

根据式（9.37），即可确定最后一个线性段的速度。引入对轨迹的起始点和终点的校正后，可进一步计算得到的轨迹通过路径点的时长。这样便可以得到一条完整的由 $n$ 个路径点插值生成的轨迹。 132

第 10 章

Robotics, Second Edition

# 机器人控制

机器人控制问题指的是为了成功完成机器人的任务，必须计算出由驱动器产生的力或力矩，其必须确保机器人在瞬时状态和稳定状态都有适当的工作条件。机器人任务可以表示为进行位置控制时在自由空间中的动作执行，也可以表示为与环境的接触，此时需要控制接触力。我们首先研究不与环境接触的机器人位置控制，然后进一步研究通过力控制来改善位置控制。

机器人控制问题的解决方案并不是唯一的，存在各种控制方法，当然它们在复杂性和机器人动作效率方面存在差异。控制方法的选择取决于机器人执行何种任务。例如，某些任务（例如激光焊接）要求机器人末端执行器必须准确地跟踪规划好的轨迹，而另一些任务（例如码垛）仅要求机器人末端执行器达到所需的最终位姿（位置和姿态），起点和终点之间的轨迹并不重要。同时机器人的机械结构也会影响控制方法的选择，通常来讲，笛卡儿坐标系中的机械手的控制方法与拟人机器人的控制方法就是不同的。

机器人控制通常在世界坐标系中进行，该坐标系由用户定义，也称为机器人的任务坐标系。我们经常称世界坐标系为外部坐标系。我们的研究重点主要集中在使用外部坐标表示的机器人末端执行器的位姿，而很少关心使用内部坐标表示的各关节位置。尽管如此，必须认识到在任何情况下我们都只能直接控制内部坐标（即关节的角度或位置），而末端执行器的
133 位姿只能间接地控制，即通过机器人机构的运动学模型和给定的内部坐标值来确定。

图 10.1 展示了典型的机器人控制系统。控制系统的输入是机器人末端执行器的期望位姿，该位姿是利用上一章所介绍的轨迹插值方法获得的。变量 $\boldsymbol{x}_{\mathrm{r}}$ 表示机器人末端执行器的期望值（即参考位姿）。而描述机器人末端执行器实际位姿的矢量 $\boldsymbol{x}$ 通常包含 6 个变量，其中 3 个定义机器人末端执行器的位置，其他 3 个确定机器人末端执行器的方向，记为 $\boldsymbol{x}=[x \quad y \quad z \quad \varphi \quad \vartheta \quad \psi]^{\mathrm{T}}$。

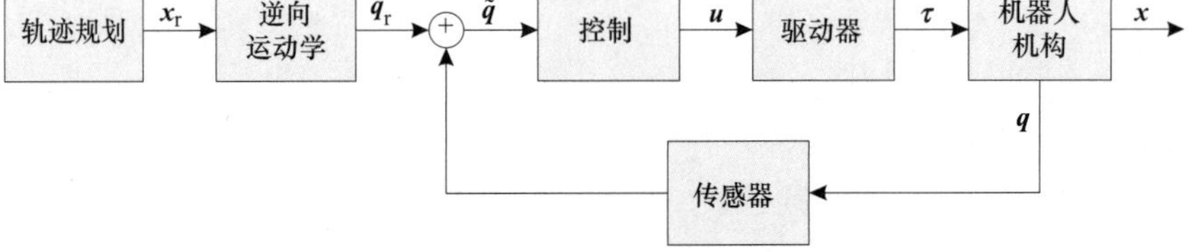


图 10.1　典型的机器人控制系统

机器人末端执行器的位置由从世界坐标系的原点到机器人末端的矢量来确定。末端执行

器的方向可以采用多种方式描述，一种可能的描述是所谓的 RPY 表示法，它来源于航空学领域。如图 4.4 所示，这些方向包括围绕 $z$ 轴的角度 $\varphi$(滚转角)、围绕 $y$ 轴的角度 $\vartheta$(俯仰角)和围绕 $x$ 轴的角度 $\psi$（偏航角)。

通过使用逆向运动学，可以计算出与末端执行器期望位姿相对应的内部坐标，其中变量 $\boldsymbol{q}_{\mathrm{r}}$ 表示关节位置（即转动关节的角度 $\vartheta$ 和移动关节的距离 $d$)。将期望的内部坐标与机器人控制系统中的实际内部坐标进行对比，可得到位置误差 $\tilde{\boldsymbol{q}}=\boldsymbol{q}_{\mathrm{r}}-\boldsymbol{q}$，进而计算出控制系统的输出 $\boldsymbol{u}$。$\boldsymbol{u}$ 由数字信号转化为模拟信号，放大后作用于机器人的驱动器。驱动器确保提供机器人运动所需的力或力矩。机器人的运动效果由传感器进行评估，这部分内容在专门介绍机器人传感器的章节中进行详细讲解。

## 10.1 基于内部坐标系的机器人控制

首先介绍最简单的机器人控制方法，对于每个自由度，该控制器的控制回路都单独闭合。这种控制器适用于控制具有恒定惯性和阻尼系数的独立二阶系统，但这种简单的控制方法不太适用于具有非线性和时变特性的机器人系统。 134

### 10.1.1 PD 位置控制

首先介绍一个简单的比例微分（PD）控制器，基本控制框图如图 10.2 所示。该控制器基于位置误差确定控制参数，从而减小或抑制误差。为了分别减少每个关节的位置误差，需要设计与自由度同等数目的控制器。将参考位置 $\boldsymbol{q}_{\mathrm{r}}$ 与机器人各关节的实际位置 $\boldsymbol{q}$ 相比较：

$$\tilde{\boldsymbol{q}}=\boldsymbol{q}_{\mathrm{r}}-\boldsymbol{q} \tag{10.1}$$

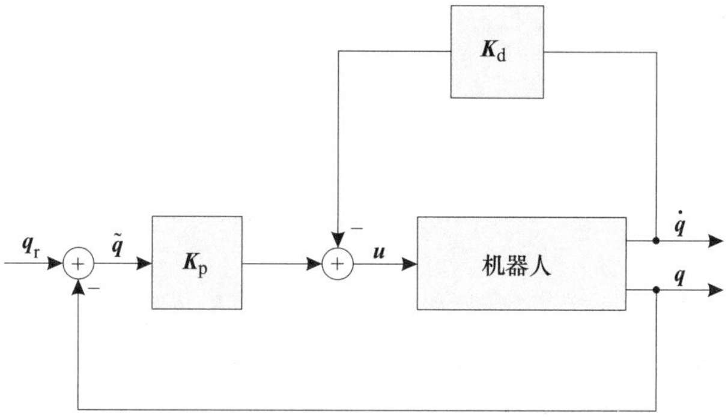


图 10.2 高阻尼 PD 位置控制

其中位置误差 $\tilde{\boldsymbol{q}}$ 被比例增益 $\boldsymbol{K}_{\mathrm{p}}$ 放大。因为所控制的机器人具有多个自由度，所以误差 $\tilde{\boldsymbol{q}}$ 为矢量，而 $\boldsymbol{K}_{\mathrm{p}}$ 则是由所有关节控制器增益构成的对角矩阵。利用计算结果作为控制输入会使机器人朝减小位置误差的方向运动。但由于机器人马达的驱动力与误差成正比，因此可能发生控制超调而不能停在期望位置的情况。超调在机器人控制中是不允许出现的，因为它可能会导致机器人与附近的物体发生碰撞。为了确保机器人动作的安全稳定，引入了以当前速度作为负反馈的速度闭环。它为系统增加了阻尼，表示为由实际关节速度 $\dot{\boldsymbol{q}}$ 乘以速度增益 $\boldsymbol{K}_{\mathrm{d}}$ 构成的对角矩阵。控制律可以表示为如下形式：

$$\boldsymbol{u}=\boldsymbol{K}_{\mathrm{p}}(\boldsymbol{q}_{\mathrm{r}}-\boldsymbol{q})-\boldsymbol{K}_{\mathrm{d}}\dot{\boldsymbol{q}} \tag{10.2}$$

其中 $\boldsymbol{u}$ 表示必须提供给驱动器的控制信号（即关节力或力矩）。从式（10.2）中我们可以看出，在较高的机器人运动速度下，速度控制环会减小关节的驱动力，即通过阻尼来确保机器
135 人的稳定性。

图 10.2 所示的控制方法会在机器人运动速度最快时为系统提供高阻尼，但这通常是不必要的。可以基于参考速度（期望位置的微分）改进 PD 控制器以避免这种现象，将速度误差用作控制器输入：

$$\dot{\tilde{\boldsymbol{q}}}=\dot{\boldsymbol{q}}_{\mathrm{r}}-\dot{\boldsymbol{q}} \tag{10.3}$$

图 10.3 所示的控制算法可以写成：

$$\boldsymbol{u}=\boldsymbol{K}_{\mathrm{p}}(\boldsymbol{q}_{\mathrm{r}}-\boldsymbol{q})+\boldsymbol{K}_{\mathrm{d}}(\dot{\boldsymbol{q}}_{\mathrm{r}}-\dot{\boldsymbol{q}}) \tag{10.4}$$

由于使用了参考速度 $\dot{\boldsymbol{q}}_{\mathrm{r}}$ 和 $\dot{\boldsymbol{q}}$ 之差代替了速度 $\dot{\boldsymbol{q}}$，因此阻尼效果降低了。当速度误差为正时，该控制回路甚至可以加速机器人的运动。

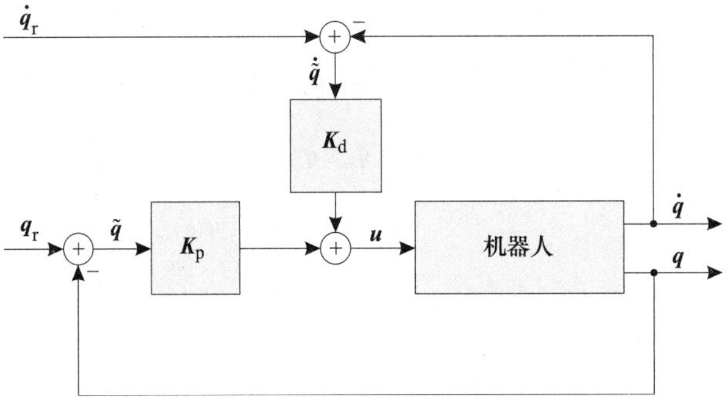


图 10.3　PD 位置控制

需要设计的 PD 位置控制器参数包括参数对角矩阵 $\boldsymbol{K}_{\mathrm{p}}$ 和 $\boldsymbol{K}_{\mathrm{d}}$。为了实现快速响应，$\boldsymbol{K}_{\mathrm{p}}$ 增益必须很高，同时正确地选择 $\boldsymbol{K}_{\mathrm{d}}$ 的增益，以此获得机器人系统的临界阻尼。临界阻尼可确保快速响应且不会超调。此类控制器必须为机器人中的每个关节单独设计参数，并且每个控制器之间都相互完全独立。

### 10.1.2　具有重力补偿的 PD 位置控制

在第 5 章中，我们发现机器人机构会受到惯性力、科里奥利力、向心力和重力的影响（见式（5.56））。通常，机器人动力学模型还必须包括机器人关节运动时产生的摩擦力。但
136 在简化模型中，将仅考虑与关节速度成比例的黏性摩擦（$\boldsymbol{F}_{\mathrm{v}}$ 是由关节摩擦系数构成的对角

矩阵）。所列举的这些力都必须由机器人的驱动器来克服，如以下公式所示，其表达类似于式（5.56）：

$$\boldsymbol{B}(\boldsymbol{q})\ddot{\boldsymbol{q}}+\boldsymbol{C}(\boldsymbol{q},\dot{\boldsymbol{q}})\dot{\boldsymbol{q}}+\boldsymbol{F}_{\mathrm{v}}\dot{\boldsymbol{q}}+\boldsymbol{g}(\boldsymbol{q})=\boldsymbol{\tau} \tag{10.5}$$

在开发 PD 控制器时，我们并没有关注影响机器人机构的特定作用力。机器人控制器仅根据期望和实际关节位置之间的偏差来计算所需的作用力。这样的控制器并不能预测产生期望的机器人运动时所需的力。由于力是根据位置误差计算得出的，因此，这通常意味着误差永远不会等于零。但当确定了机器人动力学模型后，我们就可以预测机器人执行特定运动时所需的力。无论当前的位置误差如何，这些力都会由机器人的马达产生。

在准静态条件下，当机器人静止不动或缓慢移动时，我们可以假设加速度 $\ddot{\boldsymbol{q}}\approx 0$ 且速度 $\dot{\boldsymbol{q}}\approx 0$。机器人动力学模型简化如下：

$$\boldsymbol{\tau}\approx\boldsymbol{g}(\boldsymbol{q}) \tag{10.6}$$

根据式（10.6）可知，机器人马达必须首先补偿重力的作用。可以用图 10.4 所示的控制算法来描述重力效应模型 $\hat{\boldsymbol{g}}(\boldsymbol{q})$，该模型很好地逼近了实际重力 $\boldsymbol{g}(\boldsymbol{q})$。基于图 10.2 所示的 PD 控制器，通过增加新的控制闭环进行改进，该闭环可根据机器人的实际位置计算出重力，并将其直接引入控制律中。图 10.4 所示的控制算法表示如下：

$$\boldsymbol{u}=\boldsymbol{K}_{\mathrm{p}}(\boldsymbol{q}_{\mathrm{r}}-\boldsymbol{q})-\boldsymbol{K}_{\mathrm{d}}\dot{\boldsymbol{q}}+\hat{\boldsymbol{g}}(\boldsymbol{q}) \tag{10.7}$$

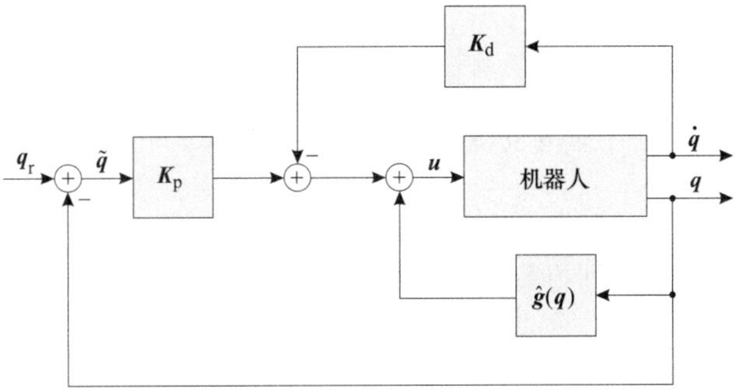


图 10.4 具有重力补偿的 PD 位置控制

通过引入重力补偿，利用新的控制闭环克服了由重力引起的误差，减轻了 PD 控制器的负担。采用这种控制方式，轨迹跟踪中的误差将被大大减小。

### 10.1.3 基于逆向动力学的机器人控制

在研究具有重力补偿的 PD 控制器时，我们引入了机器人动力学模型以提高控制效果。基于逆向动力学的控制方法，可进一步改进控制器。从描述二连杆机械手机构（见式（5.56））的动力学行为方程中，我们可以清晰地看到该机器人模型是非线性的，因此线性控制器（例如 PD 控制器）并不是最佳选择。

我们将从机器人动力学模型（式（10.5））出发，研究新的控制方案。假设马达产生的力矩 $\boldsymbol{\tau}$ 等于控制输出 $\boldsymbol{u}$，式（10.5）可以重写为：

$$\boldsymbol{B}(\boldsymbol{q})\ddot{\boldsymbol{q}}+\boldsymbol{C}(\boldsymbol{q},\dot{\boldsymbol{q}})\dot{\boldsymbol{q}}+\boldsymbol{F}_{\mathrm{V}}\dot{\boldsymbol{q}}+\boldsymbol{g}(\boldsymbol{q})=\boldsymbol{u} \tag{10.8}$$

下一步，我们将确定机器人的正向动力学模型，该模型描述了在给定关节力矩下的机器人运动。首先将式（10.8）中的加速度 $\ddot{\boldsymbol{q}}$ 表示为：

$$\ddot{\boldsymbol{q}}=\boldsymbol{B}^{-1}(\boldsymbol{q})(\boldsymbol{u}-(\boldsymbol{C}(\boldsymbol{q},\dot{\boldsymbol{q}})\dot{\boldsymbol{q}}+\boldsymbol{F}_{\mathrm{V}}\dot{\boldsymbol{q}}+\boldsymbol{g}(\boldsymbol{q}))) \tag{10.9}$$

通过对加速度进行积分，同时考虑初始速度，可以获得机器人当前的运动速度。通过对速度进行积分，同时考虑初始位置，我们可以计算出机器人各关节当前的实际位置。机器人机构的正向动力学模型如图 10.5 所示。

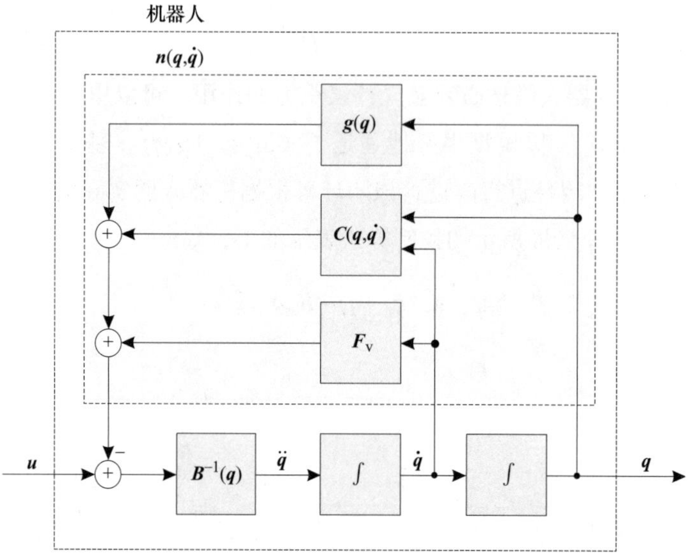


图 10.5　机器人机构的正向动力学模型

为了简化动力学方程，我们定义一个新变量 $\boldsymbol{n}(\boldsymbol{q},\dot{\boldsymbol{q}})$，其中包括除惯性分量外的所有动力学分量：

$$\boldsymbol{n}(\boldsymbol{q},\dot{\boldsymbol{q}})=\boldsymbol{C}(\boldsymbol{q},\dot{\boldsymbol{q}})\dot{\boldsymbol{q}}+\boldsymbol{F}_{\mathrm{V}}\dot{\boldsymbol{q}}+\boldsymbol{g}(\boldsymbol{q}) \tag{10.10}$$

于是机器人动力学模型可以用以下更简洁的方程来描述：

$$\boldsymbol{B}(\boldsymbol{q})\ddot{\boldsymbol{q}}+\boldsymbol{n}(\boldsymbol{q},\dot{\boldsymbol{q}})=\boldsymbol{\tau} \tag{10.11}$$

利用同样的方式，式（10.9）也可以写成更简洁的形式：

138

$$\ddot{\boldsymbol{q}}=\boldsymbol{B}^{-1}(\boldsymbol{q})(\boldsymbol{u}-\boldsymbol{n}(\boldsymbol{q},\dot{\boldsymbol{q}})) \tag{10.12}$$

我们假设机器人动力学模型是已知的。惯性矩阵 $\hat{\boldsymbol{B}}(\boldsymbol{q})$ 表示 $\boldsymbol{B}(\boldsymbol{q})$ 的近似值，同样 $\hat{\boldsymbol{n}}(\boldsymbol{q},\dot{\boldsymbol{q}})$ 也是 $\boldsymbol{n}(\boldsymbol{q},\dot{\boldsymbol{q}})$ 的近似值，如下所示：

$$\hat{n}(q,\dot{q}) = \hat{C}(q,\dot{q})\dot{q} + \hat{F}_{\mathrm{v}}\dot{q} + \hat{g}(q) \tag{10.13}$$

控制器输出 $\boldsymbol{u}$ 由以下公式确定：

$$\boldsymbol{u} = \hat{B}(q)y + \hat{n}(q,\dot{q}) \tag{10.14}$$

其中使用了机器人的近似逆向动力学模型。结合式（10.12）和式（10.14），该系统如图 10.6 所示。

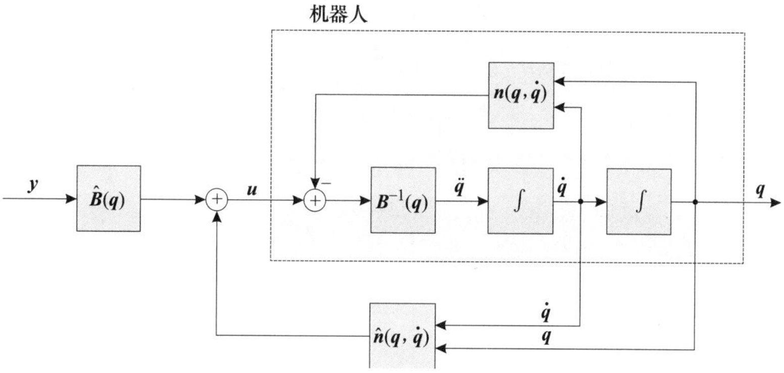


图 10.6　通过机器人逆向动力学模型来线性化控制系统

接下来，我们假设存在等价关系 $\hat{B}(q) = B(q)$ 以及 $\hat{n}(q,\dot{q}) = n(q,\dot{q})$。从图 10.6 中我们可看到，信号 $\hat{n}(q,\dot{q})$ 与 $n(q,\dot{q})$ 一个为正而另一个为负，实际是相减的关系。同样，矩阵 $\hat{B}(q)$ 与 $B^{-1}(q)$ 的乘积为单位矩阵，也可以将其省略。简化后的系统如图 10.7 所示。基于逆向动力学（见式（10.14））将控制系统线性化，其输入 $\boldsymbol{y}$ 和输出 $\boldsymbol{q}$ 之间只有两个积分器。所以该系统不仅是线性的，而且是解耦的（例如，矢量 $\boldsymbol{y}$ 的第一个元素仅影响矢量 $\boldsymbol{q}$ 的第一个元素）。从图 10.7 中可以很容易地发现变量 $\boldsymbol{y}$ 具有加速度特性，于是有：

$$y = \ddot{q} \tag{10.15}$$ 139

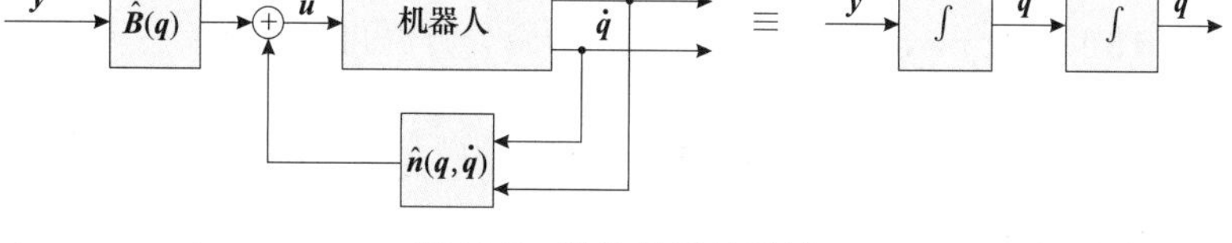


图 10.7　线性化后的系统

在理想情况下，将所需的关节加速度设定为期望的关节位置的二阶导数就足够了，此时控制系统能够跟踪指定的关节轨迹。但由于我们从来没有一个完全精确的机器人动力学模型，因此，期望的关节位置与实际关节位置之间总会出现误差，并将随着时间而增加。位置误差可定义为：

$$\tilde{q} = q_{\mathrm{r}} - q \tag{10.16}$$

其中 $\boldsymbol{q}_\mathrm{r}$ 代表机器人的期望位置。同样，速度误差也可以定义为期望速度与实际速度之差：

$$\dot{\tilde{\boldsymbol{q}}} = \dot{\boldsymbol{q}}_\mathrm{r} - \dot{\boldsymbol{q}} \tag{10.17}$$

具有加速度特性的矢量 $\boldsymbol{y}$ 现在可以写成：

$$\boldsymbol{y} = \ddot{\boldsymbol{q}}_\mathrm{r} + \boldsymbol{K}_\mathrm{p}(\boldsymbol{q}_\mathrm{r} - \boldsymbol{q}) + \boldsymbol{K}_\mathrm{d}(\dot{\boldsymbol{q}}_\mathrm{r} - \dot{\boldsymbol{q}}) \tag{10.18}$$

它由参考加速度 $\ddot{\boldsymbol{q}}_\mathrm{r}$、两个分别基于位置和速度误差的信号组成。这两个信号抑制了由于动力
140 学建模不完善所引起的误差。完整的控制方案如图 10.8 所示。

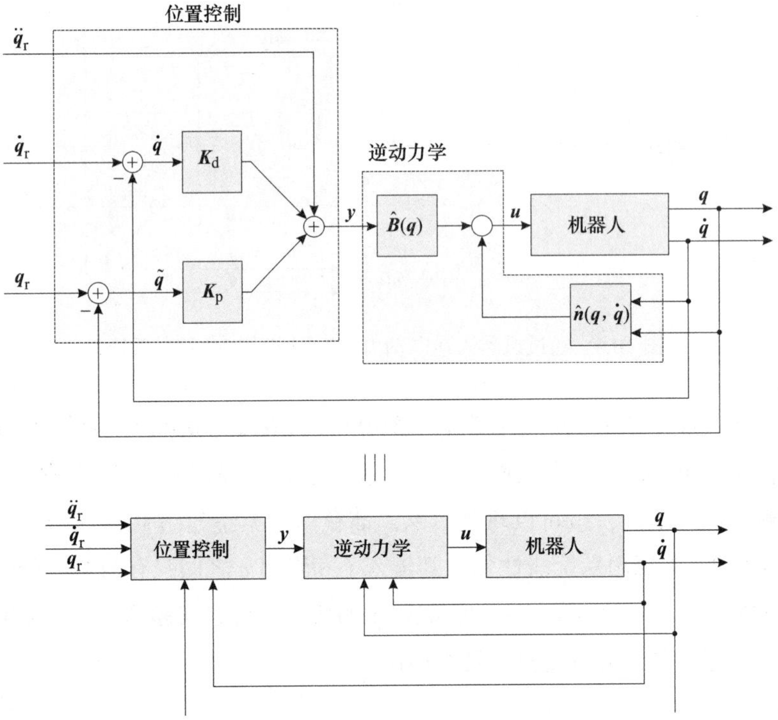


图 10.8　基于逆向动力学的机器人控制

根据式（10.18）以及 $\boldsymbol{y} = \ddot{\boldsymbol{q}}$，机器人的动力学微分方程可以写成：

$$\ddot{\tilde{\boldsymbol{q}}} + \boldsymbol{K}_\mathrm{d}\dot{\tilde{\boldsymbol{q}}} + \boldsymbol{K}_\mathrm{p}\tilde{\boldsymbol{q}} = 0 \tag{10.19}$$

其中引入了加速度误差 $\ddot{\tilde{\boldsymbol{q}}} = \ddot{\boldsymbol{q}}_\mathrm{r} - \ddot{\boldsymbol{q}}$。微分方程式（10.19）描述了控制误差接近零时的时间相关性，而动态响应则取决于增益 $\boldsymbol{K}_\mathrm{p}$ 和 $\boldsymbol{K}_\mathrm{d}$。

## 10.2　基于外部坐标系的机器人控制

到目前为止，研究的所有控制方案都是基于内部坐标系（即关节位置）的控制的，期望的位置、速度和加速度都由机器人关节变量来确定。通常，我们更关注机器人末端执行器的运动而不是机器人特定关节的位移。因为在机器人的末端，安装了各种工具来完成各种机器

人任务。在接下来的内容中，我们将重点关注基于外部坐标系的机器人控制。 141

### 10.2.1 基于转置雅可比矩阵的控制

控制方法基于式（5.18）将作用于机器人末端执行器上的力与关节力矩关联起来，通过转置雅可比矩阵可定义二者间的关系：

$$\boldsymbol{\tau}=\boldsymbol{J}^{\mathrm{T}}(\boldsymbol{q})\boldsymbol{f} \tag{10.20}$$

其中矢量 $\boldsymbol{\tau}$ 表示关节力矩，$\boldsymbol{f}$ 表示作用于机器人末端的力。

我们的目标是控制机器人末端执行器的位姿，其中期望位姿由矢量 $\boldsymbol{x}_{\mathrm{r}}$ 定义，而实际位姿则由矢量 $\boldsymbol{x}$ 给出。矢量 $\boldsymbol{x}_{\mathrm{r}}$ 和 $\boldsymbol{x}$ 通常包含 6 个变量，3 个确定机器人末端的位置，其余 3 个确定末端执行器的方向，即 $\boldsymbol{x}=[x\quad y\quad z\quad \varphi\quad \vartheta\quad \psi]^{\mathrm{T}}$。机器人通常未配备用于测量末端执行器位姿的传感器，其传感器主要用于测量关节变量。因此，必须使用在第 5 章中介绍的正向运动学模型（式（5.4））$\boldsymbol{x}=\boldsymbol{k}(\boldsymbol{q})$ 来确定机器人末端执行器的位姿。机器人末端执行器的位置误差表示为：

$$\tilde{\boldsymbol{x}}=\boldsymbol{x}_{\mathrm{r}}-\boldsymbol{x}=\boldsymbol{x}_{\mathrm{r}}-\boldsymbol{k}(\boldsymbol{q}) \tag{10.21}$$

为了使位置误差减小到零，首先介绍具有增益矩阵 $\boldsymbol{K}_{\mathrm{p}}$ 的简单比例控制系统：

$$\boldsymbol{f}=\boldsymbol{K}_{\mathrm{p}}\tilde{\boldsymbol{x}} \tag{10.22}$$

进一步分析式（10.22）可以发现，它近似于描述弹簧特性的公式（在外部坐标系中），其中力与弹簧的拉伸量成正比。这种类比有助于我们解释所引入的控制原理。想象一下，将 6 根弹簧连接到机器人的末端执行器上，其中每个自由度对应 1 根弹簧（3 根用于定位、3 根用于定向）。当机器人远离期望位姿时，弹簧会伸长，并以与位置误差成比例的力将机器人末端执行器拉回期望位姿。同样的道理，力 $\boldsymbol{f}$ 也将机器人末端执行器推向期望位姿。由于只能通过关节马达使机器人发生位移，因此必须根据力 $\boldsymbol{f}$ 计算马达的控制量。根据式（10.20）所示的转置雅可比矩阵可完成控制量的计算：

$$\boldsymbol{u}=\boldsymbol{J}^{\mathrm{T}}(\boldsymbol{q})\boldsymbol{f} \tag{10.23}$$

其中矢量 $\boldsymbol{u}$ 表示各关节所需的关节力矩，基于转置雅可比矩阵的控制方法如图 10.9 所示。 142

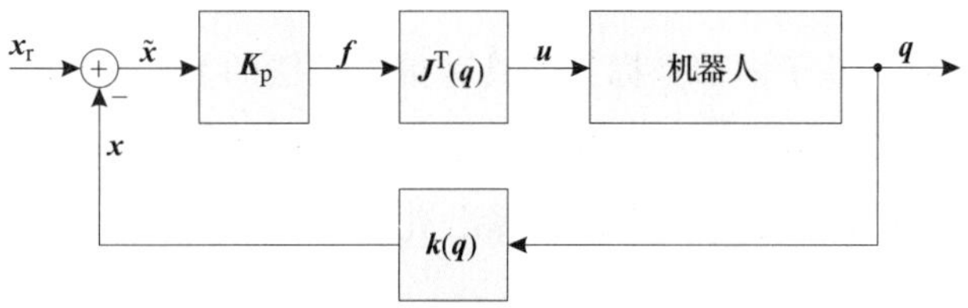


图 10.9 基于转置雅可比矩阵的控制

### 10.2.2　基于逆雅可比矩阵的控制

本节所介绍的控制方法基于关节速度与机器人末端速度之间的关系（见式（5.10）），此关系可由雅可比矩阵给出。在式（5.10）中，我们着重强调了外部坐标 $\boldsymbol{x}$ 和内部坐标 $\boldsymbol{q}$ 的时间导数之间的关系：

$$\dot{\boldsymbol{x}} = \boldsymbol{J}(\boldsymbol{q})\dot{\boldsymbol{q}} \Leftrightarrow \frac{\mathrm{d}\boldsymbol{x}}{\mathrm{d}t} = \boldsymbol{J}(\boldsymbol{q})\frac{\mathrm{d}\boldsymbol{q}}{\mathrm{d}t} \tag{10.24}$$

式中 d$t$ 出现在等式两边的分母中，可以省略。通过这种方式，我们可以获得内部坐标变化与机器人末端位姿变化之间的关系：

$$\mathrm{d}\boldsymbol{x}=\boldsymbol{J}(\boldsymbol{q})\mathrm{d}\boldsymbol{q} \tag{10.25}$$

式（10.25）仅在小位移情形下有效。

与先前研究的控制方法一样，在这种情况下，我们还可以基于转置雅可比矩阵，根据式（10.21）计算机器人末端的位姿误差。当位姿误差较小时，可以通过式（10.25）计算内部坐标的位置误差。

$$\tilde{\boldsymbol{q}} = \boldsymbol{J}^{-1}(\boldsymbol{q})\tilde{\boldsymbol{x}} \tag{10.26}$$

通过这种方式，可以将控制方法转换为已知的基于内部坐标系的机器人控制方法。以最简单的比例控制器为例，控制量为：

$$\boldsymbol{u} = \boldsymbol{K}_{\mathrm{p}}\tilde{\boldsymbol{q}} \tag{10.27}$$

该式同样近似于弹簧特性（在内部坐标系中）的表达。基于逆雅可比矩阵的控制方法如
143 图 10.10 所示。

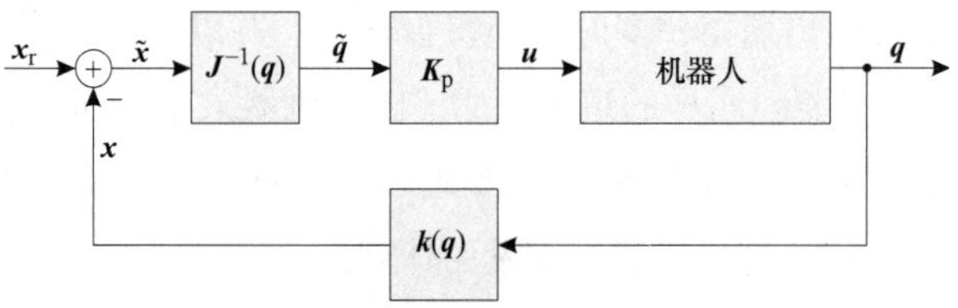


图 10.10　基于逆雅可比矩阵的控制

### 10.2.3　具有重力补偿的 PD 位置控制

我们已经详细研究了基于内部坐标系的具有重力补偿的 PD 位置控制。现在我们将在外部坐标系下推导出类似的控制算法。首先由表示末端执行器的位姿误差的式（10.21）出发，根据各关节的速度，借助雅可比矩阵可以计算出机器人末端的速度：

$$\dot{\boldsymbol{x}} = \boldsymbol{J}(\boldsymbol{q})\dot{\boldsymbol{q}} \tag{10.28}$$

在外部坐标系中，表示 PD 控制器的方式类似于内部坐标系中的方式（见式（10.2））：

$$\boldsymbol{f} = \boldsymbol{K}_{\mathrm{p}}\tilde{\boldsymbol{x}} - \boldsymbol{K}_{\mathrm{d}}\dot{\boldsymbol{x}} \tag{10.29}$$

在式（10.29）中，位姿误差乘以位置增益矩阵 $\boldsymbol{K}_{\mathrm{p}}$，而速度误差乘以矩阵 $\boldsymbol{K}_{\mathrm{d}}$，速度误差的负号表示将阻尼引入到系统中。关节力矩是通过作用于机器人末端的力 $\boldsymbol{f}$ 计算得出的。控制算法表示为：

$$\boldsymbol{u}=\boldsymbol{J}^{\mathrm{T}}(\boldsymbol{q})\boldsymbol{f}+\hat{\boldsymbol{g}}(\boldsymbol{q}) \tag{10.30}$$

其中 $\boldsymbol{J}^{\mathrm{T}}(\boldsymbol{q})$ 表示转置雅可比矩阵（类似于式（10.23）），$\hat{\boldsymbol{g}}(\boldsymbol{q})$ 表示重力补偿分量（同式（10.7））。完整的控制框图如图 10.11 所示。

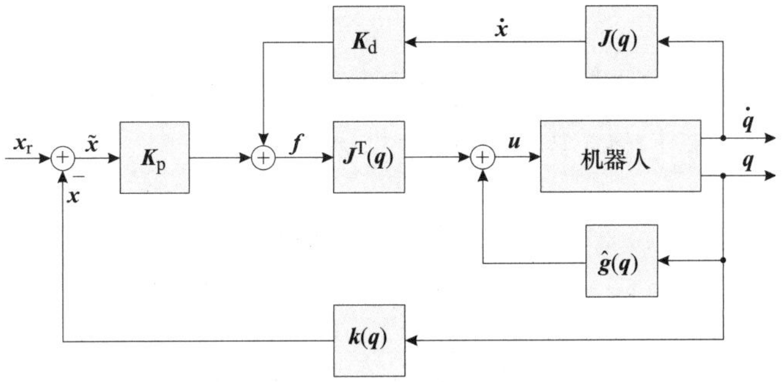


图 10.11　基于外部坐标系的具有重力补偿的 PD 控制

### 10.2.4　基于逆向动力学的机器人控制

在 10.1 节中我们介绍了以下基于逆向动力学的控制器：

$$\boldsymbol{u}=\hat{\boldsymbol{B}}(\boldsymbol{q})\boldsymbol{y}+\hat{\boldsymbol{n}}(\boldsymbol{q},\dot{\boldsymbol{q}}) \tag{10.31}$$ 144

我们还发现矢量 $\boldsymbol{y}$ 具有加速度特征。

$$\boldsymbol{y}=\ddot{\boldsymbol{q}} \tag{10.32}$$

采用这种控制方式，机器人可以跟踪以内部坐标形式表示的期望轨迹。但由于我们的目的是研究外部坐标系中的控制方法，因此必须适当地调整 $\boldsymbol{y}$ 信号。系统线性化的公式（见式（10.31））保持不变。

我们再次从表示关节速度与机器人末端执行器速度间关系的等式开始推导：

$$\dot{\boldsymbol{x}}=\boldsymbol{J}(\boldsymbol{q})\dot{\boldsymbol{q}} \tag{10.33}$$

通过计算式（10.33）对时间的导数，我们可以得到：

$$\ddot{\boldsymbol{x}}=\boldsymbol{J}(\boldsymbol{q})\ddot{\boldsymbol{q}}+\dot{\boldsymbol{J}}(\boldsymbol{q},\dot{\boldsymbol{q}})\dot{\boldsymbol{q}} \tag{10.34}$$

机器人末端执行器的位姿误差表示为期望位姿与实际位姿之间的差：

$$\tilde{\boldsymbol{x}}=\boldsymbol{x}_{\mathrm{r}}-\boldsymbol{x}=\boldsymbol{x}_{\mathrm{r}}-\boldsymbol{k}(\boldsymbol{q}) \tag{10.35}$$

以类似的方式确定机器人末端执行器的速度误差：

$$\dot{\tilde{\boldsymbol{x}}} = \dot{\boldsymbol{x}}_{\mathrm{r}} - \dot{\boldsymbol{x}} = \dot{\boldsymbol{x}}_{\mathrm{r}} - \boldsymbol{J}(\boldsymbol{q})\dot{\boldsymbol{q}} \tag{10.36}$$

加速度误差是期望加速度与实际加速度之差：

$$\ddot{\tilde{\boldsymbol{x}}} = \ddot{\boldsymbol{x}}_{\mathrm{r}} - \ddot{\boldsymbol{x}} \tag{10.37}$$

145 在内部坐标系中研究基于逆向动力学的控制器时，导出了形如式（10.19）的控制误差动态方程 $\ddot{\tilde{\boldsymbol{q}}} + \boldsymbol{K}_{\mathrm{d}}\dot{\tilde{\boldsymbol{q}}} + \boldsymbol{K}_{\mathrm{p}}\tilde{\boldsymbol{q}} = 0$。同样可以为末端执行器的位姿误差定义一个类似的方程。根据这个方程，可以表示机器人末端执行器的加速度 $\ddot{\boldsymbol{x}}$：

$$\ddot{\tilde{\boldsymbol{x}}} + \boldsymbol{K}_{\mathrm{d}}\dot{\tilde{\boldsymbol{x}}} + \boldsymbol{K}_{\mathrm{p}}\tilde{\boldsymbol{x}} = 0 \Rightarrow \ddot{\boldsymbol{x}} = \ddot{\boldsymbol{x}}_{\mathrm{r}} + \boldsymbol{K}_{\mathrm{d}}\dot{\tilde{\boldsymbol{x}}} + \boldsymbol{K}_{\mathrm{p}}\tilde{\boldsymbol{x}} \tag{10.38}$$

在式（10.34）中，我们将 $\ddot{\boldsymbol{q}}$ 替换为 $\boldsymbol{y}$，重新表示为：

$$\boldsymbol{y} = \boldsymbol{J}^{-1}(\boldsymbol{q})(\ddot{\boldsymbol{x}} - \dot{\boldsymbol{J}}(\boldsymbol{q},\dot{\boldsymbol{q}})\dot{\boldsymbol{q}}) \tag{10.39}$$

利用式（10.38）替换式（10.39）中的 $\ddot{\boldsymbol{x}}$，得到了在外部坐标系中基于逆向动力学的控制算法：

146

$$\boldsymbol{y} = \boldsymbol{J}^{-1}(\boldsymbol{q})(\ddot{\boldsymbol{x}}_{\mathrm{r}} + \boldsymbol{K}_{\mathrm{d}}\dot{\tilde{\boldsymbol{x}}} + \boldsymbol{K}_{\mathrm{p}}\tilde{\boldsymbol{x}} - \dot{\boldsymbol{J}}(\boldsymbol{q},\dot{\boldsymbol{q}})\dot{\boldsymbol{q}}) \tag{10.40}$$

基于逆向动力学（见式（10.31））和闭环控制（见式（10.40））的线性化系统控制方案如图 10.12 所示。

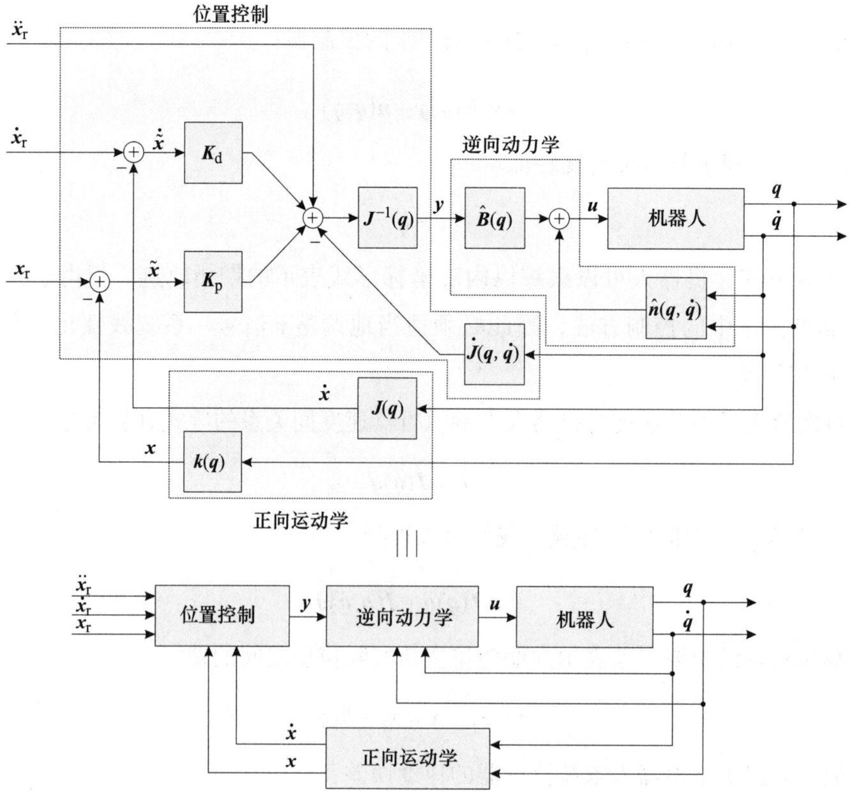


图 10.12　在外部坐标系中基于逆向动力学的机器人控制

## 10.3 基于接触力的机器人控制

当机器人只需要在自由空间中按照期望轨迹运动时，位置控制就足够了。但当机器人末端执行器与环境之间存在接触时，位置控制就不再适用了。让我们想象一台机器人使用海绵清洁窗户时，由于海绵非常柔软，因此可以通过控制机器人抓爪和窗户之间的相对距离来控制两者之间的力。如果海绵具有足够的柔韧性，并且我们能够精确地知道窗户的位置，此时机器人可以轻松地完成任务。

如果机器人的工具或环境的柔韧性较差，则机器人执行与环境接触的任务时将不那么容易。现在让我们想象机器人使用坚硬的工具从玻璃表面刮擦油漆。玻璃表面位置的不确定性或机器人控制系统的故障都将影响任务的顺利执行，比如可能导致玻璃破裂，或者机器人未接触到玻璃而做无用功。

针对这两种机器人任务（清洁窗户或刮擦玻璃表面），更合理的控制方案是确定机器人应施加在环境上的力而不是相对于玻璃表面的位置。大多数现代工业机器人执行的任务都相对简单，例如点焊、喷涂和各种点对点操作。但在另一些机器人应用中则需要控制接触力，如磨削或类似的机器人加工任务。工业机器人技术的重要应用之一是装配任务，这需要完成多个零部件的组装。在此类机器人任务中，对力的感知和控制是至关重要的。

为了在装配任务中高效地使用机器人，需要在不确定、非结构化和可变的环境中准确地操作机械手，将多个零部件高精度地组合在一起。接触力的测量和控制可以使机械手精确地到达期望位置。由于在机器人的力控制中使用了相对测量值，因此机械手或目标物体定位时的绝对误差并不像机器人位置控制中那样关键。在处理坚硬物体时，即使是较小的位置变化也会产生较大的接触力。对这些力的测量和控制可以显著提高机器人运动的位置精度。

当机器人对环境施加力时，通常是在处理两种类型的机器人任务。第一种类型是，我们希望在机器人与环境接触时使机器人末端执行器处于所需位姿。机器人装配就是这种情况，一个典型的例子便是将钉子插入孔中，其中机器人的运动必须具有这样的性质：当机器人到达期望位置时，接触力将减小到零或为允许的最小值。而在第二种类型的机器人任务中，我 147
们要求机器人末端执行器对环境施加预定的力。以机器人磨削为例，此时机器人的运动取决于期望和实际测得的接触力之间的差异。

基于力的机器人控制方法将借助机器人的逆向动力学。由于机器人与环境的相互作用，在逆向动力学模型中出现了一个表示接触力 $\boldsymbol{f}$ 的附加分量。通过使用转置雅可比矩阵（见式（5.18））将作用在机器人末端执行器上的力转换为关节力矩，机器人动力学模型可表示如下：

$$\boldsymbol{B}(\boldsymbol{q})\ddot{\boldsymbol{q}}+\boldsymbol{C}(\boldsymbol{q},\dot{\boldsymbol{q}})\dot{\boldsymbol{q}}+\boldsymbol{F}_{\mathrm{v}}\dot{\boldsymbol{q}}+\boldsymbol{g}(\boldsymbol{q})=\boldsymbol{\tau}-\boldsymbol{J}^{\mathrm{T}}(\boldsymbol{q})\boldsymbol{f} \tag{10.41}$$

在式（10.5）的右侧，我们添加了表示与环境相互作用的力的分量 $-\boldsymbol{J}^{\mathrm{T}}(\boldsymbol{q})\boldsymbol{f}$。可以看

出，力 $\boldsymbol{f}$ 以与关节力矩相似的方式通过转置雅可比矩阵作用于机器人（即试图产生机器人运动）。

$$\boldsymbol{n}(\boldsymbol{q},\dot{\boldsymbol{q}})=\boldsymbol{C}(\boldsymbol{q},\dot{\boldsymbol{q}})\dot{\boldsymbol{q}}+\boldsymbol{F}\dot{\boldsymbol{q}}+\boldsymbol{g}(\boldsymbol{q}) \tag{10.42}$$

通过引入式（10.42），可以用更简洁的形式重写式（10.41），这为我们提供了机器人与环境接触的动力学模型：

$$\boldsymbol{B}(\boldsymbol{q})\ddot{\boldsymbol{q}}+\boldsymbol{n}(\boldsymbol{q},\dot{\boldsymbol{q}})=\boldsymbol{\tau}-\boldsymbol{J}^{\mathrm{T}}(\boldsymbol{q})\boldsymbol{f} \tag{10.43}$$

### 10.3.1　通过逆向动力学线性化机器人系统

我们利用矢量 $\boldsymbol{u}$ 表示控制输出，其代表了机器人各关节所需的驱动力矩。式（10.43）可以写成如下形式：

$$\boldsymbol{B}(\boldsymbol{q})\ddot{\boldsymbol{q}}+\boldsymbol{n}(\boldsymbol{q},\dot{\boldsymbol{q}})+\boldsymbol{J}^{\mathrm{T}}(\boldsymbol{q})\boldsymbol{f}=\boldsymbol{u} \tag{10.44}$$

通过式（10.44），我们可以将正向动力学模型写成：

$$\ddot{\boldsymbol{q}}=\boldsymbol{B}^{-1}(\boldsymbol{q})(\boldsymbol{u}-\boldsymbol{n}(\boldsymbol{q},\dot{\boldsymbol{q}})-\boldsymbol{J}^{\mathrm{T}}(\boldsymbol{q})\boldsymbol{f}) \tag{10.45}$$

式（10.45）描述了机器人系统对控制量 $\boldsymbol{u}$ 的响应。通过对加速度的积分，同时考虑速度的初始值，可以获得机器人实际的运动速度。通过对速度的积分，同时考虑位置的初始值，我们可以计算出机器人关节的实际位置。所描述的模型由图 10.13 中标有机器人的方
148 框表示。

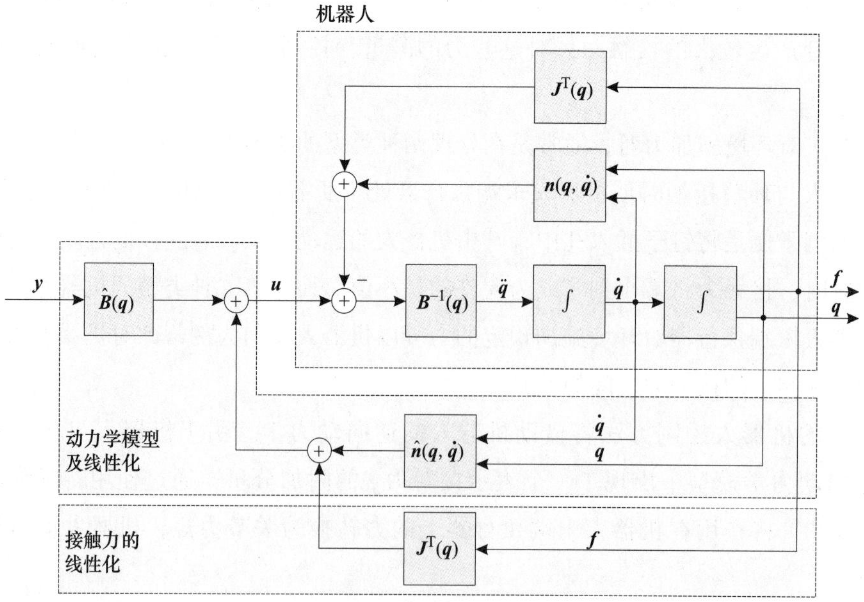


图 10.13　通过逆向动力学模型和所测得的接触力实现控制系统的线性化

与研究基于逆向动力学的控制方法类似，我们将逆向动力学模型引入闭环系统并以此线

性化系统：

$$\boldsymbol{u}=\hat{\boldsymbol{B}}(\boldsymbol{q})\boldsymbol{y}+\hat{\boldsymbol{n}}(\boldsymbol{q},\dot{\boldsymbol{q}})+\boldsymbol{J}^{\mathrm{T}}(\boldsymbol{q})\boldsymbol{f} \tag{10.46}$$

使用上标 ^ 表示机器人系统的估计参数。与表示内部坐标系中基于逆向动力学的控制方案的式（10.14）相比，式（10.46）的区别在于分量 $\boldsymbol{J}^{\mathrm{T}}(\boldsymbol{q})\boldsymbol{f}$，它用于补偿外力对机器人机构的影响。结合式（10.45）和式（10.46）的控制方案如图 10.13 所示。假设估计的参数等于实际的机器人参数，那么便可以通过引入闭环（见式（10.46））线性化该系统，因为输入 $\boldsymbol{y}$ 和输出 $\boldsymbol{q}$ 之间只有两个积分器，这在图 10.7 中已经有详细的叙述。

## 10.3.2 力的控制

在线性化控制系统之后，必须确定输入矢量 $\boldsymbol{y}$。力的控制将转换为对末端执行器位姿的控制。可以基于以下理由进行简单的解释：如果希望机器人增加施加在环境上的力，则机器人末端执行器必须朝着力作用的方向移动。现在，我们可以借助前文研究的外部坐标系中的机器人控制算法（见式（10.40）），在考虑接触力的前提下，机器人末端执行器的线性化控制方案如图 10.14 所示。

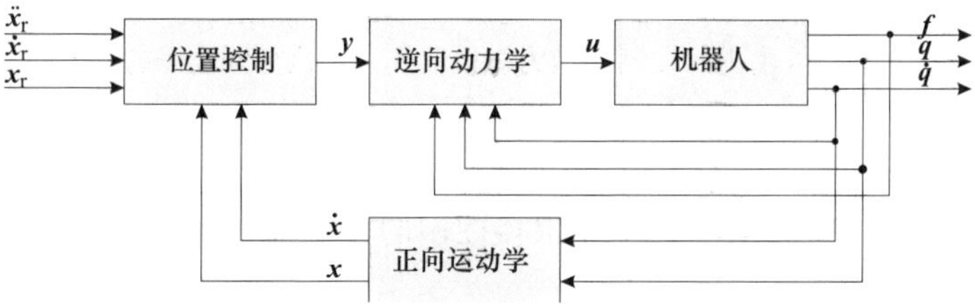


图 10.14　在外部坐标系中考虑接触力的基于逆向动力学的机器人控制

至此，我们主要总结了机器人末端执行器关于位姿控制方面的知识。下一步，我们将根据测得的机器人末端与环境之间的力来确定机器人末端执行器的期望位姿、速度和加速度。

假设需要控制恒定的期望力 $\boldsymbol{f}_{\mathrm{r}}$。使用腕力传感器，便可以测量当前的接触力 $\boldsymbol{f}$，期望力与测量力之间的差被称为力的误差：

$$\tilde{\boldsymbol{f}}=\boldsymbol{f}_{\mathrm{r}}-\boldsymbol{f} \tag{10.47}$$

将基于以下假设来计算期望的机器人运动：力 $\tilde{\boldsymbol{f}}$ 使虚拟对象发生位移时必须满足惯性 $\boldsymbol{B}_{\mathrm{c}}$ 和阻尼 $\boldsymbol{F}_{\mathrm{c}}$。在我们的研究中，虚拟对象实际上就是机器人的末端执行器。为了更好地理解，考虑只有一个自由度的系统。当力作用在这样的系统上时，系统将开始进行加速运动。运动 149~150 将由力的大小、物体的质量和阻尼所决定。因此，机器人末端执行器的行为就像一个有质量的阻尼器，它受力 $\tilde{\boldsymbol{f}}$ 的影响。为了适应更高的自由度，我们可以用以下微分方程来描述物体的运动：

$$\tilde{\boldsymbol{f}}=\boldsymbol{B}_{\mathrm{c}}\ddot{\boldsymbol{x}}_{\mathrm{c}}+\boldsymbol{F}_{\mathrm{c}}\dot{\boldsymbol{x}}_{\mathrm{c}} \tag{10.48}$$

矩阵 $\boldsymbol{B}_{\mathrm{c}}$ 和 $\boldsymbol{F}_{\mathrm{c}}$ 决定了在力 $\tilde{\boldsymbol{f}}$ 的影响下物体将如何运动。通过式（10.48）可以计算出虚拟对象的加速度。

$$\ddot{\boldsymbol{x}}_{\mathrm{c}}=\boldsymbol{B}_{\mathrm{c}}^{-1}(\tilde{\boldsymbol{f}}-\boldsymbol{F}_{\mathrm{c}}\dot{\boldsymbol{x}}_{\mathrm{c}}) \tag{10.49}$$

通过对式（10.49）积分，可以计算出物体的速度和位姿，如图 10.15 所示。这样一来，参考位姿 $\boldsymbol{x}_{\mathrm{c}}$、参考速度 $\dot{\boldsymbol{x}}_{\mathrm{c}}$ 和参考加速度 $\ddot{\boldsymbol{x}}_{\mathrm{c}}$ 都由力的误差来确定。最后将计算出的变量输入到控制系统中，如图 10.14 所示。通过这种方式，就可以将力的控制转换为外部坐标系中已知的机器人控制方法。

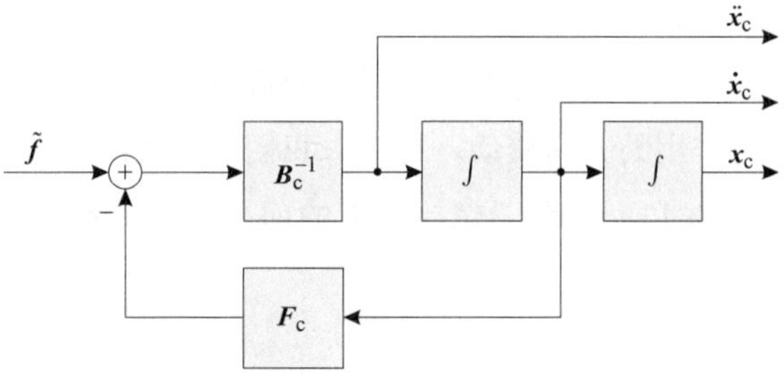


图 10.15　由力的控制转换为对机器人末端执行器位姿的控制

为了同时控制机器人末端执行器的位姿，还引入了并行组合。并行组合假定参考控制变量是通过将力控制的参考值 $(\boldsymbol{x}_{\mathrm{c}},\dot{\boldsymbol{x}}_{\mathrm{c}},\ddot{\boldsymbol{x}}_{\mathrm{c}})$ 和位姿控制的参考值 $(\boldsymbol{x}_{\mathrm{d}},\dot{\boldsymbol{x}}_{\mathrm{d}},\ddot{\boldsymbol{x}}_{\mathrm{d}})$ 相加而获得的。并行
151 组合可由下式定义：

$$\begin{aligned}\boldsymbol{x}_{\mathrm{r}}&=\boldsymbol{x}_{\mathrm{d}}+\boldsymbol{x}_{\mathrm{c}}\\ \dot{\boldsymbol{x}}_{\mathrm{r}}&=\dot{\boldsymbol{x}}_{\mathrm{d}}+\dot{\boldsymbol{x}}_{\mathrm{c}}\\ \ddot{\boldsymbol{x}}_{\mathrm{r}}&=\ddot{\boldsymbol{x}}_{\mathrm{d}}+\ddot{\boldsymbol{x}}_{\mathrm{c}}\end{aligned} \tag{10.50}$$

整个控制系统包括：接触力的控制、并行组合和外部坐标系中基于逆向动力学的机器人控制，如图 10.16 所示。

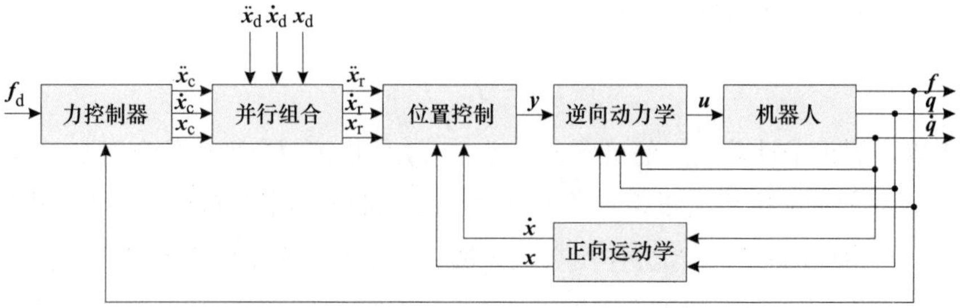


图 10.16　外部坐标系中的直接力控制

当只采用力的控制时，可以通过以下赋值来实现：

$$\begin{aligned}\boldsymbol{x}_{\mathrm{r}} &= \boldsymbol{x}_{\mathrm{c}} \\ \dot{\boldsymbol{x}}_{\mathrm{r}} &= \dot{\boldsymbol{x}}_{\mathrm{c}} \\ \ddot{\boldsymbol{x}}_{\mathrm{r}} &= \ddot{\boldsymbol{x}}_{\mathrm{c}}\end{aligned} \tag{10.51}$$

所描述的控制方法能够控制力，但不能独立控制机器人末端执行器的位姿，因为其控制量只取决于力的误差。 152

第 11 章

Robotics, Second Edition

# 机器人工作环境

本章将以产品装配过程为例说明机器人的工作环境，其中机器人是生产线的一部分，或者是完全独立的单元。参考该例子，可以说明其他相似的机器人执行工作任务的环境，如产品检查和测试、焊接、装配、拾取和放置操作等。

事实上，机器人为许多工业安全和健康问题提供了理想的解决方案，主要原因是它们能够在危险的环境中执行艰难和容易使人疲劳的任务。例如，焊接和喷涂机器人使人类工作者能够避免有毒烟雾和蒸汽的伤害；机器人还可以承担操作电动印刷机的工作，这项工作在过去常常导致工人受伤；机器人还可以在铸造厂和放射性环境中工作。随着工业过程中机器人数量的不断增加，机器人自身带来的危险也越来越大。因此，在设计机器人工作环境时，考虑安全性变得至关重要。

## 11.1 机器人安全性

工业机器人是在工作空间中快速移动的设备。在大多数情况下，只有当人类操作者进入机器人工作空间中时才会发生事故。一个人通常在不小心甚至不知情，或者为了给机器人重新编程以及维护机器人等目的才来到机器人的附近。对于人类操作者来说，很难判断机器人下一步的行动，更危险的是由于机器人故障或者程序错误导致的无法预测的机器人运动。许多政府机构、大公司与机器人生产商一起制定了安全标准。保证人类操作者与工业机器人安全合作的途径可分为三大类：（1）提高机器人的安全性；（2）为机器人的工作空间提供防护
153 措施；（3）人员的培训和监督。

现在的机器人在很大程度上已经具备了在以下 3 种操作模式下的安全特性，分别是：正常工作状态、编程状态和维护状态。故障避免特性提高了机器人的可靠性和安全性，例如可以防止机器人在开启之前接触到电动印刷机。机器人控制单元中内置的安全特性功能通常使机器人与机器人工作环境中的其他机器之间能够同步。信号检测对于安全的机器人编程是必须具备的，它用来指示设备是否准备好参与到机器人单元的活动中。检查机器人工作区域内的设备状态时，可靠的传感器至关重要。任何机器人系统的重要安全特性还包括程序停止和电力中断。

当对机器人进行编程或示教时，人类操作员必须在机器人工作区域内。在编程阶段，机器人的运动速度必须大大低于正常工作时的速度。机器人的速度必须降到足够低的值，以使人类操作员可以及时躲避意外的机器人运动。当有人在机器人工作空间内时，建议机器人的

最大运动速度是 0.25m/s。

示教器单元是机器人安全运行的关键部件。机器人示教过程中的编程错误往往会产生机器人无法预测的错误动作。示教器单元的设计会极大地影响机器人的安全操作。使用操纵杆控制比使用控制按钮更安全。紧急按钮的大小对人类操作员的反应时间也有重要影响。

特殊的安全特性有助于机器人的安全维护，例如，在机械臂未通电时开启控制系统的可能性；或者在机械人驱动器关闭时，机器人连杆部分可被动地手动移动。有些特性可以使机器人尽快地停止，或者允许控制系统执行当前命令并在之后停止。

大多数与机器人相关的安全事故的原因在于人类操作员有意或者不小心地进入了机器人的工作区域。机器人工作区域的防护设施可以避免这种进入。机器人工作区域的防护措施可以分为三大类:（1）设置障碍物;（2）实时监测人员的进入;（3）设置警示标志、警示信号、警示灯。

最常见的金属围栏常用于防止未经授权的工人进入机器人工作区域，围栏的颜色起着非常重要的作用，可以有效地警告不知情的工作人员。这些围栏也可用于防止在生产车间运输材料的各种车辆驶入机器人工作区域。同时，还必须提供可以进入围栏隔离区的安全入口。只有当人类操作员在围栏外使用遥控设备关闭机器人系统后，人类操作员才能进入工作区域。设计良好的防护围栏还可以保护旁观者，以避免被机器人抓取过程中意外飞出的物体所伤。

监测机器人工作区域是否有人闯入的装置，可提供极为重要的保护。这些传感器可以是压敏地垫、光幕、末端执行器传感器，以及机器人单元里的各种超声波、电容、红外或微波
传感器和计算机视觉。装有传感器的地垫或光幕可以探测到人进入机器人工作区域的情况。 154
在这种情况下，会触发一个警告信号，并且可以停止机器人的正常工作。机器人末端执行器传感器一旦检测到与机器人环境中物体的意外碰撞，会让机器人紧急停止工作。非接触式传感器和计算机视觉可以检测到各种物体进入机器人工作区域。

警示标志、警示信号和警示灯在很大程度上可以增加机器人系统各单元的操作安全性。这些警告标志提醒人类操作员注意危险情况的存在。指导手册和适当的培训对于有效使用警告标志也很重要。相比于较熟悉机器人的操作人员，此类标志对于无意进入机器人工作区域的人员更有效。经验丰富的操作人员常常忽略警告，在不关闭机器人的情况下，为了节省一点时间而故意进入机器人工作空间。这样的举动往往会引发事故。另外，虚假警报的存在也可能会降低警告的有效性。

选择合格的工人、安全培训和适当的监督是与机器人一起安全工作的前提条件。尤其关键的是在机器人各单元启动和关闭的时刻。同样，机器人的维护和编程也可能是危险的。在一些机器人的应用（如焊接）中具有危险情况，工人必须非常熟悉这些危险。在机器人环境中工作的人员必须满足工作所需的生理和心理要求。选择合适的工人是重要的第一步，同样重要的第二步是足够的安全培训。另外，只有在不断的监督下，才能得到令人满意的安全效果。附加训练是工业机器人应用的重要组成部分。在培训课程中，工人必须了解可能的危险

及其严重性，必须学会如何识别和避免危险情况。造成事故的常见错误需要详细地解释。此类培训课程通常是在机器人制造商的帮助下开展的。

预计未来的机器人将不会在带锁的门或挡光板等安全防护装置后面工作，取而代之的是，它们将与人类密切合作。这就产生了如何确保人 – 机器人物理交互的安全性这一根本问题。在轻量化柔性机器人单元、柔性关节、新型驱动器和先进控制算法的设计等方面都希望能够取得重大的进展。

机器人装置可以作为单个机器人单元，也可以作为大型工业生产线的一部分。工业机器人一般是在固定的位置工作的，通常没有传感器来感知周围环境。因此，必须将机器人与人类环境隔离，以防止当机器人或其外围部件发生不当活动时，对人身造成伤害或与机器人工作区内的其他设备发生碰撞。需要定义每个机器人单元的安全风险，以便采取适当的预防措施。不当的机器人行为可能是机器人系统故障或人为错误造成的，例如：

- 由于控制系统故障，机器人行为不可预测。
- 由于机器人移动而导致电缆连接故障。
- 数据传输错误产生不可预测的机器人移动。
- 155 机器人的工具（如焊接枪）发生故障。
- 软件错误。
- 机器人机械部件的磨损。

由这些错误引起的系统故障的潜在危险可分为以下 3 类。

- **碰撞风险**：是指移动的机器人或与机器人相连的工具撞击人类操作员的可能性。
- **夹伤危险**：是指机器人单元中的部件（如运输机构）在移动过程中挤压人类操作员的情况。
- **其他危险**：是指每种机器人应用所特有的危险，例如触电、焊接电弧的影响、烧伤、有毒物质、辐射、过大的噪声等风险。

由于所有这些原因，机器人的安全需求可以分为 3 个层次。

**层次 1** 是整个机器人单元的保护级别。通常通过组合使用机械围栏、栏杆和门来实现物理保护（如图 11.1 所示）。除了物理保护，还可以安装一个检测人体存在 / 闯入的传感器（如激光幕帘）。

**层次 2** 是人类操作员位于机器人工作区域时的保护级别。通常由人体存在 / 闯入传感器来执行。与主要基于机械保护的层次 1 相比，层次 2 基于对人类操作员存在的感知（如
156 图 11.2 所示）。

**层次 3** 是指人与机器人协作时的保护，此时的机器人通常称为协作机器人。这一级别的安全性是通过检测机器人附近是否有人或障碍物，或者是否存在机器人和人协作的情况来实现的（如图 11.3 所示）。在危险情况下，机器人系统必须减速或停止。这些系统集成了用于人体跟踪的传感器、各种力和力矩传感器以及接触或触觉传感器。第 12 章将更详细地介绍协作机器人。

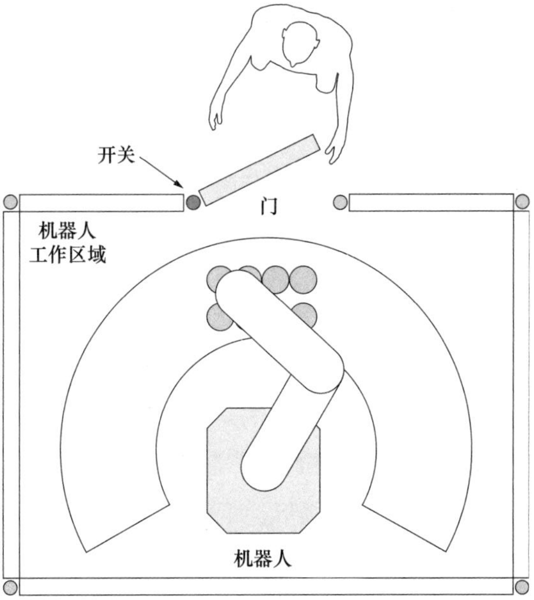


图 11.1 层次 1：机器人单元的机械防护

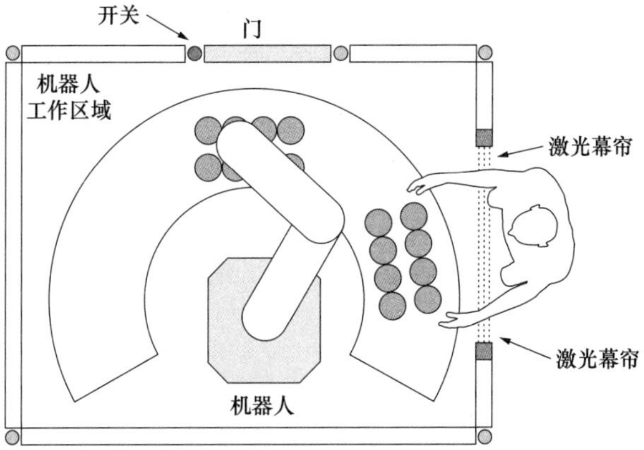


图 11.2 层次 2：机器人单元的光电防护

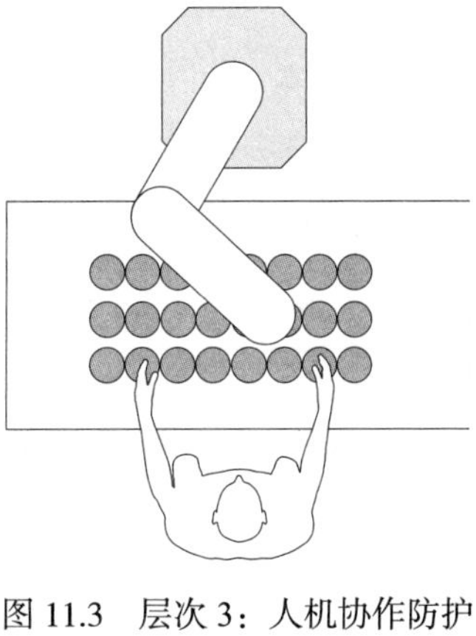

图 11.3 层次 3：人机协作防护

## 11.2　装配过程中的机器人外围设备

工业上使用的机器人系统通常是大型专用生产线的一部分，生产线用于零件的大批量生产，这些部件需要进行多次加工操作。生产线被分为多个工作站，在工作站上，工人、专用机器或机器人执行必要的任务，并集成其他的外围设备以提高生产线的能力。适当选择的外围设备也增加了系统的可靠性、灵活性和效率。

### 装配生产线的配置

工业装配生产线由传送带、随传送带运转的托盘、视觉系统、气缸、各种传感器和机器人或机械手组成。托盘的使用为自动化过程中的每个装配部件提供了对其索引、定位和跟踪的手段。机器人可以灵活地集成到任何生产线中，最常见的机器人辅助装配生产线的配置有：

- 在线形式（直线形、L 形、U 形、圆形、矩形）
- 转盘形式
- 混合形式

图 11.4 给出了圆形在线生产线的示例。生产线工作站包括工人、专用机器和机器人。
158 用于装配的部件由工人的手或机器人操作，并通过托盘沿传送带在工作站之间传送。托盘之间的距离不一定固定，其位置由位置传感器监控，这些传感器通常是电容式或电感式存在传感器。这些传感器是必要的，用于向机器人或专用机器发出信号，表明托盘处于正确位置，并且工作站可以执行操作。将部件从一个工作站传送到另一个工作站的工作周期通常是固定的，这样可以使工作站同步。在某些情况下，生产线开发人员会合并部件以缓冲托盘，使生产线异步。在某些工作站的工作周期可变的情况下，需要缓冲区；有了缓冲区，整个生产线的工作周期不受影响。

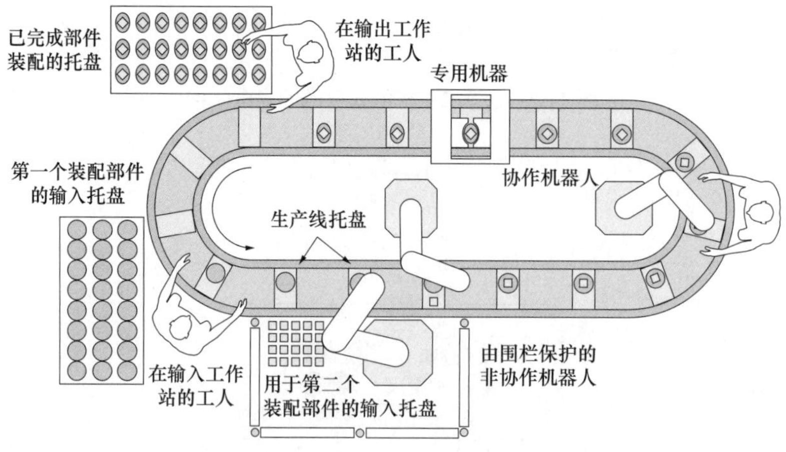


图 11.4　包括工人、机器、机器人工作站的圆形在线装配生产线实例

另一种非常常见的装配生产线的配置是旋转或转盘工作台（如图 11.5 所示），通常由马

达驱动。其定位速度快，重复性好。旋转台通常称为拨号台或分度机。转盘工作台配置的优点是占地面积小，而且通常比其他生产线配置更为便宜。转盘总是以恒定的循环时间在工作站之间执行部件的同步传输。

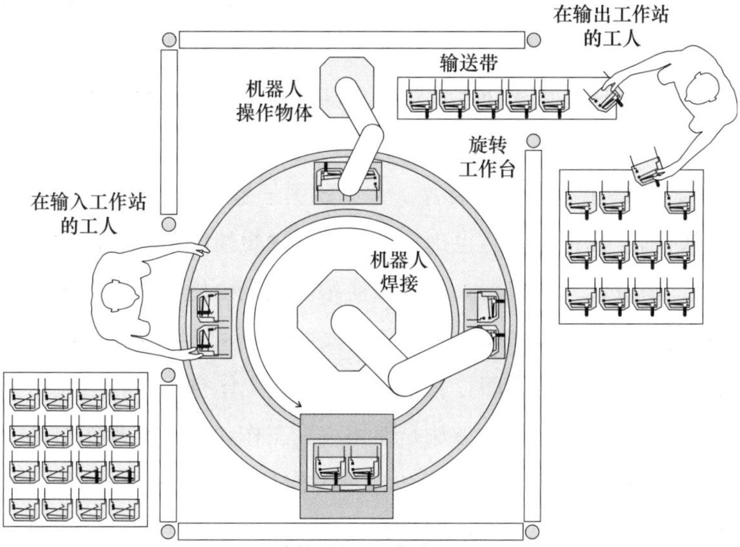


图 11.5 包括工人、机器、机器人工作站的转盘形装配生产线实例

与前面的例子一样，这种配置也可以包括工人、机器人或专用机器。转盘呈圆形，托盘或部件架围绕转盘移动，并将部件运输至每个执行生产操作的工人手中或自动工作站上。转 159
盘可分为多个工作站（至少 2 个），旋转角度为 90°。更常见的是带有 2 个以上工作站的转盘，例如 4 ～ 6 个工作站。转盘的尺寸由生产线的部件尺寸、设备尺寸和工作站数量来决定。闭环控制转台也经常被使用。

通常安装上述配置的组合，这称为混合生产线配置。生产线的总体配置通常取决于以下因素：

- 生产线所需的空间
- 生产线的安装成本
- 生产线的工作周期

## 11.3 供料装置

供料装置的任务是将部件或组件带到机器人或专用机器上，其中部件的位置和姿态是已知的。在没有机器人视觉的机器人工作单元中，供料装置的可靠运行至关重要。部件的位置必须准确，假设部件总是在相同的位置，因为机器人末端执行器总是沿着相同的轨迹移动。

除非机器人单元配备了机器人视觉系统，否则对机器人供料装置的要求要比手动装配严格得多。机器人供料装置不得使部件变形，必须工作可靠，对部件的定位必须精确，以足够

高的速度工作，所需的装载时间应尽量少并装载足够数量的部件。

供料装置不应对所处理的部件造成任何损坏，因为损坏的部件随后会被机器人装入组件中，导致装置无法正常工作。这种组件损坏的成本比更可靠的供料装置的成本还高。供料装置必须可靠地处理所有尺寸在公差范围内的部件。它还必须足够快，以满足整个生产线工作周期的要求，决不能减慢整个生产线的运行速度。此外，供料装置应尽可能减少装载部件的时间。与手动逐个插入相比，更希望一次将大量部件装入供料装置。供料装置应能够装载尽可能多的部件，以减少每天所需的装载次数。

最简单的供料装置是托盘和固定装置，常见的例子是用于包装鸡蛋的纸箱或塑料托盘。托盘存储部件，同时确定其位置有时也确定方向。在理想情况下，相同的托盘用于从供给处
160 装运部件，之后在“消费者”的机器人单元中使用。托盘由机器自动装载或手动装载。易碎部件、柔性物体或奇形怪状的部件必须手动装填。托盘装载是托盘包装过程最薄弱的环节。托盘的另一个缺点是其相当大的表面，它占据了机器人工作空间中相当大的一部分面积。

将部件放入机器人单元的最简单方法是使用夹具工作台。人类操作员从未分类的容器中取出部件，并将其放在机器人工作空间内的夹具工作台上（如图11.6所示）。夹具工作台必须包含特殊凹槽，以确保将部件可靠地定位到机器人工作空间中。这种夹具工作台通常用于焊接，在机器人焊接之前，部件必须夹紧在工作台上。机器人焊接所需的时间比装卸时间要长得多，这种情况下使用夹具工作台是合理的。

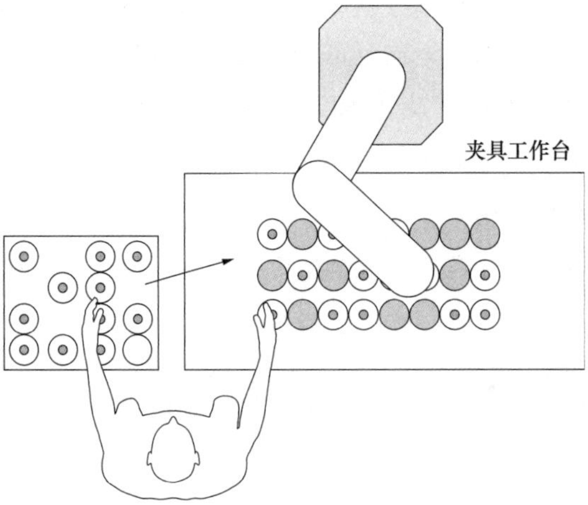


图11.6　夹具工作台的同步装载

托盘可以预先在其他地方装载好，然后放入机器人工作单元（如图11.7所示）。这避免了工人手动装载托盘时，机器人的长时间等待。工人只需将托盘带进机器人工作空间，并使用工作台上的专用销将其正确定位。托盘必须包含足够数量的部件，以允许机器人进行连续的操作。交换机器人工作空间中的托盘是一个安全问题，因为操作员必须关闭机器人或机器人单元必须配备其他安全解决方案（如转盘或协作机器人）。

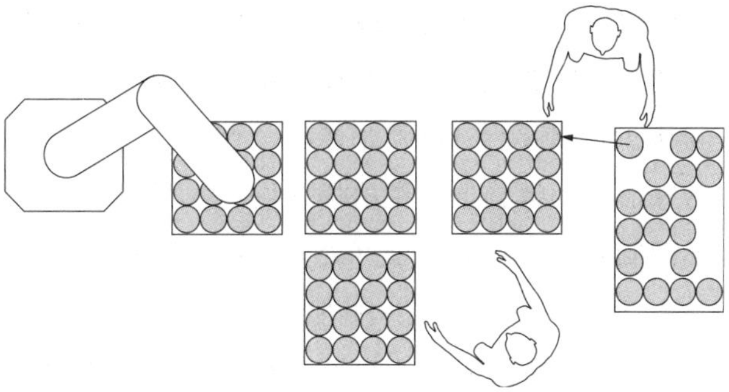

图 11.7 托盘预装载

大量的托盘可以放在转盘上（如图 11.8 所示）。转盘可在一侧装载托盘，而机器人活动则在转盘的另一侧进行。这样就大大降低了机器人单元的休闲时间，并且保护工人不受机器人运动的影响。

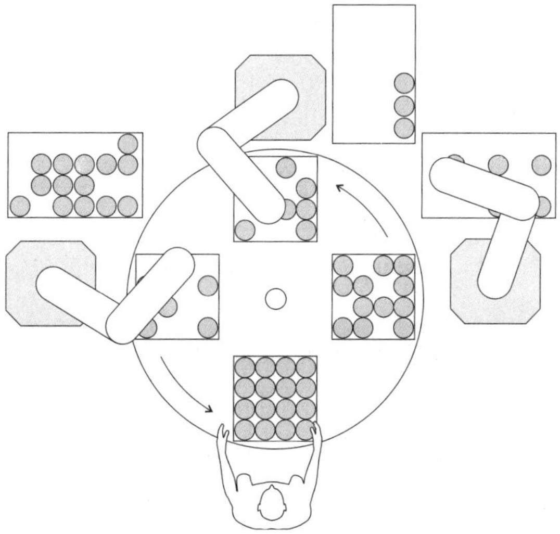

图 11.8 带托盘台的转盘

通常有 3 种类型的托盘可供使用：真空成型、注塑塑料和金属托盘。由于真空成型托盘的成本较低，因此它们既可用于部件的包装和运输，也可用于机器人单元。所有托盘上必须 161
有基准孔以匹配工作台上的销，从而实现简单快速的定位。由于真空成型托盘价格低廉，因此不难理解它们不是最精确、可靠或耐用的。它们是由一层薄薄的塑料制成的，在模具上加热并真空成型。托盘的不准确性是由于其刚度低造成的。当需要更精确和更耐用的托盘时，可以使用注塑塑料托盘。虽然模具生产成本较高，但是单个托盘的生产成本并不高。我们必须记住，大多数真空和模压塑料托盘是易燃的，只有金属托盘是不易燃的。它们是通过各种 162
加工方法生产的。金属托盘是最可靠、最耐用的，但其成本高于塑料托盘。因此，它们只在机器人装配过程中使用。

部件供料机代表了另一类有意思的供料装置。它们不仅用于存储部件，还用于定位，甚至定向到适合机器人抓取的位置和方向。最常见的是振动钵式供料机（如图 11.9 所示）。在这里，部件杂乱无章地装进容器里。容器和线性供料机的振动是由电磁铁产生的，通过将振动钵式供料机连接到大质量平台（通常是厚钢工作台）上获得适当的振动。振动导致部件从容器中移出。特殊形状的螺旋形围栏迫使它们进入所需的方向。同一个钵式供料机可用于不同部件，但不能同时使用。另一个好处是，钵式容器可以容纳大量部件，而只占用机器人工作空间的一小部分。振动钵式供料机的一个缺点是，它不适用于软橡胶物体或弹簧等部件，另一个缺点是部件卡在容器中可能会造成损坏。振动钵式供料机的噪声也是比较大的。

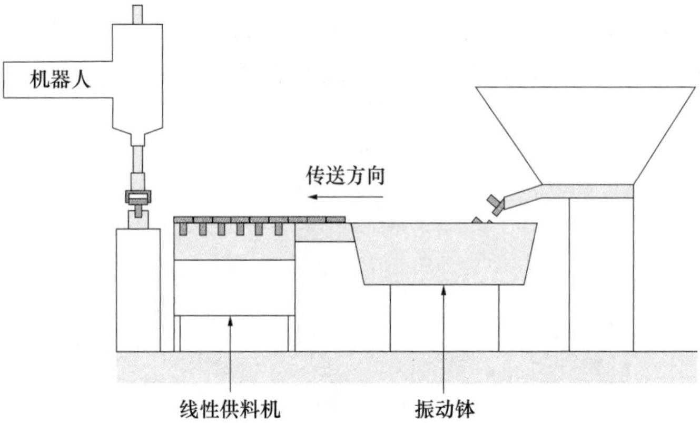

图 11.9 振动钵式供料机

简单的弹匣式供料机由一个管状容器和一个滑动板（气动或电动的）组成，它将部件一个接一个地从料仓中取出（如图 11.10 所示）。弹匣式供料机是手动装载的，因此部件的方向是已知的。重力将部件推入滑动板。滑动板机构的设计必须防止部件卡住，供料机一次只能出来一个部件。滑动板必须挡住除最底部以外的所有部件。

弹匣式供料机是处理集成电路的最佳解决方案（如图 11.11 所示）。集成电路装在管状容器里以方便供料。用于集成电路的供料机通常由几根管状容器组成，这些容器沿着振动
163 线性供料机对齐。弹匣式供料机的主要缺点是，它需要手动装载部件，也不适合处理大型部件。

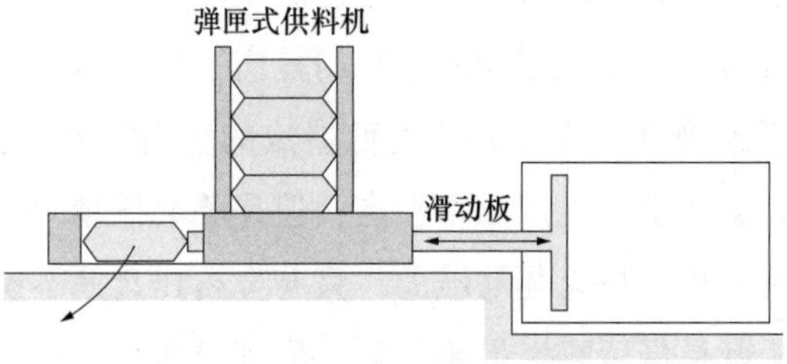

图 11.10 弹匣式供料机

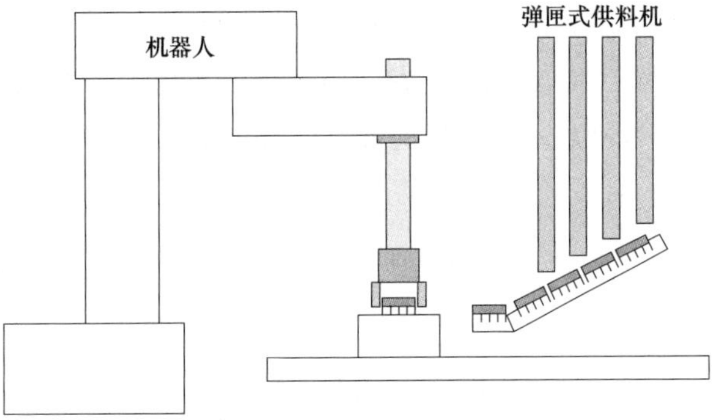


图 11.11　有集成电路的弹匣式供料机

## 11.4　传送带

传送带用于在机器人单元之间运输部件、组件或托盘。最简单的传送带使用塑料或金属链沿金属导轨推动托盘（如图 11.12 所示）。马达以恒定的速度驱动链条。驱动力由链条和托盘之间的摩擦力表示。托盘由气缸驱动的专用销停止，链条继续靠着托盘底部滑动。当另一个托盘到达时，它被第一个托盘停止。这样，在机器人单元前就会形成一个托盘队列。

传送带的转弯是通过弯曲金属导轨来实现的。滑动链式传送带的优点是成本低，处理托盘和执行转弯简单。缺点是不能进行垂直交叉。此外，转弯必须以宽弧度进行，这将在生产设施中占用相当大的空间。滑动链式传送带最适合用作单回路供料系统。 164

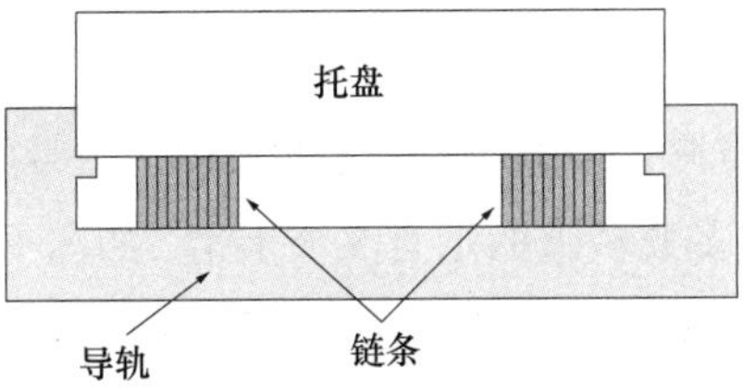


图 11.12　滑动链式传送带（侧视图）

对于皮带驱动的传送带，皮带的上部驱动托盘、其他物体或材料（如图 11.13 所示）。在特殊装置的帮助下进行转弯或交叉，该装置能够提升、转移和旋转托盘。

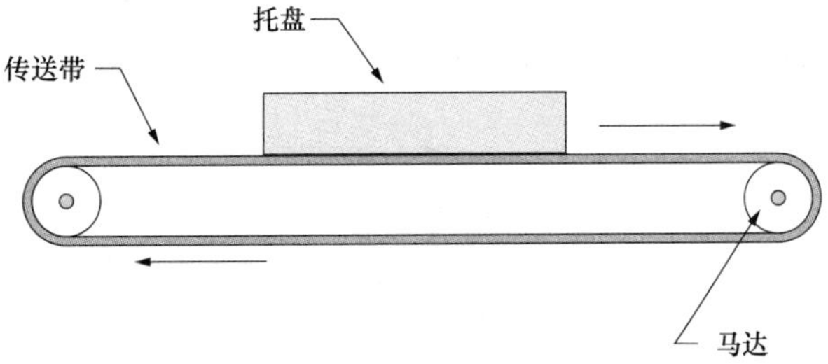


图 11.13　传送带

传送带也可以由普通驱动轴驱动的滚筒组成（如图 11.14 所示）。驱动轴通过传动带将力矩传递给滚筒轴。带滚筒的传送带的优点是，其处理的托盘或物体之间发生的碰撞力较小，原因在于滚筒和托盘之间摩擦较小。可以通过使用提升和转移装置实现转弯。滚筒式传送带的缺点是成本高、加速度小。

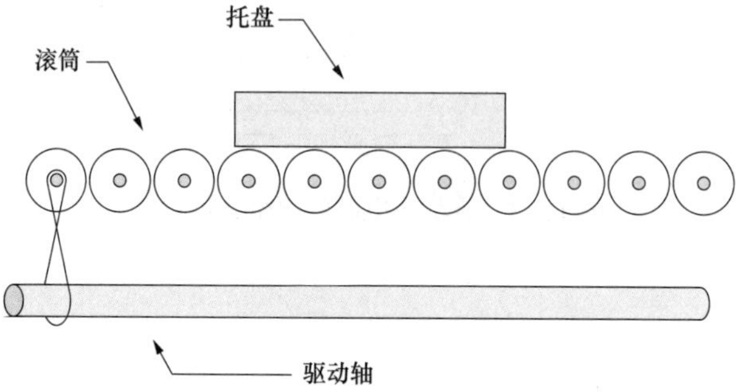


图 11.14 滚筒式传送带

## 11.5 机器人抓爪和工具

机器人的机械臂就像人类的手臂，同样的道理，机器人抓爪则类似人类的手。在大多数情况下，机器人抓爪比人的手要简单得多。人类的手包括手腕和手指，总共有 22 个自由度。
165 工业机器人的抓爪差别很大，因此不难理解，它们的成本有的几乎可以忽略不计，有的甚至超过机器臂的成本。虽然市面上可以买到许多不同的机器人抓爪，但通常需要针对机器人特定的任务需求研发专门的抓爪。

最具特色的机器人抓爪是那些有手指的，它们可以分为带两个手指的机器人抓爪（如图 11.15 所示）和多指抓爪。大多数多指抓爪有 3 个手指（如图 11.16 所示），以实现更好的抓取效果。在工业应用中，我们通常会遇到有两个手指的抓爪。最简单的双指抓爪仅在打开和关闭两种状态之间进行控制。有些双指抓爪也可以控制手指之间的距离和夹持力。多指抓爪通常有 3 个手指，每个手指有 3 段。这种抓爪有 9 个自由度，超过了机械臂。这种抓爪的成本很高。在多指抓爪中，由于手指可能会很重或不够结实，因此马达通常不会放置在手指关节中。相反，马达都放在抓爪掌上，通过“肌腱”将它们与手指关节上的滑轮连接起来。除了带手指的抓爪外，工业机器人中还有真空、磁性、穿孔和黏着机械手。喷涂、精加工或焊接中使用的不同末端执行器工具不被视为机器人抓爪。

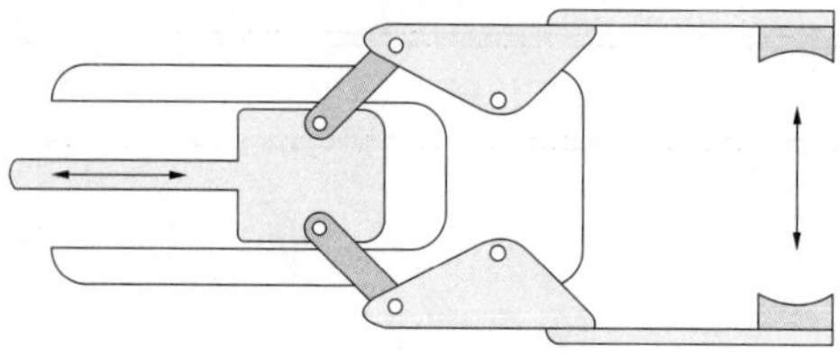

图 11.15 双指机器人抓爪

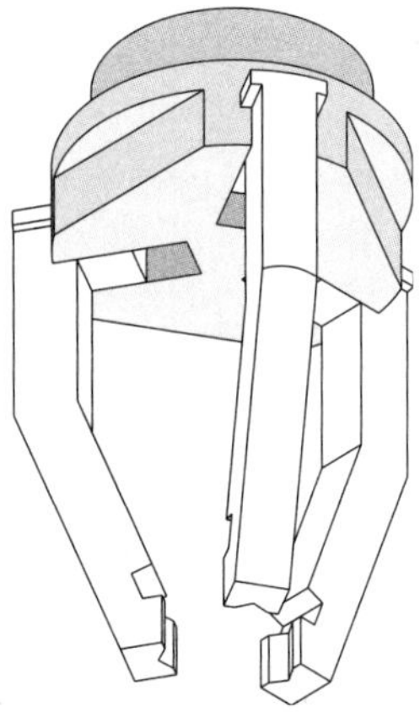

图 11.16 三指机器人抓爪

在机器人装配过程中，双指抓爪用于抓取部件。图 11.15 给出了这种机械手的示例。可以将不同的端点连接到手指上，以使机械手适应要抓取的部件或组件的形状和表面。气动、液压或电动双指抓爪较常用。液压驱动使夹持力更大，从而能处理更重的物体。双指抓爪的不同结构如图 11.17 所示，简单的运动学演示可以为选定的任务选择合适的抓爪。图 11.17 右侧所示抓爪的手指能够平行夹持。 166

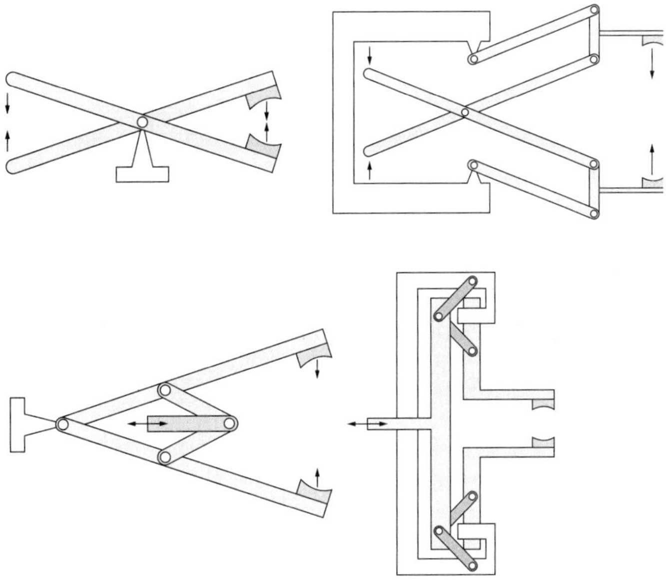

图 11.17 双指抓爪的运动学演示

在工业过程中，机械手常用于机器装载。在这种情况下，机器人使用复式抓爪时效率更高。机器人可以将未完成的部件带进机器，同时从中取出已完成的部件。复式抓爪如图 11.18 所示。

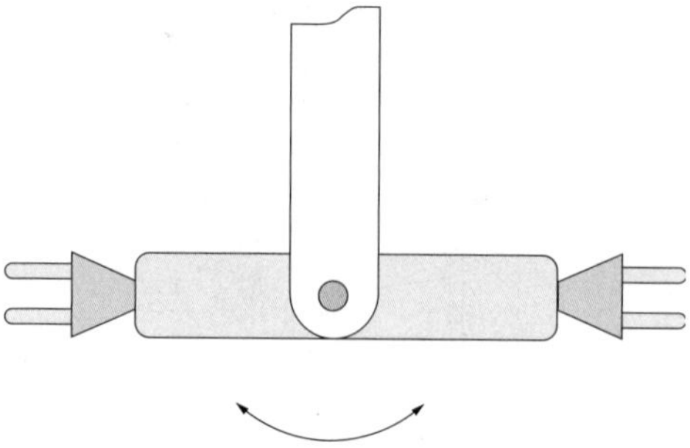

图 11.18　复式机器人抓爪

专用抓爪可用于抓取热物体。驱动器放置在远离手指的地方。当处理热物体时，采用空气冷却，而通常将抓爪浸入水中也是操作过程的一部分。为手指选择合适的材料是至关重要的。

当抓取轻而易碎的物体时，可以使用带弹簧手指的抓爪。这样，最大夹持力是受限的，同时它实现了一种简单的手指张开和闭合的功能。图 11.19 所示为带有两个弹簧指的简单抓爪的示例。

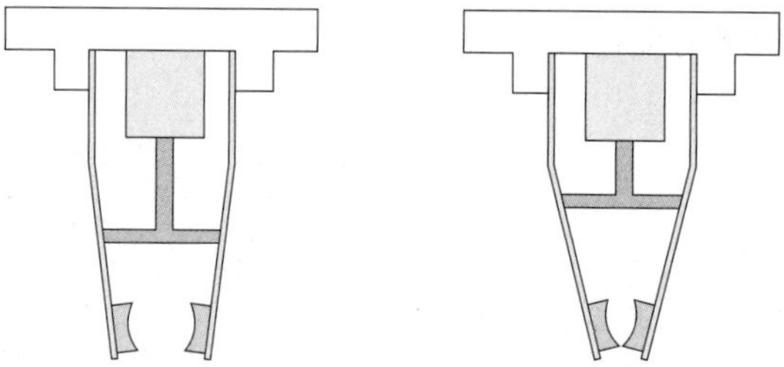

图 11.19　带弹簧的机器人抓爪

为了夹持不同形状的物体，需要精心设计双指机器人抓爪。可靠的抓取可以通过两个手指的形状或力的闭合来实现。两种抓取模式的组合也是可以的（如图 11.20 所示）。

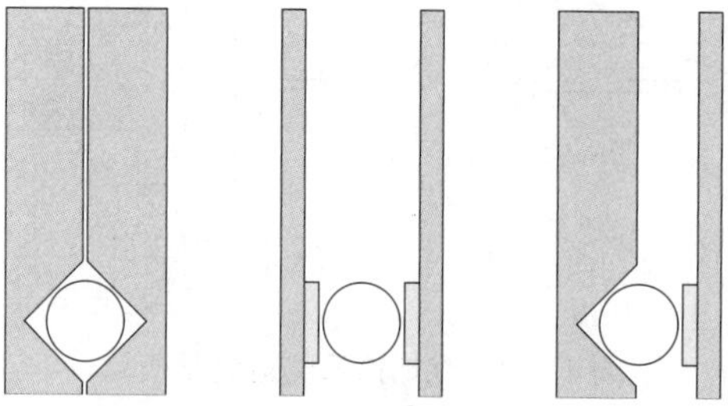

图 11.20　形合、力合、复合抓取

167 双指机器人抓爪进行抓取时，手指相对于物体的位置很重要。夹持力只能施加在工件的外表面或内表面上。也可使用中间夹持，同时夹持物体的内外表面（如图 11.21 所示）。

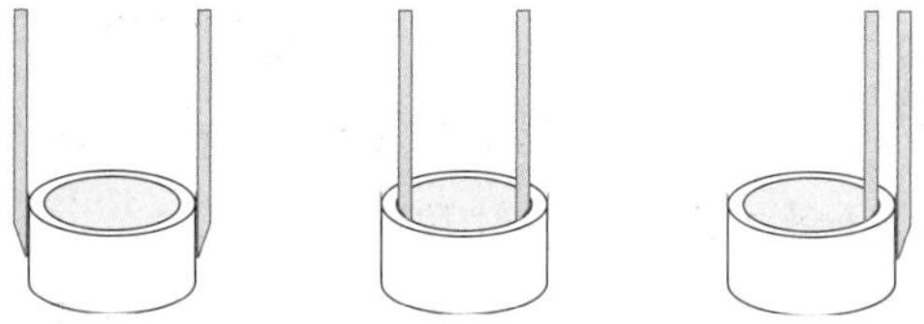

图 11.21　外部夹持、内部夹持和中间夹持

在没有手指的机器人抓爪中，真空夹持器是最为常用的。真空夹持器或负压夹持器适用于被夹持物体表面平坦或均匀弯曲、光滑、干燥、相对清洁的情况。该夹持器具有可靠性高、成本低、质量轻等优点。市面上有各种形状的吸盘。通常几个吸盘一起使用，形成适 168
合被抓取物体形状的模态。图 11.22 展示了两个常用吸盘的形状。在表面不完全光滑的情况下，左侧的头部是合适的，头部的柔软材料可适应物体的不同形状。图 11.22 右侧所示的头部小凸起可防止物体表面受损。真空是由文丘里管或真空泵实现的。文丘里管需要更多的动力，只产生 70% 的真空。然而，由于其简单和低成本，经常用于工业过程中。真空泵可以产生 90% 的真空，产生的噪声也要少得多。使用任何夹持器都需要快速抓取和释放物体。使用真空夹持器时，释放非常轻且黏的物体是很关键的。在这种情况下，我们通常借助正压力释放物体，如图 11.23 所示。

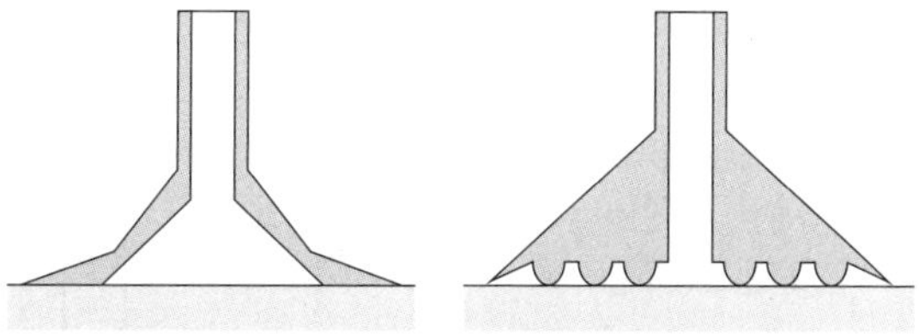

图 11.22　真空夹持器的吸盘

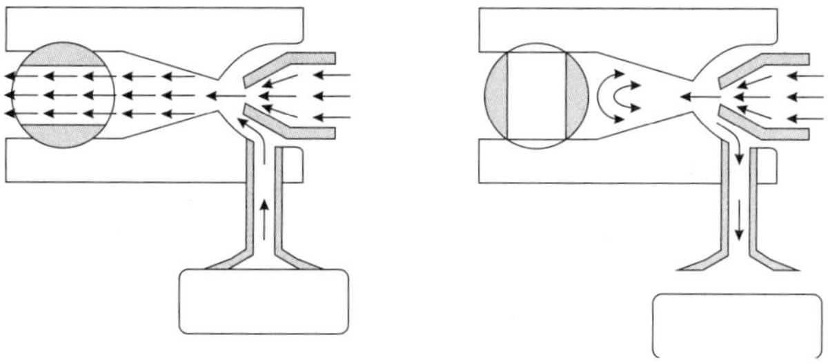

图 11.23　利用正负压力抓取和释放物体

磁性夹持器是没有手指的抓爪的另一个例子：它们使用永磁体或电磁铁，电磁铁的使用范围更广。使用永磁体时，物体的释放很困难。该问题可通过使用末端执行器特殊的规划轨 169
迹来解决，其中物体可被机器人工作空间中的围栏所拦截。在磁性夹持器中，几个磁铁一起使用，按照物体的形状排列成不同的形态。磁铁和物体之间很小的空气缝隙都会大大降低磁力。因此，被抓取物体的表面必须平整干净。

穿孔夹持器被认为是一种特殊的机器人抓爪，通过刺穿物体实现夹持，通常用于处理织物或泡沫橡胶等材料的物体。这种夹持器只能在穿孔不会损坏物体的情况下使用。用硬尼龙毛或尼龙搭扣带制成的大刷子就可以抓住一片片纺织品。

当抓取非常轻的部件时，可以使用黏性夹持器。部件的释放必须通过特殊的机器人末端轨迹来实现，当部件与机器人工作空间中的围栏碰撞时，该部件将从黏性夹持器中脱离。使用的胶带必须在移动操作过程中提供足够的黏合力。

除了抓爪或夹持器，机器人的末端还可以安装其他工具。工具的形状和功能取决于机器
170 人的任务。机器人最常见的操作是焊接。可以使用几种不同的方法实现焊接，其中，连接到机器人末端的最常见工具是电弧焊枪或点焊枪（如图 11.24 所示），它可将焊接电流从电缆传输到电极，可用于众多不同的制造领域。除了电弧焊，点焊枪（如图 11.25 所示）也经常用于制造过程，主要是在汽车工业中。

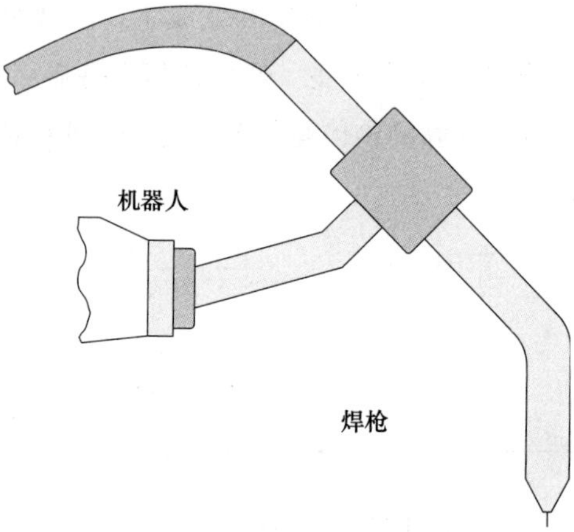


图 11.24 末端装有焊枪的机器人

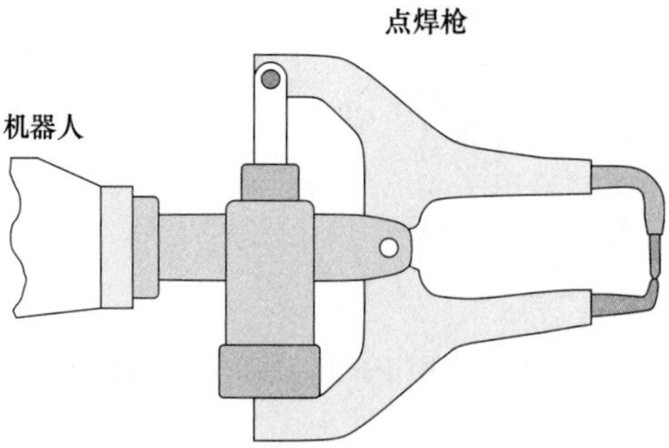


171~172 图 11.25 末端装有点焊枪的机器人

# 协作机器人

1942 年，艾萨克·阿西莫夫（Isaac Asimov）出版了科幻小说《我，机器人》，其中介绍了机器人三定律。第一条定律规定："机器人不得伤害人类，或者目睹人类个体遭受危险而袖手旁观。"

到目前为止，工业机器人一直都是为特定任务而设计的注重快速性和鲁棒性的设备。为了遵守上述定律，它们都被放置在固定和连锁护栏里工作，用传感器防止人员闯入其工作空间。随着协作机器人的引入，已不再需要这些护栏了，因为协作机器人被设计成可以与人类一起工作。它们具有不同的安全保护功能以防止碰撞，如果发生了碰撞，机械装置将沿相反方向移动或完全停止以避免造成人员伤害。

ISO/TS 15066:2016 技术规范中"机器人和机器人设备——协作机器人"这一部分在 ISO 10218-1:2011 和 ISO 10218-2:2011（ANSI/RIA R15.06: 2012）标准基础上进一步补充了协作工业机器人在操作过程中的要求和指南。它规定了协作工业机器人系统和工作环境的安全要求。总的来说，ISO/TS 15066:2016 为协作机器人应用中的风险评估提供了全面的指导。

## 12.1 协作工业机器人系统

协作机器人是可以在协作操作中使用的机器人，其中，专门设计的机器人系统和人类操作员在定义好的工作空间内直接协作。"机器人"一词定义了机器人手臂和机器人控制，但不包括机器人末端执行器或工件。我们用机器人系统一词来描述机器人、末端执行器和工件。

对于协作机器人系统，我们可以定义不同的工作空间 (见图 12.1)。 

- 最大工作空间：由生产商定义的机器人运动部分可以扫过的以及末端执行器和工件可以扫过的空间；
- 受限工作空间：在最大空间中由约束装置限制的不能超出的区域；
- 操作工作空间：在受限工作空间中，任务程序中的所有动作指令在执行时实际使用的空间；
- 协作工作空间：在生产操作时，机器人系统和人类可以同时执行任务的操作空间。

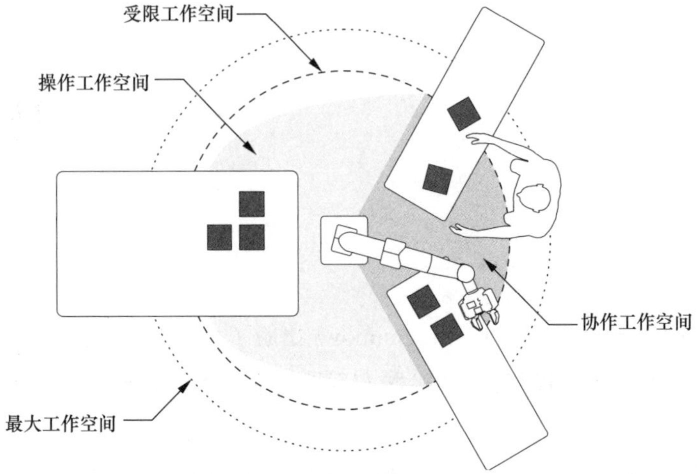


图 12.1 最大工作空间（点虚线以内）、受限工作空间（虚线以内）、操作工作空间（浅灰色区域）和协作工作空间（深灰色区域）

协作工作空间的设计必须使操作员可以执行所有预期任务，机械和设备的位置不应带来任何其他安全隐患。在协作工作空间之内，对机器人速度、空间边界和力矩进行了严格规定以确保操作员安全；在协作工作空间之外，该机器人可以充当传统的工业机器人，除了任务所需限制外，没有其他特定限制。

“操作员”是指与机器人系统有联系的所有人员，包括负责维护、故障排除、设置、清洁和生产的人员，不仅仅是生产操作员。

协作机器人系统的操作特性与 ISO 10218-1:2011 和 ISO 10218-2:2011 中提出的传统工业机器人系统的操作特性有着显著不同。在协作机器人操作过程中，操作员可以在系统处于
174 活动状态时直接靠近机器人系统而工作，并且在协作工作空间内可以与机器人系统进行物理接触。因此，必须采取充分的保护措施以在协作机器人操作期间始终确保操作员的安全。

## 12.2 协作机器人概述

协作机器人的设计正在从笨重、僵硬和刚性的工业机器人向具有主动或被动顺应性的轻型设备方向而发展。机器人连杆使用了轻质高强度金属或复合材料，这有助于减小运动惯性，进而影响马达的功耗。串联机械手可以在每个关节中带高传动比齿轮的大功率 / 大力矩马达，或者将马达安装在基座上并使用“肌腱”驱动；如果传动比小，则系统自然可以被外力反向驱动。

柔性驱动器（例如模仿人 / 动物肌肉性能的驱动器）的使用，使得受生物启发来设计机器人成为可能。这类驱动器可以通过主动控制来实现固定机械阻抗，例如串联弹性驱动器（SEA）；或者可以通过改变机械关节的参数来调整阻抗，例如可变刚度驱动器（VSA）。SEA 是马达、变速器和弹簧的组合，通过测量弹簧的形变来控制力的输出，同时弹簧形变的测量值用作力传感器。VSA 可以在发生碰撞的情况下降低关节的刚度和冲击惯性，从而使机器

人更安全。SEA 和 VSA 的概念设计如图 12.2 所示。

协作机器人还具有特殊的几何形状，可通过最大化碰撞面积来最大限度地减少撞击伤害。机器人具有圆滑的外形和多种其他特点以减少夹伤风险和降低撞击的严重性。协作机器人的主要特点如图 12.3 所示。

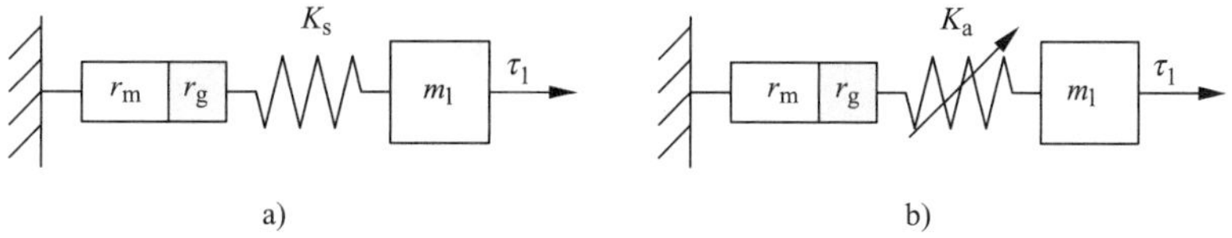


图 12.2 a）串联弹性驱动器（SEA）；b）可变刚度驱动器（VSA）；$r_m$ 和 $r_g$ 表示马达和变速器，$K_s$ 为具有固定刚度的柔性元件，$K_a$ 为可调节的柔性元件，$m_l$ 为连杆的质量，$\tau_l$ 为使连杆运动的力矩

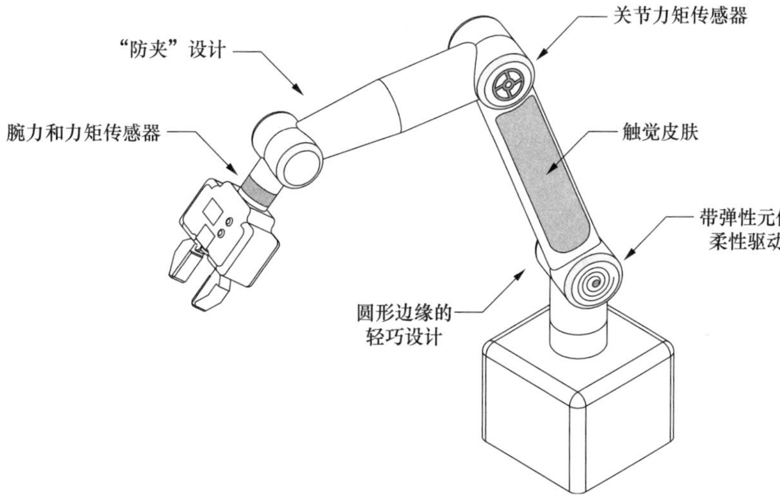


图 12.3 协作机器人的设计特点

为了确保高安全性，机器人系统必须包括不同的传感器以监视机器人及其工作空间的状态，这些传感器已经在第 7 章进行了介绍。机器人可以配备关节力矩传感器、末端执行器上的力 / 力矩传感器，以及用作机器人软皮或硬壳的各种触觉传感器。所有这些传感器使机 175
器人能够检测与环境（操作员）的接触，或者通过预测并做出相应的反应来避免碰撞。一些机器人在每个关节处使用额外的编码器以代替昂贵的关节力矩传感器，力可以从已知的马达电流和关节位置计算得出。机器人系统可以包括其他与安全性相关的传感器（例如安全摄像机、激光扫描仪、激光幕帘、安全垫和其他与电敏感保护设备）以检测机器人周围的操作员的存在。然后，这些信息可用于机器人做出反应以防止操作员被夹或被挤压。

内置的传感器可用于安全地控制机器人，典型应用是如何处理机械装置与周围环境之间的物理接触。基于动态机器人模型（见式（5.56））的阻抗控制是最流行的控制方案之一。

动态模型用于估计机器人运动所需的关节力矩，当测量得到的关节力矩和估计的力矩有偏差时，该偏差应被检测为碰撞。当检测到碰撞时，应激活适当的响应策略，以防止对操作员造成潜在危险。机器人可以忽略接触并跟踪参考轨迹，或者停止机器人动作。其他可能性包括：从位置控制切换到失重力矩控制（机器人的高度顺应性）；切换到力矩控制并使用来自关节的力矩信号以最小化连杆和马达的惯性（“更轻的”机器人）；或切换到导纳控制并使用外部测得的力矩作为输入，导纳控制过程相当于将机器人和碰撞物体视作两个同极相斥的磁铁。

协作机器人的目标是将机器人和人类操作员的优点结合在一起：将机器人的精度高、力量大和耐用这些特点同人类操作员解决不精确问题的出色能力相结合。由于机器人和操作员在同一个工作空间中进行协作，因此允许机器人与人接触。如果确实发生了偶然接触，则该
176 接触不应导致人类操作员感到疼痛或受到伤害。只有这样，协作机器人才可以与操作员一起工作，并提高生产效率。机器人质量轻、占地面积小，因此可以轻松地在车间内移动，从而增加了它们的多功能性。协作机器人的编程很简单，通常是通过示教完成的，因此机器人的使用非常灵活，机器人可以在很短的时间内上岗工作。

## 12.3　协作操作

协作操作不是单独通过机器人的使用来定义的，而是由任务、机器人系统在做什么以及执行任务的空间来决定的。协作操作可以包括 4 种主要技术（一种或多种的组合）：

- 安全可控的机器人停止
- 示教
- 速度和距离监控
- 功率和力的限制

同时具备以上 4 种技术的机器人可以在自动模式下工作。表 12.1 中列出了这 4 种方法的主要细节，更具体的描述将在下面解释。

**表 12.1　协作操作的类型**

| | 速度 | 力矩 | 操作员控制 | 技术 |
|---|---|---|---|---|
| 安全可控的机器人停止 | 操作员在协作工作空间中时为零 | 仅用于重力和负载补偿 | 操作员在协作工作空间中不控制 | 操作员在场时不采取动作 |
| 示教 | 速度应保证安全且受监控 | 由操作员直接输入 | 紧急停止<br>启动设备<br>动作输入 | 仅通过操作员直接输入运动 |
| 速度和距离监控 | 速度应保证安全且受监控 | 满足保持最小分离距离的要求和执行任务的要求 | 操作员在协作工作空间中不控制 | 防止机器人系统与操作员接触 |
| 177 功率和力的限制 | 在满足冲击力限制条件下的最大速度 | 在满足静态力约束条件下的最大力矩 | 满足应用要求 | 机器人不能施加过大的力（通过设计或控制） |

### 12.3.1 安全可控的机器人停止

在这种方式中，机器人系统必须配备保证安全的设备，该设备（例如，光幕或激光扫描仪）可以检测出操作人员在协作工作空间内的存在。仅当安全可控的机器人停止功能处于激活状态时，才允许操作员与协作工作空间中的机器人系统进行交互，操作员在进入共享工作空间之前要停止机器人的运动。在协作任务期间，机器人在马达供电的情况下处于静止状态。仅当操作员退出协作工作空间后，机器人系统的运动才能恢复。如果在协作工作空间中没有操作员，则机器人可以作为传统工业机器人来使用，例如，非协作机器人。

表 12.2 中列出了安全可控的停止功能的各种操作。当操作员在协作工作空间之外时，机器人可以不受任何限制地执行任务。但是，如果机器人与操作员同时存在于工作空间中，则应该激活机器人的安全可控停止功能。否则，如果发生故障，则机器人必须进入 0 类保护停止状态（通过立即切断驱动器的电源来使机器人停止）(见 IEC 60204-1 )。

**表 12.2 机器人在安全可控的停止时的各种动作**

| | | 操作员靠近协作工作空间 | |
|---|---|---|---|
| | | 外 | 内 |
| 机器人靠近协作工作空间 | 外 | 继续 | 继续 |
| | 内部和移动 | 继续 | **保护性停止** |
| | **内部，安全可控的机器人停止** | 继续 | 继续 |

安全可控的机器人停止功能适用于机器人末端执行器的人工装卸、工作进程检查、在协作工作空间中的单次运动（包括机器人或操作员）等应用。安全可控的机器人停止功能也可以集成在其他协作技术中。

### 12.3.2 示教

为了进行手动引导（示教），必须在机器人末端执行器处或其附近配备一个特殊的引导装置（示教装置），用于将运动命令传输到机器人系统。除非机器人系统符合固有的安全设计措施或安全限制功能，否则该设备必须装有紧急停止装置和启动装置。示教装置的位置应 178
使操作员能够直接观察机器人的运动并防止有任何危险情况的发生（例如，操作员站在大负载下）。机器人和末端执行器的控制应当是直观易懂并且可控的。

机器人系统进入协作工作空间并发出安全可控的停止信号后，便可进行手动引导。此时，操作员可以进入协作工作空间，并通过示教装置控制机器人系统。如果操作员在系统未准备好进行示教之前进入了协作工作空间，则必须启动保护性停止功能。取消安全可控的停止后，操作员可以执行示教任务。当操作员松开示教装置时，将启动安全可控的机器人停止。当操作员离开协作工作空间时，将恢复为非协作操作。示教的操作顺序如图 12.4 所示。

这种协作技术适用于以下应用场合：以机器人系统充当功率放大器的应用、以机器人作 179
为工具进行高动态操作的应用，以及需要手动和半自动化协调的应用。示教协作可以成功地应用于产量有限或小批量生产中。

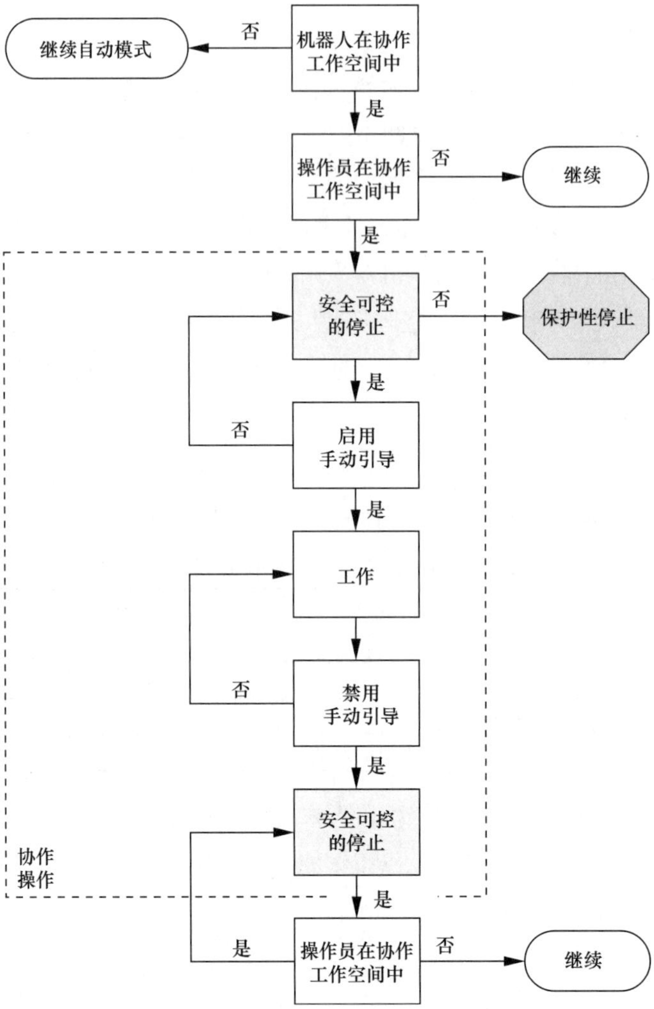


图 12.4　示教的操作顺序

### 12.3.3　速度和距离监控

在这种方式中，操作员和机器人系统可以在协作工作空间中同时移动。在联合操作期间，始终保持操作员与机器人系统之间的最小保护间隔距离。保护间隔距离是指在协作工作空间中机器人系统的任何运动的危险部件与操作员之间所允许的最小距离。

在 $t_0$ 时刻的保护间隔距离 $S_p$ 可以用式（12.1）表示：

$$S_p(t_0)=S_h+S_r+S_s+C+Z_d+Z_r \tag{12.1}$$

其中 $S_h$ 是因为操作员位置变化而导致的保护间隔距离改变的项。该公式考虑了制动距离 $S_r$，它是由于机器人的反应时间而产生的距离。$S_s$ 描述了在机器人系统停止过程中产生的距离。$C$ 表示侵入距离，是操作员身体在被检测到之前而已经进入感应区域的距离。保护间隔距离 $S_p$ 还包括由于传感器测量误差引起的操作员的位置不确定性 $Z_d$，以及由于机器人位置测量噪声引起的机器人的位置不确定性 $Z_r$。在应用中，最大允许速度和最小保护间隔距离可以是可变的，也可以是固定的。保护间隔距离中每个分项的作用如图 12.5 所示。

机器人必须具备安全可控的速度功能和停止功能。机器人系统还额外包括用于人员监测的安全外围设备（例如，保护安全的摄像机系统）。机器人系统可以通过降低速度来保持最小保护间隔距离，然后进行安全可控的停止，或者沿着不违反保护间隔距离的其他替代路径运动，如图 12.6 所示。如果机器人系统与操作员之间的实际间隔距离小于保护间隔距离，则机器人系统应启动保护停止，同时激活其他接入机器人系统的安全保护功能（例如，关闭所有危险工具）。当操作员远离机器人时，实际间隔距离将会增大并超过保护间隔距离，此时，机器人可以自动恢复工作。 180

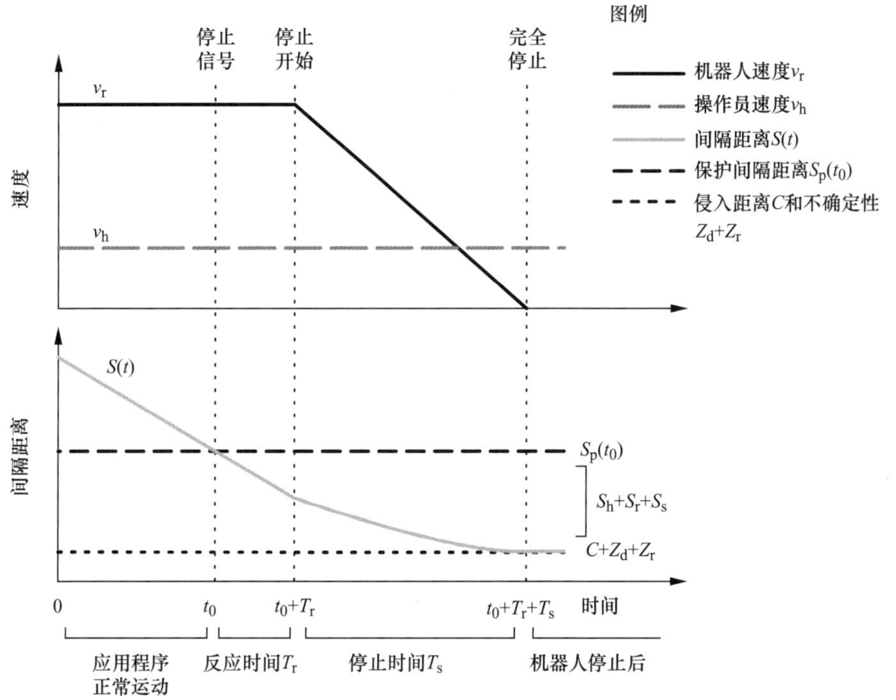


图 12.5 操作员与机器人之间保护间隔距离的组成图

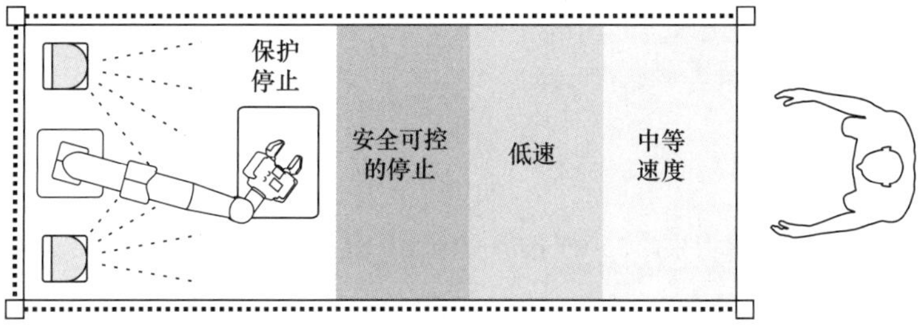


图 12.6 维持最小保护间隔距离的安全等级

速度和距离监控对于那些需要机器人系统和操作员同时进行操作的应用是非常有用的。

### 12.3.4　功率和力的限制

通过限制功率和力的方式，允许机器人系统与操作员之间产生有意或无意的物理接触。这种方式要求通过低惯性、合适的几何形状（圆边、圆角、光滑且柔软的表面）、合适的材料（填充、缓冲、可变形的组件）和控制来对机器人进行特殊的设计。其中的控制设计包括
181 多种主动安全设计方法，例如限制力和力矩、限制运动部件的速度、通过限制运动质量来限制运动冲量，以及根据质量和速度来限制机械功率或能量。机器人的设计还可以使用安全可控的软轴、空间限制功能和安全可控的停止功能。一些机器人还通过传感器来预测或检测接触。

协作机器人与操作员身体部位之间的接触可以是：

- 有计划的接触，属于整个应用的一部分；
- 由于未遵循工作程序而发生的偶然接触，但不存在技术故障；
- 工作模式失效导致的接触。

机器人系统的移动部件与操作员身体上不同区域之间的接触有两种可能的类型，准静态接触（见图 12.7a）包括夹紧或挤压的情况，此时操作员的部分身体被卡在机器人系统的活动部分与工作空间中其他固定或活动部分之间。在这种情况下，除非条件发生变化，否则机器人系统将持续施加压强或力 $\boldsymbol{F}_{\mathrm{C}}$。瞬态接触（即动态冲击，见图 12.7b）描述了机器人系统的活动部件与操作员身体部位之间的接触，但没有夹紧或卡住该部位。其实际接触时间要比准静态接触时间更短（<50ms），并且取决于机器人的惯性、操作员身体部位的惯性以及两者的相对速度 $\boldsymbol{v}_{\mathrm{C}}$。

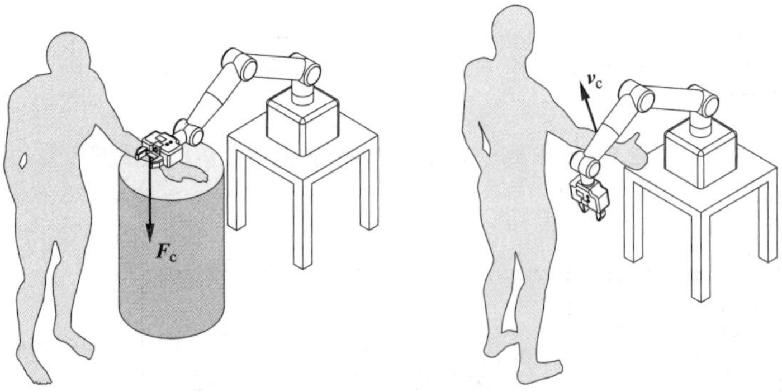


a)　　　　b)

图 12.7　a）准静态接触；b）瞬态接触

机器人系统必须经过适当设计，使得准静态和瞬态接触的压强和力不超过限制阈值，从而降低操作员的风险，例如对力、力矩、速度、动量、机械动力、关节运动范围或空间范围进行限制。考虑到两种接触类型的最坏情况，可以制定身体各部位无防护时相关接触的

阈值。

ISO/TS 15066:2016 中基于对疼痛感的保守估计和科学研究给出了相关阈值。表 12.3 列出了准静态接触中机器人部件与操作员身体区域之间的最大允许压强和最大允许力的一些参考值。瞬态接触的压强和力（$p_T$，$F_T$）至少是准静态接触（$p_{QS}$，$F_{QS}$）值的两倍。 182

$$p_T=2 \cdot p_{QS} \tag{12.2}$$

$$F_T=2 \cdot F_{QS} \tag{12.3}$$

机器人禁止与人体面部、颅骨或前额接触。

**表 12.3 准静态接触的生物力学极限**

| 身体部位 | 最大允许压强 $p_{QS}$（$N/cm^2$） | 最大允许力 $F_{QS}$(N) |
|---|---|---|
| 第七颈肌 | 210 | 150 |
| 肩关节 | 160 | 210 |
| 胸骨 | 120 | 140 |
| 腹部 | 140 | 110 |
| 骨盆 | 210 | 180 |
| 肱骨 | 220 | 150 |
| 前臂 | 180 | 160 |
| 手掌 | 260 | 140 |
| 食指腹 | 300 | 140 |
| 食指末端关节 | 280 | 140 |
| 手背 | 200 | 140 |
| 大腿 | 250 | 220 |
| 膝盖 | 220 | 220 |
| 胫部 | 220 | 130 |
| 小腿肚 | 210 | 130 |

为了使机器人系统做出正确的反应，必须根据情况同时考虑压强和力的限制。在夹住操作人员身体部位（例如，操作人员的手）的情况下，力的大小可能远低于限制阈值，因此压强限制将成为限制因素；另一方面，如果接触发生在两个相当大且柔软的区域（例如，被填充的机器人部件和操作员的腹部）之间，则所产生的压强将低于限制阈值，此时限制因素将是力限制。

一旦发生接触，机器人系统必须做出反应，以使所发生接触的影响保持在指定限制阈值以下，如图 12.8 所示。如果身体部位被夹或被刺，则机器人必须限制速度以符合保护限制。机器人还应集成可供操作员手动摆脱受困身体的选项。 183

功率和力限制可用于需要操作员频繁出现的协作应用中、与时间有关的操作中（不希望由于安全停止而造成延迟，但机器人系统与操作员之间可能会发生物理接触)，以及小零件复杂装配的应用中。

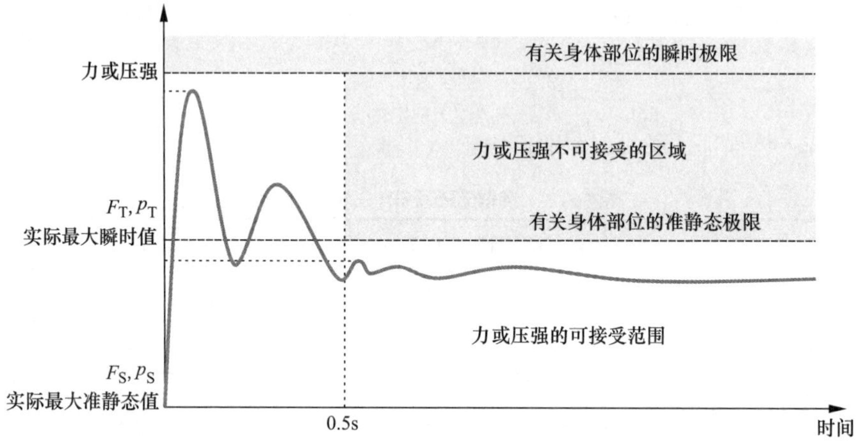


图 12.8　准静态或瞬态接触情况下可接受和不可接受的力或压强的图形表示

## 12.4　协作机器人的抓爪

协作机器人的设计和控制使其在与操作员进行协作工作时是安全的。但是，机器人本身只是机器人系统的一部分，抓爪是机器人系统中的重要组成部分，用于在操作员附近对物体进行操作。因此，抓爪必须具有相当高的安全性。

抓爪通常具有内置的速度和力限制，并且固连在安全的机器人上。抓爪的形状和材料必须与安全设计相适应，以防止在操作员身体接触区域中超过压强限制。此外，机器人末端的抓爪应产生尽可能小的惯性，以最小限度地减小对机器人安全性能的影响。

抓爪的设计应防止操作员将手指卡在抓爪或线缆中。抓爪必须能在紧急停止的情况下实现安全模式，该功能依赖于应用程序。如果抓到了操作员，操作员通常希望被抓住的部分是
184 安全的。在对抓爪进行示教时，操作员希望抓爪停止施加力。

当抓爪抓取工件时，操作员需要它能够牢固夹持；在紧急停止或断电的情况下，夹持也必须保证安全，因为掉落的工件可能对操作员、机器人或环境造成危险。如果机器人在快速移动时掉落工件，则工件可能会被抛射出去。

抓爪可配备不同的传感器，以确保操作员的安全（见图 12.9）。电容式传感器用于提前检测操作员，从而防止不必要的接触；摄像头可以检测机器人的周围环境，并有助于物体搜索；触觉传感器用于区分工件和操作员。还可以集成不同的力传感器以设置合适的抓力。抓爪设计中还可以包括不同的交互界面，例如 LCD 屏幕、信号灯和控制按钮。

协作机器人系统中使用的抓爪应易于安装和编程。抓爪的设计正在从用户编程向具有工件和应用场景自适应性的设计理念发展。

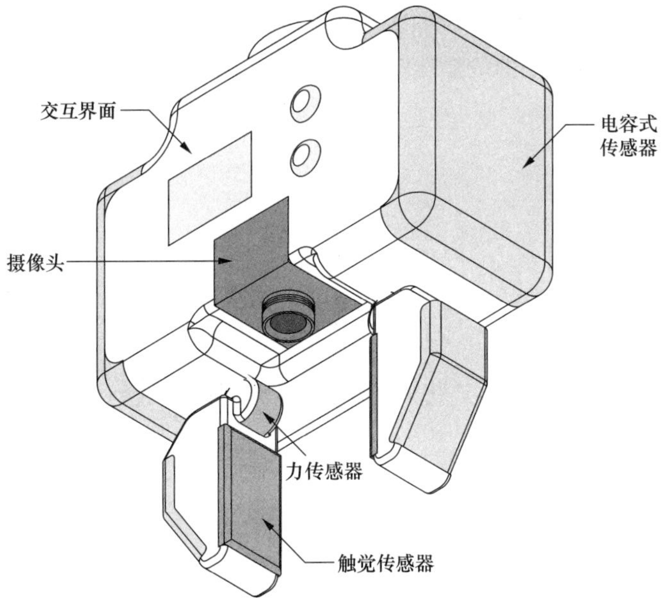


图 12.9　用于协作抓取的抓爪的概念设计

## 12.5　协作机器人系统的应用

ISO 10218-2:2011 标准文档将协作应用分为 5 类，如图 12.10 所示。

移交窗口应用（见图 12.10a）涵盖了装载 / 卸载、测试、检测、清洁和服务任务。机器人固定在具有防护装置的工作区域中，并可以自动执行应用程序而不受限制。机器人与操作 185
员的交互是通过一个窗口进行的，机器人在到达窗口附近时降低速度。该窗口也作为机器人工作空间的边界。

交互窗口（见图 12.10b）是机器人系统工作边界的一部分。机器人可以在交互窗口的机器人侧执行自主的自动操作。机器人系统同样也受到其工作空间周围的固定护栏的保护或传感器的监控。机械手到达交互窗口时必须停止，可以由人将其拉出交互窗口。为了能够按照引导进行运动，机器人必须配备示教装置。交互窗口应用适用于自动堆叠、引导式组装、引导式填充、测试、检测和清洁。

如果机器人应用包含简单的组装和操作任务，则可以利用协作工作空间的优势（见图 12.10c）。在普通工作空间内，机器人可以执行自动操作；当操作员进入协作工作空间时，机器人会降低速度或停止。在这种类型的应用中，需要附加由一个或多个传感器组成的人员检测系统。

如果机器人应用包含检查和参数调节（例如焊接应用，参见图 12.10d），则必须使用保护工作空间和人员检测系统。当操作员进入共享工作空间时，机器人减速并继续进行操作。 186
这类应用容易被操作员滥用，因此需采取其他措施来加以限制。

示教机器人（见图 12.10e）用于手动引导的应用（例如组装或喷漆）。机器人配有示教装置，并由操作员手动引导机器人在指定任务的工作空间中以低速运行。该类应用的协作工作空间的大小主要取决于该应用的危险性。

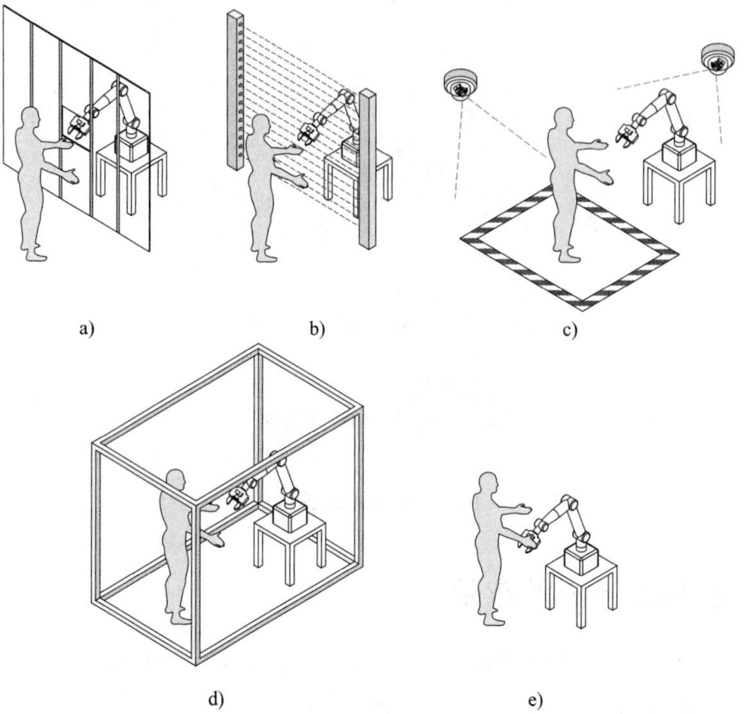


187~188 图 12.10　协作机器人的概念应用：a）移交窗口；b）交互窗口；c）协作工作空间；d）检查；e）示教机器人（ISO 10218-2: 2011）

# 移动机器人

移动机器人是一种能够移动的设备，能够通过轮子、履带、腿或以上几种方式的组合实现在环境中的移动，也可能具有在空中飞行、在水中游泳、在地面爬行或滚动的能力。移动机器人的应用场景非常广泛，例如可用于工厂（自动导引车）、家庭（地板清洁设备）、医院（食品和药品运输）、农业（水果和蔬菜的采摘、施肥、种植）、军事（搜索、救援任务）等领域。移动机器人能够满足灵活运输物料、协作搬运大型物件，以及针对工作区域快速重新配置的需求。

各种移动机器人的移动方式不同，本章的重点将放在轮式移动机器人上（第 14 章将介绍仿人机器人）。在工业应用中，自动导引车（Automated Guided Vehicle，AGV）在制造设施或仓库中运送物料方面受到特别关注，其中牵引车（见图 13.1a）通常用于牵引拖车（一种单元装载平台，用于运输堆叠在平台上的单元负载，如图 13.1b 所示）；而移动式叉车（见图 13.1c）则用于自动地从不同高度上取下货物。AGV 通常会跟随地板上的标记或电缆，或利用视觉、磁性、激光雷达等传感器在工作场所内进行移动。这种有组织的移动称为导航，是一种使机器人沿着路线或路径安全地从一个位置移动到另一个位置，而不会迷路或与其他物体碰撞的规划和导引过程。

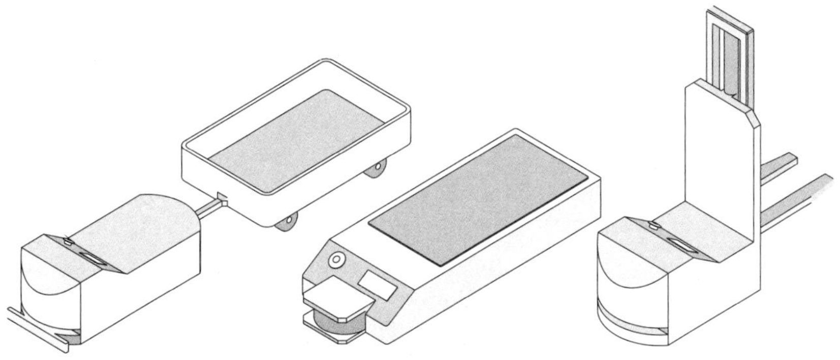

a) b) c)

图 13.1 自动导引车。a）牵引车；b）拖车（单元装载平台）；c）移动式叉车

导航通常是一个复合的任务，包括定位、路径规划和运动控制。定位表示机器人在全局坐标系中确定自己的位置和方向的能力。自主路径规划表示机器人在工作空间中的杂乱无章的障碍物之间确定连接起始位置和目标位置的无碰撞路径，这一过程也包括移动机器人与人之间以及多组移动机器人之间的交互。运动控制必须保证在避开障碍物的同时沿规划的路径运动。

189 在协作环境中，人和机器人共享一个工作空间，因此需要改进人机通信并提高机器人对周围人员的感知能力。通常机器人必须与人保持安全距离，但是，诸如个人护理机器人之类的设备需要人与机器人密切接触，因此这些机器人需要非常先进的人机交互系统。

## 13.1 移动机器人运动学

得益于具有简单的机械结构设计，轮子是移动机器人中最常用的驱动机构。轮子能够提供牵引力，并且 3 个轮子就能确保机器人的稳定平衡。轮子可以设计成不同的形式，如图 13.2 所示。

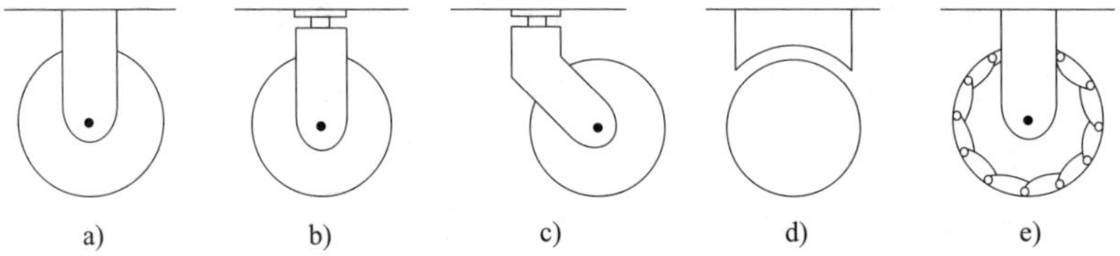

图 13.2 轮子的设计。a）标准固定轮；b）标准转向轮；c）脚轮；d）球形轮；e）瑞典轮（麦克纳姆轮）

固定轮、标准转向轮和脚轮具有旋转主轴线和方向性。如果不先绕垂直轴转动轮子，则无法朝不同方向移动。球形轮是全向的，因为它可以在所有方向上移动而无须先转向。瑞典轮（又称为麦克纳姆轮）通过在车轮圆周上安装被动辊来实现全向移动性能，因此，瑞典轮可以沿着不同的轨迹移动（包括向前和向后）。

轮子类型、轮子数量以及连接方式都会影响移动机器人的运动学性能。图 13.3 显示了
190 从两轮到四轮的各种不同配置，右侧两列是全向移动模型（见图 13.3c、d、g、h）。

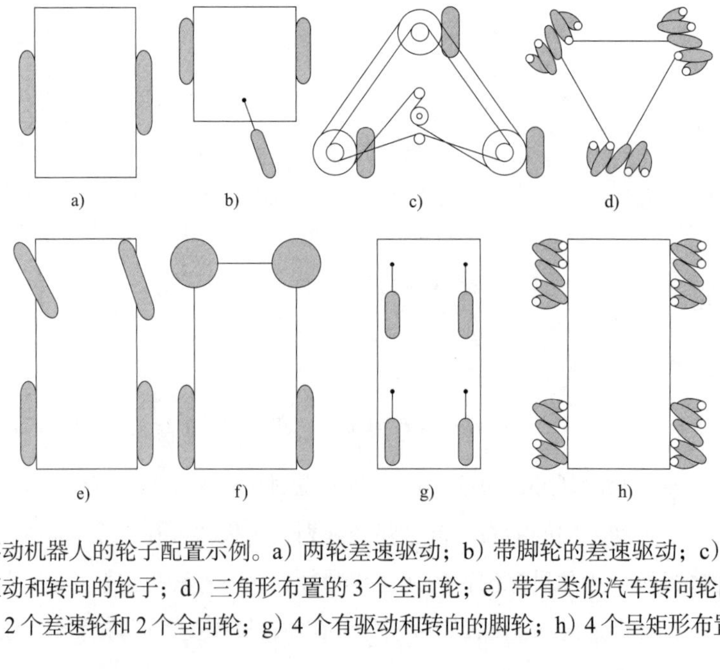

图 13.3 移动机器人的轮子配置示例。a）两轮差速驱动；b）带脚轮的差速驱动；c）有 3 个同步驱动和转向的轮子；d）三角形布置的 3 个全向轮；e）带有类似汽车转向轮的 4 个轮子；f）2 个差速轮和 2 个全向轮；g）4 个有驱动和转向的脚轮；h）4 个呈矩形布置的全向轮

为便于分析，将移动机器人表示为只能在水平面上移动的刚体。通过这些假设，可以用三个坐标定义机器人的位姿，两个坐标代表水平面中的位置、一个坐标代表绕垂直轴的转动方向，这三者的关系在图 13.4 中给出。以简单的差速驱动移动机器人为例，$x_G$ 轴和 $y_G$ 轴定义为全局坐标系的坐标轴；$x_m$ 轴和 $y_m$ 轴定义为机器人局部坐标系的坐标轴，其中 $x_m$ 轴指向机器人的前进方向。

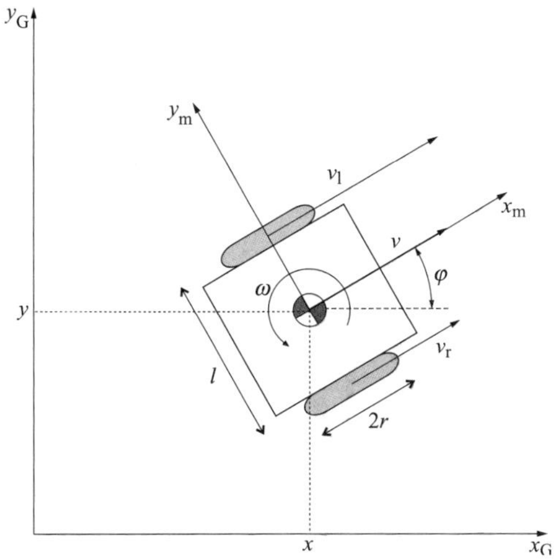


图 13.4 移动机器人的位置和方向——以差速驱动机器人为例

机器人的位置和方向可以通过以下位姿矢量来定义。

$$\boldsymbol{x}=\begin{bmatrix} x \\ y \\ \varphi \end{bmatrix} \tag{13.1}$$

其中坐标 $x$ 和 $y$ 定义了机器人在全局坐标系中的位置，而角度 $\varphi$ 确定了机器人绕垂直轴旋转的方向。机器人方向也可以以旋转矩阵的形式来描述。

$$\boldsymbol{R}=\begin{bmatrix} \cos\varphi & -\sin\varphi & 0 \\ \sin\varphi & \cos\varphi & 0 \\ 0 & 0 & 1 \end{bmatrix} \tag{13.2}$$

191

用于描述移动机器人位姿的变换矩阵可以表示为：

$$\boldsymbol{T}=\begin{bmatrix} \cos\varphi & -\sin\varphi & 0 & x \\ \sin\varphi & \cos\varphi & 0 & y \\ 0 & 0 & 1 & 0 \\ 0 & 0 & 0 & 1 \end{bmatrix} \tag{13.3}$$

图 13.5 所示的差速驱动机器人具有简单的机械结构，靠安装在机器人主体两侧并独立驱动的两个车轮进行运动。机器人通过调节车轮的转速来改变方向，因此不需要额外的转向运动。如果以相同的方向和速度驱动两个车轮，则机器人将沿一条直线运动。如果车轮以相

同的速度沿相反的方向旋转，则机器人将绕车轮之间的中点旋转。机器人旋转的中心可以位于通过轮轴线的任何位置，取决于每个车轮的旋转速度及方向。

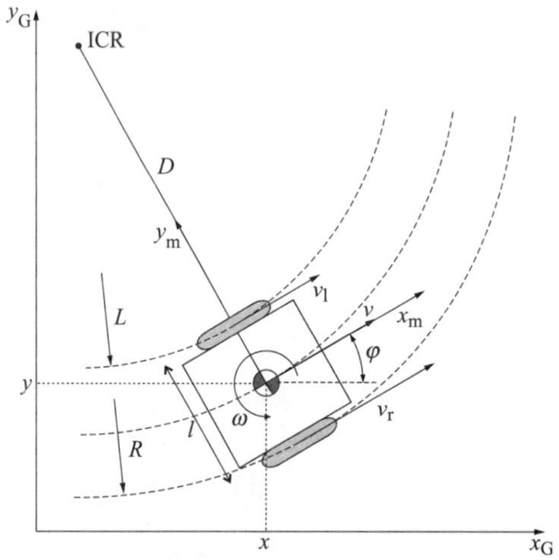


图 13.5 差速驱动机器人运动学

192 简单的运动学使两轮差速驱动机器人成为研究机器人运动的理想模型。用 $l$ 表示机器人宽度（轮胎与地面接触点之间的距离），用 $r$ 表示车轮半径。设车轮以角速度 $\omega_r$（右轮）和 $\omega_l$（左轮）旋转，则左轮和右轮的速度 $v_r$ 和 $v_l$ 可以表述为：

$$\begin{aligned} v_r &= \omega_r r \\ v_l &= \omega_l r \end{aligned} \tag{13.4}$$

两个车轮的转动产生沿机器人 $x_m$ 轴的平移以及围绕其垂直轴的转动。参考图 13.5，角速度可以定义为：

$$\omega = \frac{v_l}{D - \frac{l}{2}} = \frac{v_r}{D + \frac{l}{2}} \tag{13.5}$$

其中 $D$ 是机器人的中间点（在本例中为 $x_m$–$y_m$ 坐标系的原点）与瞬时旋转中心（Instantaneous Center of Rotation，ICR）之间的距离，ICR 是机器人在特定时间围绕水平面旋转的点。根据式（13.5），可以得出以下关系：

$$\omega = \frac{v_r - v_l}{l} = \frac{r}{l}(\omega_r - \omega_l) \tag{13.6}$$

193 可以确定沿 $x_m$ 轴的平移速度为：

$$v = \omega D = \frac{v_r + v_l}{2} = \frac{r}{2}(\omega_r + \omega_l) \tag{13.7}$$

式（13.6）和式（13.7）定义了车轮的角速度与移动机器人速度之间的关系。但是，从控制角度来看，更需要的是根据所需的机器人速度来求取车轮转速的逆关系。通过组合式

（13.6）和式（13.7），可获得左右两轮的角速度：

$$\begin{aligned}\omega_{\mathrm{r}}&=\frac{2v+\omega l}{2r}\\ \omega_{\mathrm{l}}&=\frac{2v-\omega l}{2r}\end{aligned}\tag{13.8}$$

将机器人速度定义为 [$v$，$\omega$]，这是相对于移动机器人的 $x_{\mathrm{m}}$–$y_{\mathrm{m}}$ 局部坐标系定义的。全局坐标系 $x_{\mathrm{G}}$–$y_{\mathrm{G}}$ 中的机器人速度可以定义为机器人位姿矢量 $\boldsymbol{x}$（见式（13.1））的时间导数，通过旋转矩阵 $\boldsymbol{R}$（见式（13.2））可以计算出全局坐标系中机器人在各方向上的速度分量与角速度：

$$\begin{bmatrix}\cos\varphi & -\sin\varphi & 0\\ \sin\varphi & \cos\varphi & 0\\ 0 & 0 & 1\end{bmatrix}\begin{bmatrix}v\\0\\0\end{bmatrix}=\begin{bmatrix}v\cos\varphi\\ v\sin\varphi\\ 0\end{bmatrix},\begin{bmatrix}\cos\varphi & -\sin\varphi & 0\\ \sin\varphi & \cos\varphi & 0\\ 0 & 0 & 1\end{bmatrix}\begin{bmatrix}0\\0\\\omega\end{bmatrix}=\begin{bmatrix}0\\0\\\omega\end{bmatrix}\tag{13.9}$$

通过组合上述方程的平移和旋转部分并忽略零元素，可以将全局坐标系中的移动机器人速度写为：

$$\dot{\boldsymbol{x}}=\begin{bmatrix}\dot{x}\\ \dot{y}\\ \dot{\varphi}\end{bmatrix}=\begin{bmatrix}v\cos\varphi\\ v\sin\varphi\\ \omega\end{bmatrix}\tag{13.10}$$

显然，可以由式（13.10）得到，描述移动机器人运动的相关量有 3 个：沿 $x_{\mathrm{m}}$ 轴的机器人平移速度 $v$、绕垂直轴的旋转速度 $\omega$ 以及相对于全局坐标系的机器人方向 $\varphi$。考虑到这一点，我们可以进一步将差速驱动机器人简化为单轮模型（如图 13.6 所示），而上述 3 个量明显可以描述这一单轮模型的运动。同样，单轮模型可以轻松地转换回基于式（13.8）的差速驱动机器人模型。

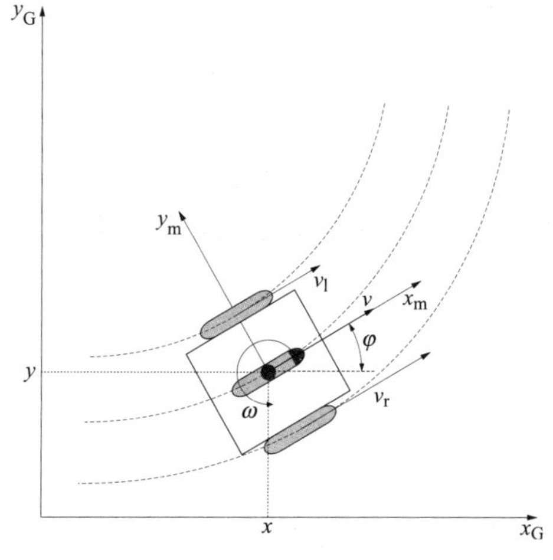


图 13.6　差速驱动移动机器人的单轮模型

单轮模型非常方便简洁，因此本章将使用它进行分析，同时也可以容易地将此模型转换回其他运动学上更复杂的移动机器人模型。例如，基于图 13.7 所示的汽车转向原理的移动机器人是具有阿克曼结构的类似汽车的机器人。

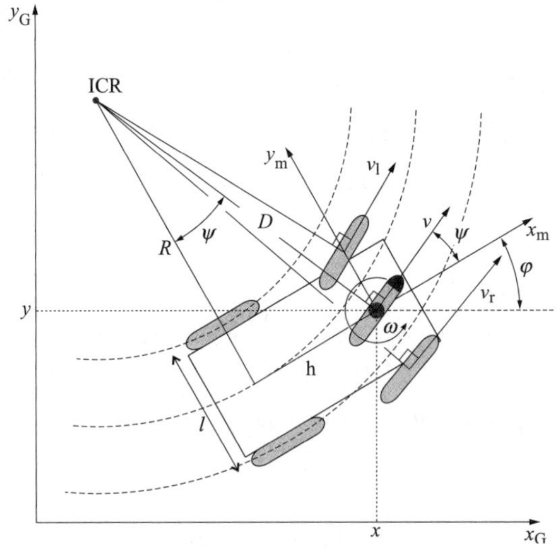


图 13.7 基于汽车转向原理的移动机器人的单轮模型

汽车转向几何结构（阿克曼转向几何结构）解决了转弯时内侧和外侧车轮需要跟踪的圆半径不同的问题。这时，左右前轮的转向角不同。在单轮模型中，机器人方向由角度 $\varphi$ 定
194 义，并与差速驱动机器人的方向定义相同。

对于类似汽车的机器人，移动机器人的方向由角度 $\varphi$ 定义。其等效单轮模型位于左右前轮的正中间，方向由机器人车体上实际左右轮的方向所确定的瞬时旋转中心（ICR）来决定。单轮模型相当于第三个前轮，而瞬时旋转中心位于垂直于前轮的所有三条直线的交点。现在将角度 $\psi$ 定义为单轮模型方向与机器人 $x_m$ 轴方向的偏差（如图 13.7 所示）。通过计算角度 $\psi$，可建立类似汽车的机器人与单轮模型之间的关系。

遵循式（13.7）中相同的原理，可以将单轮模型的平移速度定义为：

$$v = D\omega \tag{13.11}$$

其中 $D$ 是单轮模型和瞬时旋转中心之间的距离，可以将距离 $D$ 计算为：

$$D = \frac{v}{\omega} \tag{13.12}$$

单轮模型的路径曲率 $\mathscr{K}_u$ 可以定义为瞬时旋转半径的倒数。

195

$$\mathscr{K}_u = \frac{1}{D} = \frac{\omega}{v} \tag{13.13}$$

考虑汽车运动学，可以从图 13.7 中得到以下关系式：

$$h = D\sin\psi \tag{13.14}$$

其中，角度 $\psi$ 也是直线 $D$ 和 $R$（瞬时旋转中心与车辆后轮中点之间的距离）之间的角度，而

$h$ 是单轮模型中心与机器人后轮中点的距离。可以将距离 $D$ 计算为：

$$D=\frac{h}{\sin\psi} \tag{13.15}$$

将车辆的转动曲率 $\mathscr{K}_c$ 定义为：

$$\mathscr{K}_c=\frac{1}{D}=\frac{\sin\psi}{h} \tag{13.16}$$

在 $\mathscr{K}_c$ 和 $\mathscr{K}_u$ 相等的情况下，可得到：

$$\mathscr{K}_c=\mathscr{K}_u \Rightarrow \sin\psi=\frac{\omega l}{v} \tag{13.17}$$ 196

最后，角度 $\psi$ 为：

$$\psi=\arcsin\frac{\omega l}{v} \tag{13.18}$$

角度 $\psi$ 是车辆的期望转向角，可以根据已知速度 $v$、角速度 $\omega$ 和车辆宽度 $l$ 计算得出。

有了单轮模型和其他运动形式的移动机器人之间的关系，就可以将基于简单的单轮模型的分析结果推广应用到其他类型的机器人上。

## 13.2 导航

移动机器人通常在未知且非结构化的环境中运行，并且需要自定位、规划到达目标的路径、构建和理解环境地图，然后控制自己在该环境中的运动。

### 13.2.1 定位

移动机器人和机械臂之间的重要区别在于位置估计。机械臂具有固定的基座，通过测量机器人的关节位置并了解其运动学模型，可以确定其末端执行器的位姿。移动机器人可以作为一个整体在环境中移动，并且没有直接的方法可以测量其位置和方向。一种通用的解决方案是通过运动（速度）对时间的积分来估计机器人的位置和方向。

但是，通常需要更准确且更复杂的定位方法。如果事先知道环境地图，则可以预先规划移动机器人的路径。这对于环境相对稳定并且需要鲁棒的操作（例如在工业应用中），具有特别重大的意义。更复杂的方法基于动态路径规划，该规划则基于传感器信息和环境特征识别结果。机器人首先确定自己的位置，并规划其在可通行区域中的移动路径。当工作空间或任务频繁更改时，通常最好进行动态规划。通常，在预规划和动态生成规划之间需要权衡取舍。为了简化任务，可以在环境中放置标记。这些标记可以通过机器人上的传感器轻松识别，并提供准确的定位信息。

工业环境中的自动导引车使用各种导航 / 引导技术：磁轨导航、电线导航、磁点导航、激光导航和自然导航等。

定位和路径规划通常基于嵌入地板中的电线进行感应导引，导引路径传感器安装在机器

197 人上。电线可以用磁轨或喷涂线代替（如图 13.8a 所示）。在后一种情况下，机器人使用摄像头确定其相对于地板上喷涂线的相对位置。这种形式的路径是固定且连续的，并且可以沿线放置一些独特的标记以指示特定位置。除了在地板上放置线条和标记外，还可以将二维码形式的标记放在天花板上，以便由机器人上的摄像头识别。磁点导引的路径使用有磁性的圆盘作为标记（见图 13.8b）。路径的形式是开放且可变的。

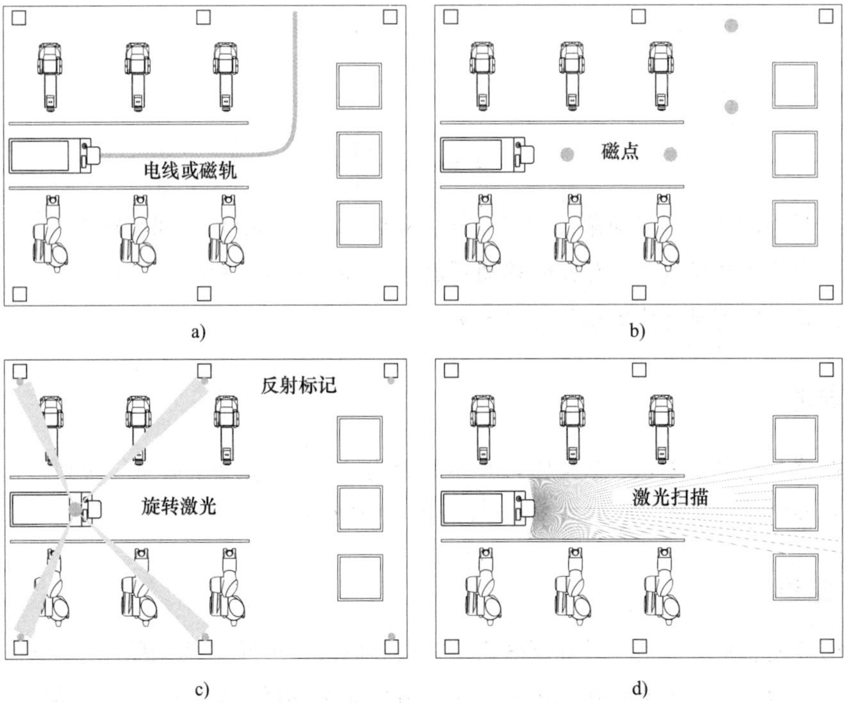


图 13.8　机器人上的传感器环境感知区域示意图

基于地板的定位技术常被基于激光的方法所取代。激光三角测量方法是用一个可旋转的激光感应范围和由固定在墙壁上特定位置的反射器测量方位角，以此提供准确的定位信息，而无须遵循地板上特定的线。激光导航技术需要在机器人工作区域内安放多个固定参考点（反射条纹），这些参考点可以通过安装在车辆上的激光头进行检测（见图 13.8c）。由于这些设施在地图中是预先设计好的，因此可以轻松更改和扩展路径。

自然导航技术是基于激光扫描仪得到的现有环境的信息，并借助一些固定参考点进行导航定位（见图 13.8d）。工作区域的地图需要预先绘制。自然导航技术更加灵活，适用于经常变化但变化不大的环境。在密闭空间中，机器人可以以墙壁为参照，跟随墙壁以到达其所能

198 够确定的环境范围。

还有基于无线电的室内定位系统，该系统能够以与室外全球定位系统（GPS）类似的方式实现机器人定位。这种定位方法基于三角测量法，其中固定信标安装在环境中，传感器安

装在机器人上。通过测量从信标到传感器的无线电波的传播时间来计算距离。

#### 13.2.1.1 里程计

一种简单且常用的机器人定位方法是依靠里程计来实现的，它使用来自运动传感器（通常是旋转编码器）的信息来估计位置随时间的变化。通过积分原理对这些位置变化进行累积，可以提供机器人相对于起始点的实时位置。该方法对误差敏感，误差来源于速度对时间积分和对位置的估计。

对机器人运动的分析始于理解每个轮子的速度对机器人运动速度的贡献。对于差速驱动机器人而言，这些关系在式（13.6）和式（13.7）中已经定义了。轮子的速度可以使用转速计直接测量，如果没有这类传感器，则可以通过从编码器上获得的位置进行数值微分后来估算速度。此种情况下，左右轮的速度可以为：

$$
\begin{aligned}
v_{\mathrm{r}} &= 2\pi r \frac{n_{\mathrm{r}}(t) - n_{\mathrm{r}}(t - \Delta t)}{N\Delta t} \\
v_{\mathrm{l}} &= 2\pi r \frac{n_{\mathrm{l}}(t) - n_{\mathrm{l}}(t - \Delta t)}{N\Delta t}
\end{aligned}
\tag{13.19}
$$

其中 $r$ 是轮子半径；$N$ 是编码器分辨率（每转的数量）；$n_{\mathrm{l}}$ 和 $n_{\mathrm{r}}$ 分别是 $t$ 时刻左右轮子的编码器计数；$n_{\mathrm{l}}(t-\Delta t)$ 和 $n_{\mathrm{r}}(t-\Delta t)$ 为上个采样时间左右轮子的编码器计数。

可以通过式（13.10）的数值积分来估计机器人的位置和方向。将式（13.6）和式（13.7）表示为：

$$
\begin{aligned}
x(t) &= x(t-\Delta t) + v\cos\varphi\Delta t = x(t-\Delta t) + \frac{v_{\mathrm{r}} + v_{\mathrm{l}}}{2}\cos\varphi\Delta t \\
y(t) &= y(t-\Delta t) + v\sin\varphi\Delta t = y(t-\Delta t) + \frac{v_{\mathrm{r}} + v_{\mathrm{l}}}{2}\sin\varphi\Delta t \\
\varphi(t) &= \varphi(t-\Delta t) + \omega\Delta t = \varphi(t-\Delta t) + \frac{v_{\mathrm{r}} - v_{\mathrm{l}}}{l}\Delta t
\end{aligned}
\tag{13.20}
$$

有许多不同的因素会降低基于里程计的机器人定位方法的有效性和准确性。一个非常重要的因素就是轮子打滑，这会极大地降低位置估计的精度，但可以通过使用误差模型提高里程计性能。安放在地板上的标记点或磁铁可用于校正在这些点之间里程计产生的累积误差。里程计 199
还可通过基于传感器（如激光、摄像头、射频识别系统和信标识别等）的测量来提升性能。

#### 13.2.1.2 同步定位与建图

更先进的系统使用的算法可以同时完成导航的各个子任务（定位、路径规划）。移动机器人在构建未知环境的地图时实现导航的方法称为同步定位与建图（SLAM）。SLAM 算法通过安装在机器人上的传感器从多个角度观察相同的特征，并将这些传感器获得的信息累积并组合在一起。将对机器人位置的估计结果与收集的信息结合起来，并把可用数据进行关联，可以构建局部地图。随着时间的积累，该算法可以得到完整的环境地图，并且可以用地图来规划机器人路径。

SLAM 由多个部分组成，例如地标提取、数据关联、状态估计、状态更新和地标更新。

有许多方法可以解决不同的子问题，但它们超出了本书的范围，因此不在此进行分析。

#### 13.2.1.3　传感器环境感知区域

当移动机器人在环境中移动时，必须同时观察周围环境。机器人上的传感器会在路径中检测障碍物或其他阻碍运动的物体，并且规划出绕过障碍物的新路径。典型的传感器包括红外接近传感器、超声波传感器、激光传感器、视觉传感器、触觉传感器和 GPS 等。传感器组件按照一定策略配备在机器人车体及其周围，每个传感器在数量、质量、测量范围和分辨率方面提供不同的信息。通常将来自所有传感器的信息组合起来，以获得机器人环境的准确信息。图 13.9 中显示的传感器环境感知区域是一个传感器信息融合的示例，能够提供机器人感知区域内的障碍物信息。

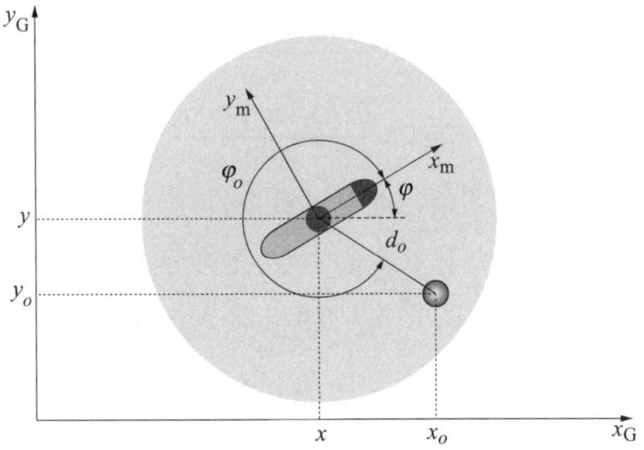


图 13.9　机器人传感器组件的环境感知区域

根据障碍物的已知位置 $d_o$ 和方向 $\varphi_o$，以及机器人的已知位姿 $[x, y, \varphi]^T$，可以将全局坐标系中的障碍物位置（$x_o$，$y_o$）确定为：

200

$$
\begin{aligned}
x_o &= x + d_o \cos(\varphi + \varphi_o) \\
y_o &= y + d_o \sin(\varphi + \varphi_o)
\end{aligned}
\qquad (13.21)
$$

后续的分析将基于单轮机器人模型，以及从传感器环境感知区域内获得的障碍物信息。

### 13.2.2　路径规划

路径规划使自主移动机器人能够跟踪从起始位置到目标位置的最佳安全路径，且不会与工作区域中的障碍物发生碰撞。理想的路径规划器必须能够处理感知模型中的不确定性，以最大限度地减少环境中的物体对机器人的影响，并在最短的时间内找到最佳路径。通常，路径规划过程应以尽可能小的成本生成路径，并且路径规划应当快速且鲁棒，同时针对不同的地图具有通用性。

有许多不同的算法可用于（实时）路径规划。一种简单的方法是将与顶点连接的直线段组合在一起。寻找最佳路径的另一种标准搜索方法是改进的 A* 算法。该算法可以在名为节点的多个点之间找到有向路径。将机器人环境地图划分为自由空间和占用空间，然后执行

A* 搜索以找到通过自由节点的分段线性路径。

人工势场算法可用于避障。该算法使用障碍物周围的排斥势场来使机器人远离障碍物，并用目标周围的吸引势场来吸引机器人前往目标。排斥场和吸引场共同改变机器人的规划路径。人工势场算法可实现复杂环境中移动机器人的实时路径规划。 201

### 13.2.3 路径控制

为了完成任务，移动机器人需要从初始位置移动到指定的最终位置和方向，这就需要一个控制系统使机器人跟随规划的路径。

#### 13.2.3.1 方向控制

基于图 13.10 所示的单轮模型，首先考虑方向控制。对于无须改变位置即可更改方向的移动机器人，类似的方法是有效的（差速驱动机器人符合要求，基于阿克曼结构的类似汽车的机器人不符合要求）。

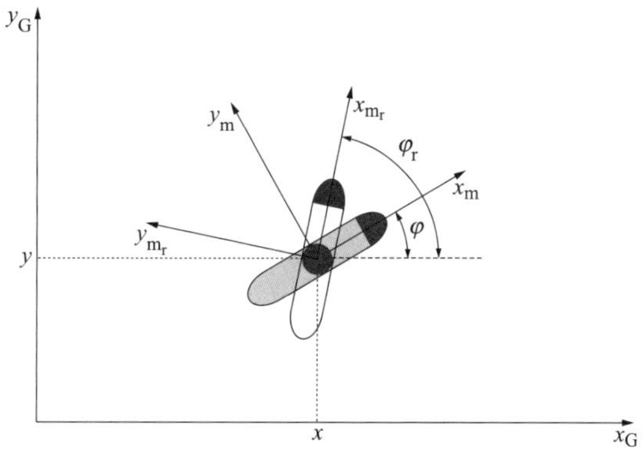


图 13.10 单轮模型的方向控制。灰色的单轮模型代表实际的机器人，白色的单轮模型代表期望的方向

方向控制的目标是使方向误差最小化。

$$\tilde{\varphi} = \varphi_r - \varphi \quad (13.22)$$

其中 $\varphi_r$ 是期望方向；$\varphi$ 是实际方向。假设方向控制是基于比例 – 积分 – 微分（PID）控制方法的，有：

$$\mathrm{PID}(\tilde{\varphi}) = K_p\tilde{\varphi} + K_i\int\tilde{\varphi}\mathrm{d}t + K_d\dot{\tilde{\varphi}} \quad (13.23)$$

或该控制方法的一部分（比例 – 微分（PD）控制器）。移动机器人所需的角速度为： 202

$$\omega = K_p\tilde{\varphi} + K_i\int\tilde{\varphi}\mathrm{d}t + K_d\dot{\tilde{\varphi}} \quad (13.24)$$

应该注意的是，角度是周期函数，因此我们假设

$$\varphi_r = 0 \ \wedge \ \varphi = 2\pi \ \Rightarrow \ \tilde{\varphi} = -2\pi \quad (13.25)$$

由此，在达到最终方向之前，机器人可能会旋转一圈，而这通常是不希望发生的。因

此，必须限制 $\tilde{\varphi}$ 的范围，要求在任意方向上最大旋转弧度为 π。

$$\tilde{\varphi} \in [-\pi, \ \pi] \tag{13.26}$$

一个简单的方法是使用四象限的反正切函数（arctan）进行限制。

$$\tilde{\varphi} = \arctan(\sin\tilde{\varphi}, \cos\tilde{\varphi}) \in [-\pi, \ \pi] \tag{13.27}$$

通过组合式（13.27）和式（13.24），能够使机器人达到期望的方向，而在正向或负向的旋转不会超过半圈。

#### 13.2.3.2　位置与方向控制

在移动机器人从初始位置移动到最终（目标）位置的过程中，需要不断地调整自身位置
203 和方向。机器人需要移动到目标位置，这项任务可称为到达目标位置（go-to-goal），图 13.11 展示了这种情况。$x_m$-$y_m$ 坐标系定义了机器人当前位姿，$x_{m_r}$-$y_{m_r}$ 坐标系定义了目标位姿。线段 $S$ 代表到达目标的最短路径。

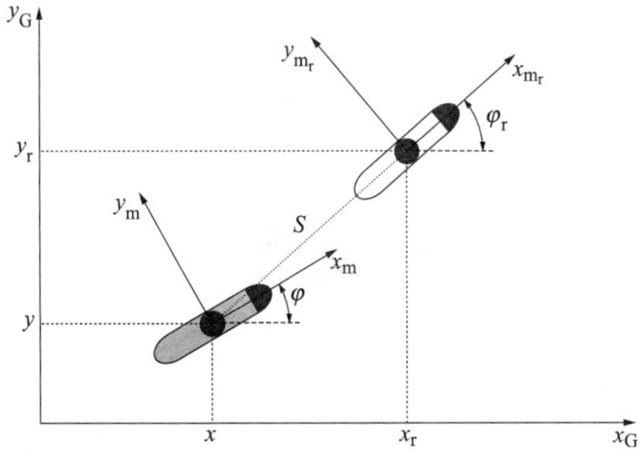


图 13.11　单轮模型的位置和方向控制。灰色的单轮模型代表实际的机器人，白色的单轮模型代表目标位置

为达到目标，将机器人方向定义为线段 $S$ 与全局坐标系中水平轴之间的角度。基于已知的期望位置（$x_r$，$y_r$）和机器人的当前位置（$x$，$y$），角度 $\varphi_r$ 可以在每个时刻通过以下公式进行计算。

$$\varphi_r = \arctan\frac{y_r - y}{x_r - x} \tag{13.28}$$

假定机器人以恒定的速度 $v_0$ 前进，可以用以下方程组描述机器人在全局坐标系中的运动。

$$\begin{aligned} \dot{x} &= v_0 \cos\varphi \\ \dot{y} &= v_0 \sin\varphi \\ \dot{\varphi} &= \omega = \mathrm{PID}(\tilde{\varphi}) \end{aligned} \tag{13.29}$$

基于这种方法，控制目标是保持恒定速度 $v_0$ 并跟踪由式（13.28）计算出的期望角度。假设使用差速驱动机器人，则可以利用式（13.8）计算出左右轮子的角速度。

$$\omega_{\mathrm{r}} = \frac{2v_0 + \omega l}{2r}$$
$$\omega_{\mathrm{l}} = \frac{2v_0 - \omega l}{2r} \tag{13.30}$$

当以恒定速度 $v_0$ 移动时，机器人将超出其目标位置。因此，需要根据到目标的距离合理地定义机器人的前进速度。

$$G = \sqrt{(x_{\mathrm{r}} - x)^2 + (y_{\mathrm{r}} - y)^2} \tag{13.31}$$

使用比例控制器，可以将所需速度定义为：

$$v_{\mathrm{G}} = K_{\mathrm{v}} G \tag{13.32}$$

其中 $K_{\mathrm{v}}$ 是速度增益。因此可以将式（13.29）重写为：

$$\dot{x} = v_{\mathrm{G}} \cos\varphi$$
$$\dot{y} = v_{\mathrm{G}} \sin\varphi \tag{13.33}$$
$$\dot{\varphi} = \omega = \mathrm{PID}(\tilde{\varphi})$$

204

式（13.30）中的 $v_0$ 必须替换为 $v_{\mathrm{G}}$。通过这种方法，机器人在接近目标位置时将减速。由于期望的速度随着与目标位置距离的增加而增加，因此可以设置上限 $v_{\mathrm{G}} \in [0, v_{\mathrm{G\,max}}]$。

#### 13.2.3.3 避障

图 13.12 显示了机器人到达目标位置的路径中有障碍物的情况。在不能避开障碍物的情况下，机器人无法直接前进到目标位置。基于传感器环境感知区域的概念，我们假设机器人能够在安全距离内检测和定位障碍物，并利用此信息规划出避障路径。图 13.12 中的障碍物由灰色圆圈表示，障碍物周围的虚线圆盘表示障碍物周围的安全区域，机器人不允许进入该区域。

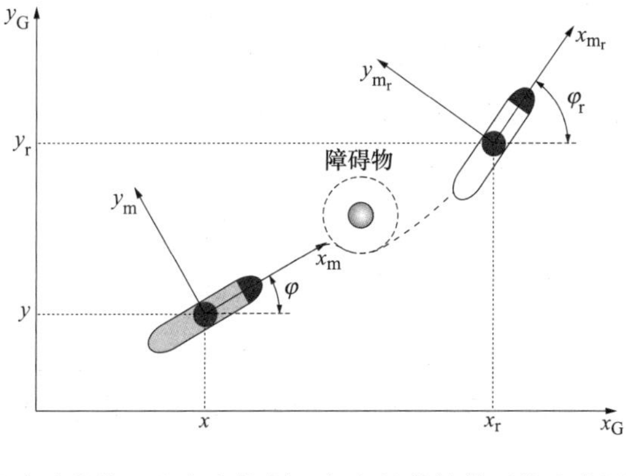


图 13.12 单轮模型避障时的位置和方向控制。灰色的单轮模型代表实际的机器人；白色的单轮模型代表目标位置；灰色圆圈是障碍物，而虚线圆盘是障碍物周围的安全区域

考虑到这一点，现在有两个控制目标。第一个是到达目标位置，第二个是避开障碍。这两个控制目标的更详细表示如图 13.13 所示，其中 $d_{\mathrm{o}}$ 表示从机器人到障碍物的距离，$u_{\mathrm{g}}$ 是与

到达目标位置相关的控制变量，$u_o$ 是与避开障碍相关的控制变量。为了成功完成任务，$u_g$ 需要指向目标，而 $u_o$ 需要指向障碍。实际控制变量 $u$ 是 $u_g$ 和 $u_o$ 叠加的结果。

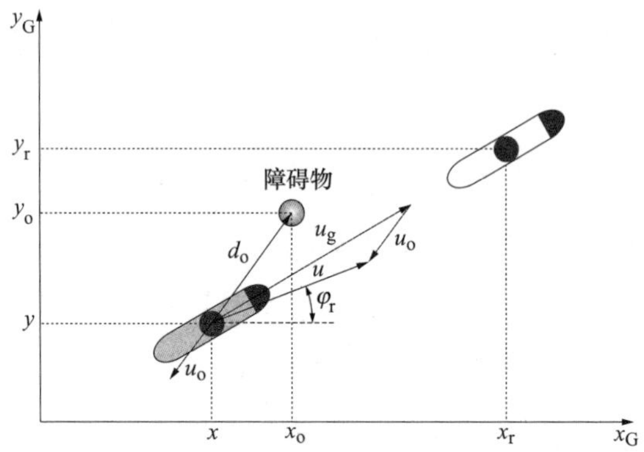


图 13.13 单轮模型避障。灰色的单轮模型代表实际的机器人，白色的单轮模型代表目标位置，灰色的圆圈代表障碍物

在到达目标位置任务中，定义如下到目标位置的距离：

$$\begin{bmatrix} u_{g_x} \\ u_{g_y} \end{bmatrix} = \boldsymbol{K}_g \begin{bmatrix} x_r - x \\ y_r - y \end{bmatrix} \tag{13.34}$$

205

同样，根据到障碍物的距离来定义避开障碍的控制变量。

$$\begin{bmatrix} u_{o_x} \\ u_{o_y} \end{bmatrix} = \boldsymbol{K}_o \begin{bmatrix} x - x_o \\ y - y_o \end{bmatrix} \tag{13.35}$$

应当注意，如上述两个公式所示，$u_g$ 指向目标，而 $u_o$ 指向障碍物，且两个控制变量的结合必须基于到障碍物的距离，定义以下关系：

$$\|d_o\| = \sqrt{(x_o - x)^2 + (y_o - y)^2} \tag{13.36}$$

当机器人远离障碍物时，只需直接向目标前进即可。但是，当机器人接近障碍物时，主要任务变为避开障碍物。因此，可以表述为：

$$\begin{bmatrix} u_x \\ u_y \end{bmatrix} = \lambda(\|d_o\|) \begin{bmatrix} u_{g_x} \\ u_{g_y} \end{bmatrix} + (1 - \lambda(\|d_o\|)) \begin{bmatrix} u_{o_x} \\ u_{o_y} \end{bmatrix}, \lambda(\|d_o\|) \in [0,1] \tag{13.37}$$

例如，参数 $\lambda$ 可以定义为基于机器人到障碍物距离的指数函数，$\lambda = 1 - \mathrm{e}^{-\kappa\|d_o\|}$；参数 $\kappa$ 定义为函数向 1 收敛的速度。如图 13.13 所示，控制变量 $u$ 定义为全局坐标系中机器人的速度期望值。

$$\begin{bmatrix} \dot{x} \\ \dot{y} \end{bmatrix} = \begin{bmatrix} u_x \\ u_y \end{bmatrix} \tag{13.38}$$

206

期望的机器人方向可以通过如下公式进行计算。

$$\varphi_{\mathrm{r}} = \arctan\frac{u_y}{u_x} \tag{13.39}$$

可以得到如下角速度。

$$\dot{\varphi} = \omega = \mathrm{PID}(\tilde{\varphi}) \tag{13.40}$$

机器人的前进速度为：

$$v = \sqrt{\dot{x}^2 + \dot{y}^2} = \sqrt{v^2\cos^2\varphi + v^2\sin^2\varphi} = \sqrt{u_x^2 + u_y^2} \tag{13.41}$$

若采用差速驱动机器人，则可以根据式（13.8）计算出各轮子的角速度。

#### 13.2.3.4　路径跟踪

通常，机器人不能仅沿着最短路径到达目标，而是必须沿着预先设定的路径行进。在这种情况下，控制目标是跟随设定路径前进。为简化任务，考虑一个以预定速度沿路径行驶的虚拟机器人，则控制目标变为跟踪虚拟机器人，如图 13.14 所示。

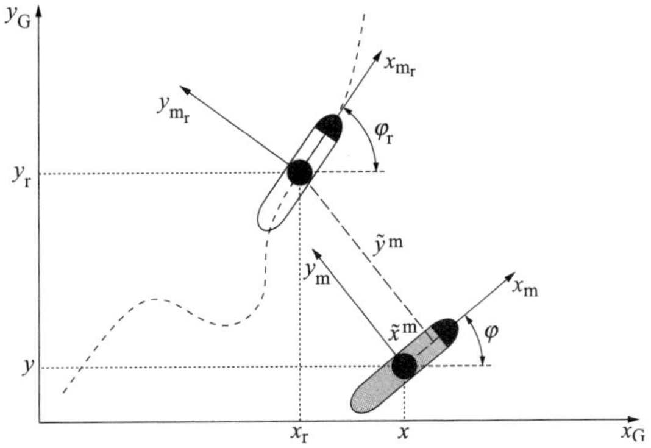


图 13.14　单轮模型的路径跟踪控制。灰色的单轮模型代表实际的机器人，白色的单轮模型代表路径上的虚拟机器人　207

跟踪误差可以定义为：

$$\tilde{\boldsymbol{x}} = \boldsymbol{x}_{\mathrm{r}} - \boldsymbol{x} \tag{13.42}$$

其中 $\boldsymbol{x}_{\mathrm{r}}$ 和 $\boldsymbol{x}$ 分别代表虚拟机器人和实际机器人的位置和方向。所有变量都在全局坐标系中表示，并且可以转换为机器人坐标系，如下所示：

$$\tilde{\boldsymbol{x}}^{\mathrm{m}} = \begin{bmatrix} \tilde{x}^{\mathrm{m}} \\ \tilde{y}^{\mathrm{m}} \\ \tilde{\varphi}^{\mathrm{m}} \end{bmatrix} = \boldsymbol{R}^{\mathrm{T}}\tilde{\boldsymbol{x}} \tag{13.43}$$

其中，$\boldsymbol{R}$ 在式（13.2）中已经定义。机器人前进速度可以根据沿 $x_{\mathrm{m}}$ 轴方向的跟踪误差进行计算。

$$\boldsymbol{v} = \boldsymbol{K}_x\tilde{\boldsymbol{x}}^{\mathrm{m}} \tag{13.44}$$

其中 $\boldsymbol{K}_x$ 是控制器的比例增益。角速度必须考虑角度跟踪误差 $\tilde{\boldsymbol{\varphi}}^{\mathrm{m}} = \tilde{\boldsymbol{\varphi}}$，以及到路径的距离

$\tilde{\boldsymbol{y}}^{\mathrm{m}}$。即当机器人远离设定路径时，它必须转向设定路径。因此控制算法变为：

$$\boldsymbol{\omega} = \boldsymbol{K}_y \tilde{\boldsymbol{y}}^{\mathrm{m}} + \boldsymbol{K}_\varphi \tilde{\boldsymbol{\varphi}}^{\mathrm{m}} \tag{13.45}$$

其中 $\boldsymbol{K}_y$ 和 $\boldsymbol{K}_\varphi$ 是控制器的比例增益。由于虚拟机器人的速度是已知的（角速度可以表示为虚拟机器人前进时沿路径的切线方向的变化），因此可以将其视为前馈控制项。如果 $\boldsymbol{v}_{\mathrm{r}}$ 是虚拟机器人的前进速度，而 $\boldsymbol{\omega}_{\mathrm{r}}$ 是虚拟机器人的角速度，则可以用前馈项将式（13.44）和式（13.45）重写为：

$$\boldsymbol{v} = \boldsymbol{v}_{\mathrm{r}} \cos\tilde{\varphi} + \boldsymbol{K}_x \tilde{\boldsymbol{x}}^{\mathrm{m}} \tag{13.46}$$

以及

208

$$\boldsymbol{\omega} = \boldsymbol{\omega}_{\mathrm{r}} + \boldsymbol{K}_y \tilde{\boldsymbol{y}}^{\mathrm{m}} + \boldsymbol{K}_\varphi \tilde{\boldsymbol{\varphi}}^{\mathrm{m}} \tag{13.47}$$

# 第 14 章

Robotics, Second Edition

# 仿人机器人

早在现代机器人技术兴起之前，哲学家、工程师和艺术家就已经对与人类相似的机器产生了浓厚的兴趣。已知最早的人型机构诞生于公元 1495 年前后，是由莱昂纳多·达·芬奇设计并献给当时的米兰统治者卢多维科·斯福尔扎的机器骑士，该设计图纸至今保存完好并仍可重新组装。机器骑士拥有与现代仿人机器人相似的运动学结构，并可借助由线和滑轮组成的系统进行运动。卡雷尔·卡佩克和艾萨克·阿西莫夫等近代作家则构思了与人类十分相似的机器人。仿人机器人引起人们兴趣的主要原因可以归结于：

- 家庭、工厂、医院和学校等人造环境是为人类设计的，因此形态与人相近的机器人在此类环境中能更好地完成各种任务。
- 对于人类而言，与外观和行为像人类的机器人进行互动和交流更为自然。
- 仿人机器人可以作为实验平台，测试由计算神经科学家所提出的人类行为学的相关理论，这些科学家对人脑运作机制感兴趣。

一般认为现代仿人机器人起源于日本东京早稻田大学研制的一系列仿人机器人，该系列中最早的机器人名为 WABOT-1，于 1973 年面世。

尽管在软体机器人和人工智能等相关领域取得了世人瞩目的成就，但在人口稠密的环境中以自然方式与人类合作和交流的仿人机器人仍是一个遥不可及的梦想。目前，仿人机器人发展到了能够执行某些任务的阶段，以 DARPA 机器人挑战赛为例，该赛事要求机器人执行的任务包括以下内容。

- **驾驶**：在有障碍物的道路上驾驶多功能车。
- **下车**：离开车辆的驾驶位置并移动到指定区域。
- **过门**：打开一扇门并穿过门口。
- **阀门操作**：操作由手轮驱动的阀门。 209
- **破壁**：使用工具（钻或锯）切穿复合材料的墙面。
- **意外任务**：从一个插座中拔出插头，将其插入另一个插座中。该任务比赛当天才下达。
- **瓦砾**：穿过一片布有瓦砾的场地或者越过不规则地形。
- **台阶**：上下台阶。

如果事先知道环境的大致状况，目前的仿人机器人已经具备了自主执行此类任务的能力。然而，如果事先对环境不了解，想要机器人自主执行上述任务还面临极大挑战。换句话说，集成并连续执行多个机器人动作仍然是一个问题，在执行更长序列的任务时仍需要一定程度的遥控操作。

除了要考虑运动学、动力学、控制、轨迹规划和环境感知等机器人领域的普适性问题，在开发仿人机器人时还面临一系列独有的挑战，其中最重要的就是双足运动（力）和平衡问题。不同于其他机器人，仿人机器人在工作过程中必须使双足直立行走并保持平衡。在前面提到的 DARPA 机器人挑战赛中，运动（力）也是关键问题之一。零力矩点（ZMP）是判断仿人机器人是否平衡的基本指标，其概念由米奥米尔·乌克布拉托维奇于 1968 年提出。保证零力矩点始终落在单足或者双足与地面的接触区域内，以生成稳定步态是使用最广泛的方法，这对于防止机器人跌倒十分重要。与零力矩点相关的基本概念将在 14.1 节进行详细介绍。

仿人机器人的另一个特定问题是，与标准工业机器人相比，其自由度的数量高出很多。经典的工业机器人通常只有 6 个自由度，少数具有 7 个自由度，而仿人机器人通常具有 30 个以上的自由度。例如，本田的阿西莫机器人（最著名的仿人机器人之一）拥有 34 个自由度：头部 3 个，每只手臂 7 个（肩部 3 个、肘部 1 个、腕部 3 个），腰部 1 个，每条腿 6 个，每只手 2 个。基于示教器和文本编程语言的经典机器人编程方法难以应对如此众多的自由度，此时可以利用仿人机器人与人之间的相似性。正是由于这种相似性，仿人机器人可以按照近似于人类的方式去执行任务。这一事实激发了如下想法：以人类作为示教者，向机器人展示如何执行给定的任务，取代对仿人机器人的直接编程。然后机器人可以尝试复现人类的执行过程，这种机器人编程方式称为示教编程或者模仿学习。这种方法的成功运用要求机器人将示教运动迁移到其自身的运动学和动力学结构中。此外，自然环境经常发生变化，很少保持静态，因此机器人不能简单地复制它所观察到的运动，而是应该调整动作去适应当前环境。这一话题将在 14.2 节中讨论。

210

## 14.1 双足移动

双足移动对于仿人机器人而言十分重要，在此我们重点关注行走。与其他双足运动方式（如奔跑）不同，行走要求保证至少有一只脚始终与地面接触。如前文所述，大多数现代仿人机器人都基于 ZMP 原理生成稳定的行走步态。

### 14.1.1 零力矩点

在本节的讨论中，假设地面是平整的，且与重力方向正交。我们先分析地面反作用力的垂直分量（即垂直于地面的分量，如图 14.1 所示）的分布。*零力矩点*定义为这些力的合力与地面的交点。我们首先关注矢状面（即将身体分为左右两部分的平面）中的运动，如图 14.1 所示，所有接触点上的地面反作用力的垂直分量都必须为正，否则脚将会因没有地面附着力而与地面失去接触。根据定义，零力矩点 $p_x$ 可以通过下式计算求得：

$$p_x = \frac{\int_{x_b}^{x_f} x f_z(x)\mathrm{d}x}{f_n} \tag{14.1}$$

$$f_n = \int_{x_b}^{x_f} f_z(x)\mathrm{d}x \tag{14.2}$$

其中，$f_z(x)$ 是接触点在 $x$ 处的地面反作用力的垂直分量，$f_n$ 是所有地面反作用力垂直分量的合力。一旦计算得出 $p_x$ 处的力矩，将其命名为零力矩点的原因就一目了然了。

$$\tau(p_x) = -\frac{\int_{x_b}^{x_f}(x-p_x)f_z(x)\mathrm{d}x}{f_n} = -\left(\frac{\int_{x_b}^{x_f} xf_z(x)\mathrm{d}x}{f_n} - p_x\frac{\int_{x_b}^{x_f} f_z(x)\mathrm{d}x}{f_n}\right) = -(p_x - p_x) = 0 \tag{14.3}$$

上式对整个足底区域 $x_b \leqslant x \leqslant x_f$ 的力矩 $\tau = -(x-p_x)f_z$ 进行了积分，表明零力矩点处的力矩之和为零，零力矩点通常缩写为 ZMP。换句话说，ZMP 是地面上角动量为零的点。若 ZMP 存在，则 ZMP 位于支撑多边形的内部时机器人才能稳定行走。 211

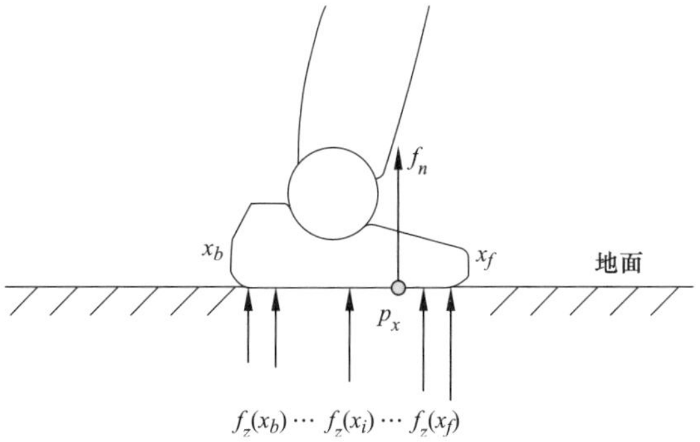


图 14.1　在不同接触点 $x_i$ 处的地面反作用力为 $f_z(x_i)$，零力矩点 $p_x$ 及地面反作用力的垂直分量的合力 $f_n$ 根据式（14.1）和式（14.2）分别计算得出

对于在三维空间中行走的仿人机器人而言，还应考虑侧向运动。如图 14.2 所示，必须区分两种情况：一种是一只脚与地面完全接触，另一种是两只脚都与地面完全接触。假设地面平整，高度为 $p_z$，则 ZMP 的推导基于所有接触点 $\boldsymbol{\xi}=(\xi_x, \xi_y, p_z)$ 处的地面反作用力垂直

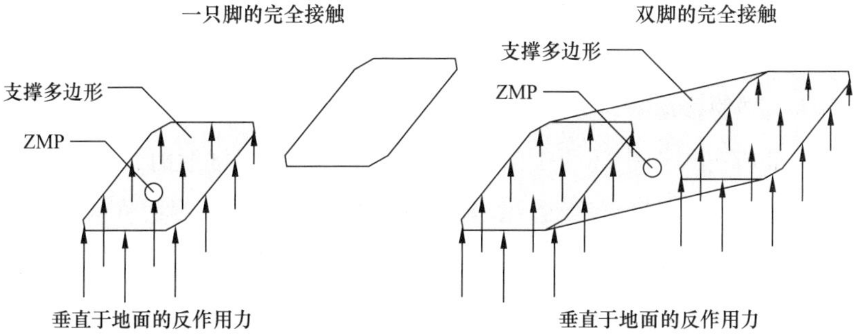


图 14.2　支撑多边形（灰色区域）定义为所有与地面接触的点的凸包。左：当只有一只脚与地面完全接触时，支撑多边形对应于这只脚的足底区域。右：当双脚与地面完全接触时，支撑多边形对应于内两只脚底构成的凸包

分量 $[0, 0, f_z(\xi)]^T$ 在点 $\boldsymbol{p}=(p_x, p_y, p_z)$ 处产生的力矩之和。在任意点 $\boldsymbol{\xi}$ 处产生的力矩可由下式得到：

212

$$\boldsymbol{\tau}(\boldsymbol{p})=(\boldsymbol{\xi}-\boldsymbol{p})\times\begin{bmatrix}0\\0\\f_z(\xi)\end{bmatrix}=\begin{bmatrix}(\xi_y-p_y)f_z(\xi)\\-(\xi_x-p_x)f_z(\xi)\\0\end{bmatrix} \tag{14.4}$$

由于地面反作用力的垂直分量 $[0, 0, f_z(\xi)]^T$ 在足底与地面之间的所有接触点 $\xi$ 都产生力矩，因此，为了得到关于点 $\boldsymbol{p}=(p_x, p_y, p_z)$ 的力矩需要对所有接触点进行积分。

$$\boldsymbol{\tau}_n(\boldsymbol{p})=\int_S\begin{bmatrix}\xi_x-p_x\\\xi_y-p_y\\0\end{bmatrix}\times\begin{bmatrix}0\\0\\f_z(\xi)\end{bmatrix}\mathrm{d}S=\begin{bmatrix}\int_S(\xi_y-p_y)f_z(\xi)\mathrm{d}S\\-\int_S(\xi_x-p_x)f_z(\xi)\mathrm{d}S\\0\end{bmatrix} \tag{14.5}$$

其中 $S$ 表示接触面积。与二维情况类似，零力矩点 $\boldsymbol{\tau}_n(\boldsymbol{p})=0$ 由下式得出：

$$\boldsymbol{p}=\begin{bmatrix}p_x\\p_y\\p_z\end{bmatrix}=\left[\frac{\int_S\xi_x f_z(\xi)\mathrm{d}S}{f_n},\frac{\int_S\xi_y f_z(\xi)\mathrm{d}S}{f_n},p_z\right]^T \tag{14.6}$$

其中

$$f_n=\int_S f_z(\xi)\mathrm{d}S \tag{14.7}$$

是足底与地面之间所有接触点的地面反作用力的合力。

在实际的仿人机器人中，如果存在 ZMP，那么 ZMP 一定位于支撑多边形内。如果足底与地面接触，那么地面反作用力的垂直分量只能为正；否则足底与地面将失去接触（摔倒）。换句话说，如果机器人没有固定在地面上，则其足底与地面之间的地面反作用力的垂直分量不可能为负。仅当 ZMP 存在于支撑多边形内时，仿人机器人才能通过移动双脚控制其姿态；否则，机器人将摔倒，无法再控制姿态。

### 14.1.2　步态生成

在双足行走过程中，机器人的双脚在两种阶段之间切换。

- 站立阶段：脚的固定阶段
- 摆动阶段：脚的移动阶段

图 14.3 展示了步态周期中的两个阶段：当双脚都与地面接触时，机器人处于*双脚*支撑阶段，在此阶段机器人的脚静止不动。一旦一只脚开始移动，机器人将从双脚支撑阶段转到*单脚*支撑阶段，在此阶段有一只脚在移动。一旦脚完成了摆动同时接触地面，机器人又进入
213 了双脚支撑阶段。

在基于 ZMP 的行走过程中，与跑步不同，机器人的一只脚或者两只脚始终与地面接触，因此 ZMP 一定是存在的。如果能够确保 ZMP 落入支撑多边形内，就可以保持机器人的平衡。然而，如式（14.1）和式（14.6）所示，机器人并不能直接控制 ZMP。因此，我们引入

质心（COM）的概念，可以利用 ZMP 和 COM 的关系来控制 ZMP。

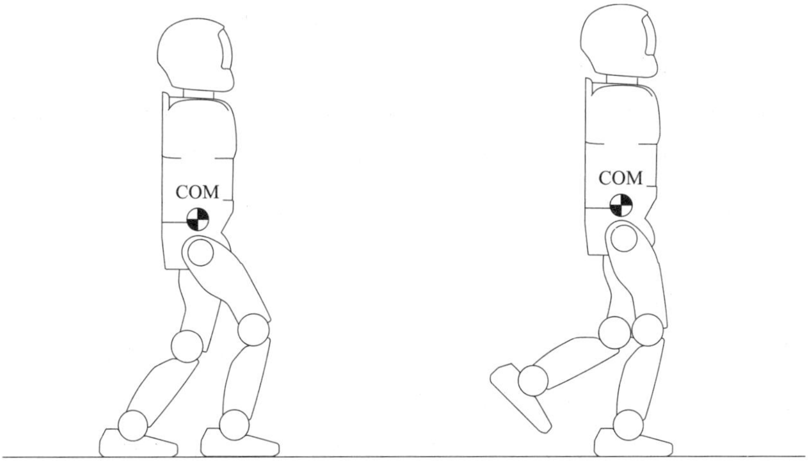


图 14.3　单脚支撑阶段和双脚支撑阶段。在双脚支撑阶段，双脚与地面接触，机器人质量由双脚分担。在单脚支撑阶段，一只脚在运动，而另一只脚与地面接触并承担机器人质量

顾名思义，质心（COM）就是仿人机器人所有身体部位的质量中心。对于有 $D$ 个零部件的机器人，其 COM 可以按下式计算：

$$\boldsymbol{c}=\frac{\sum_{i=1}^{D} m_i \boldsymbol{c}_i}{M},\quad M=\sum_{i=1}^{D} m_i \tag{14.8}$$

其中 $m_i$ 是第 $i$ 个零部件，$c_i$ 为其位置。当已知各零部件在局部坐标系的质心位置时，$c_i$ 在体坐标系下的坐标可以通过正向运动学求解。ZMP 和 COM 有一些相似之处，二者的关系可通过下式表示：

$$p_x=c_x-\frac{(c_z-p_z)\ddot{c}_x}{\ddot{c}_z+g} \tag{14.9}$$

$$p_y=c_y-\frac{(c_z-p_z)\ddot{c}_y}{\ddot{c}_z+g} \tag{14.10}$$

214

其中 $p_z$ 表示地面高度，$g$ 为重力加速度，$\boldsymbol{c}=(c_x, c_y, c_z)$ 和 $\boldsymbol{p}=(p_x, p_y, p_z)$ 分别是 COM 和 ZMP 的坐标。当机器人静止时，$\ddot{c}_x=\ddot{c}_y=0$，此时 ZMP 与 COM 的投影重合，即 $p_x=c_x$ 且 $p_y=c_y$。此外，如果地面平整且垂直于重力方向（与 14.1.1 节中的假设一致），则 $p_z$ 为常量。

通常，静态行走和动态行走需要区别对待。静态行走定义为 COM 的投影始终位于支撑多边形内的稳定行走运动。静态行走时，机器人在任何时刻停止运动都不会跌倒，因为对于静止的机器人，COM 在地面上的投影等于 ZMP（见式（14.9）和式（14.10））。静态行走要求运动缓慢，以使 COM 的投影接近 ZMP。这种行走方式通常要求机器人具备较大的脚掌及强有力的踝关节，以确保能够在脚踝处产生足够的力量。随着机器人的运动速度变快，COM 的投影点和 ZMP 的距离会越来越大，这时仅控制 COM 的投影无法确保机器

人的稳定性。

动态行走步态的效率更高，此时 COM 的投影点不等于 ZMP，且其在运动过程中会有一段时间落在支撑多边形外。图 14.4 展示了一种基于 ZMP 的动态行走步态，规划得到的步态应保证 ZMP 在行走过程中一直处于支撑多边形内，这可以通过以下步骤实现：

- 确定机器人的步长和脚部运动时序，并在笛卡儿空间描述机器人脚的运动。
- 确定 ZMP 的参考轨迹，使 ZMP 始终保持在支撑多边形内。
- 为了实现 ZMP 的参考轨迹约束应确定机器人的上身运动，这可通过式（14.9）和式（14.10）来完成。
- 基于逆向运动学解算腿部运动以完成机器人的脚步计算。

因为有两个方程和三个未知参量，所以利用式（14.9）和式（14.10）并不能完全确定 COM 的运动。为了完全确定 COM 的运动进而求解机器人上半身的运动，必须引入一个附加约束。有多种方法可以引入这个约束，其中最简单的方法是将 COM 的高度设为一个常量（即 $c_z$= 常量，$\ddot{c}_z=0$）。在该假设下，COM 的运动可以由式（14.9）和式（14.10）确定。如果允许 $c_z$ 的值改变则可实现适应性和主动性更强的运动。

值得指出的是，上述方法在确定 COM 的运动时没有考虑腿部质量和运动的影响。考虑到仿人机器人的质量通常集中在上半身，且在运动过程中不必精确跟踪给定的 ZMP 轨迹，所以上述方法的结果是可行的。

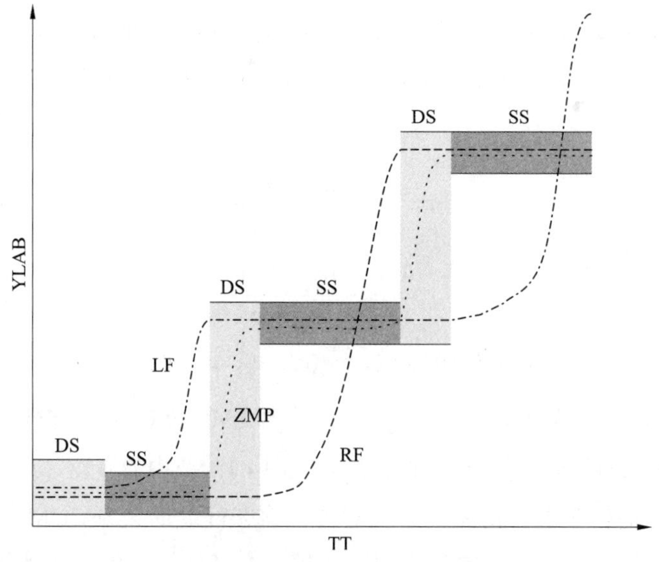


图 14.4　在矢状面基于 ZMP 的行走步态示例。机器人将双脚大致平行放置在地面上，然后从左脚开始生成三步。阴影区域展示了在单脚支撑阶段支撑多边形的范围（深色阴影区域）和在双脚支撑阶段支撑多边形的范围（浅色阴影区域）。步态规划的目标是 ZMP 轨迹（点线）在整个行走过程中都保持在支撑多边形内。图中还绘制了双脚的轨迹（左脚：点划线，右脚：虚线）

如果生成步态时使用的机器人模型足够精确，则只需遵循生成的步态就可以简单地实现双足行走。但在实际应用中，由于噪声和模型误差等原因，如果没有根据陀螺仪、加速度传感器、 215
力传感器和摄像头等感知信息对生成的步态进行修正和预计算，通常无法保证行走步态稳定。

应当指出的是，ZMP 并不是生成稳定行走步态的唯一依据。事实上，有些算法生成的步态在某些运动周期内可能使机器人有不稳定的阶段，对于这类步态的规划，要保证机器人能够在跌倒之前从非稳态中恢复过来。

## 14.2 模仿学习

为充分发挥潜力，仿人机器人应可以在非结构化环境（例如人们的住宅、医院、商店、办公室，甚至户外环境）中执行各种不同的任务。前面提到的 DAPAR 机器人挑战赛中的仿 216
人机器人要在灾难现场完成作业，与当今广泛使用的工业机器人所处的工业作业环境不同，无法通过预定环境来简化仿人机器人的作业难度。由于仿人机器人的运动涉及大量自由度，因此编程更为复杂，基于示教器和离线仿真系统等的经典机器人编程技术对于仿人机器人将不再适用。相反，必须使仿人机器人具有学习和适应能力，这样才能简化编程，甚至可以让仿人机器人自主获取更多的知识。

仿人机器人的行为学习是一个难题，因为它的运动涉及的位形空间非常大，而且随着自由度的增加呈指数增长。解决该问题的方法是将学习的重点放在实际应用中与指定任务密切相关的机器人的位形空间。这可以通过*模仿学习*来实现，也称为*示教编程*。人类示教者首先向机器人演示如何执行指定任务，为了使这种方式奏效，机器人必须能够从人类的演示中提取重要信息，并复制任务执行中的必需部分。虽然大多数情况下不必完全复制示教动作即可执行指定任务，但机器人尽可能多地模仿示教动作却会带来一定好处。由于仿人机器人的身体与人体相似，因此将模仿学习的重点放在位形空间相关部分是一个好的选择。

### 14.2.1 观察人类运动并将其迁移至仿人机器人运动

有许多测量系统和技术可以用于观察和测量人体运动，包括：

- 光学运动捕获系统
- 惯性测量单元（IMU）
- 用于估计人体运动的计算机视觉方法
- 被动外骨骼
- 手动引导

下面我们将列举上述系统的主要优缺点。

#### 14.2.1.1 光学运动捕获系统

光学跟踪器（又叫运动捕获系统）基于附着在人体上的一组有源或者无源标记，其中，无源标记的表面由镜面反射材料构成，可以将光线沿射入方向反射回去。在带有无源标记的

217 系统中，摄像头配备了一组红外发光二极管（LED）。二极管发出的红外光经标记点反射后沿原方向返回，这使标记点在图像中的亮度比其他任何点的亮度都高，基于此特性可以方便地在相机图像中检测反光标记。如果两个（或更多个）摄像头同时获得的图像中包含同一个标记点，就可以使用三角测量法计算标记的三维位置。跟踪连续帧之间的标记点可以估计其运动轨迹。

与无源标记不同，有源标记通常配备LED，可以主动发光，前提是需要配备电源。在这种系统中一般采取各个标记分时发光的策略，保证任意时刻只有一个标记在发光，从而便于识别标记的编号。和基于无源标记的光学跟踪系统相比，具有有源标记的光学跟踪系统能更有效地应对短时遮挡，因为一旦标记再次出现，系统就可以马上识别，这是基于无源标记的光学跟踪系统做不到的。但另一方面，由于有源标记系统有供电要求，因此需要通过电线将其连接至电源上，使得其应用比基于无源标记的光学跟踪系统更加复杂。

为了测量人体运动，必须将无源标记或有源标记附着在身体各部位的合适位置。一般来讲，身体每个部位的标记不能少于3个，否则无法估计其位置。动作捕捉专用服装的设计有效简化了将标记附着在人体各部位的工作。

不论基于有源标记还是无源标记，光学跟踪系统都可以提供当前视野内标记的三维位置。对于身体的某个部位，如果有3个以上附着在此部位上的标记可见，则可以估算该部位的位姿信息。为了让机器人能够复现所观察到的运动，上述位姿信息要与机器人的运动相关。在某种程度上，可以将人体运动建模为铰接多刚体的运动。如果仿人机器人的运动学特性与人体运动学特性足够接近，我们就可以将其嵌入人体运动学模型中，如图14.5所示。这种嵌入可以用于估计人体两个相邻部位间的关节角度。假设人体两个相邻部位的方向由旋转矩阵 $\boldsymbol{R}_1$ 和 $\boldsymbol{R}_2$ 表示，并且连接这两个部位的关节由3个相邻的关节轴 $j_1$、$j_2$、$j_3$ 组成，其旋转角度分别由 $\varphi$、$\theta$ 和 $\psi$ 表示。进一步假设3个关节轴是两两正交的，并且交于一点。在这种表示下，3个关节角对应于第4章中介绍的欧拉角，共有12种基础的旋转组合方式。在图14.5中，可以通过适当的欧拉角组合来描述躯干、颈部、肩膀、腕部和踝关节，这些旋转矩阵之间的关系由下式表达：

218
$$\boldsymbol{R}_1 = \boldsymbol{R}(j_1,\varphi)\boldsymbol{R}(j_2,\theta)\boldsymbol{R}(j_3,\psi)\boldsymbol{R}_2 = \boldsymbol{R}(\varphi,\theta,\psi)\boldsymbol{R}_2 \tag{14.11}$$

则关节角度 $\varphi$、$\theta$ 和 $\psi$ 可由下式解出：

$$\boldsymbol{R}(\varphi,\theta,\psi) = \boldsymbol{R}_1\boldsymbol{R}_2^{\mathrm{T}} \tag{14.12}$$

该方程与关节轴 $j_1$、$j_2$ 和 $j_3$ 的选取有关，只要估算出嵌入模型中的所有关节角，就可以通过机器人复现观察到的运动。

光学跟踪系统还可以准确估计人体在世界坐标系中的绝对位姿。由于一般认为仿人机器人的运动学是基于躯干的局部坐标系的，因此，躯干位姿对应于人体在世界坐标系中的绝对位姿。

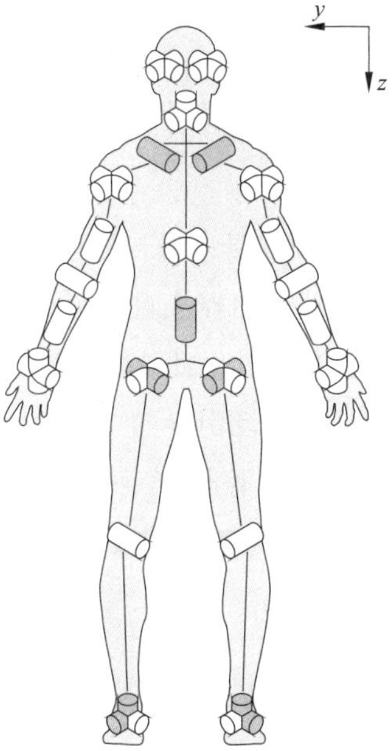


图 14.5 仿人机器人的运动学结构，当手臂和腿处于伸直位置时，所有关节轴均平行于身体的 3 个主要坐标轴之一，其坐标轴方向如右上角所示（前后：$x$ 轴，左右：$y$ 轴，上下：$z$ 轴）

### 14.2.1.2 惯性测量单元

惯性测量单元（IMU）内部集成了不同种类的传感器，包括用于测量三维空间中线性加速度的加速度计和方向变化率（即角速度）的陀螺仪。此外，IMU 通常还包括磁强计， 219
用于与陀螺仪融合从而提高精度并减少漂移。根据传感器数据估计 IMU 位姿的方法详见 7.2.6 节。

在将人体运动迁移至仿人机器人运动时，IMU 的数据可用于估计每个与 IMU 固连的身体部位的位姿。与基于标记的光学跟踪系统一样，人体相邻部位之间的关节角可以通过式（14.12）来估计。

与光学跟踪系统不同，基于 IMU 的运动估计不需要外部摄像头，因此不会受遮挡的影响。另一方面，由于 IMU 涉及线性加速度和角速度的积分，因此其运动估计的精度低于光学跟踪系统。而且 IMU 的积分也会引起漂移，尤其是估计人体在空间中的绝对位姿时。通过合适的滤波器融合从加速度计、陀螺仪和磁强计中获得测量数据，可以有效降低漂移量。

### 14.2.1.3 被动外骨骼和手动引导

光学跟踪系统和 IMU 用于人体运动捕捉时的一个关键问题是，它们在测量人体运动时未考虑人与机器人在运动学和动力学这两方面的差异。此类结果用于机器人的运动控制时必须考虑机器人的约束，否则机器人将无法复现示教动作。另外，也可以用公式建模非线性优化问题来调整目标机器人的模仿动作。

其他的测量系统也可以避免上述人类运动迁移至机器人运动时出现的问题。一种可行方法是设计一种特殊的被动设备，该设备像外骨骼一样进行穿戴，其自由度与机器人的自由度相对应。当然，被动外骨骼的设计对人类的绝大部分运动不能产生影响。被动外骨骼没有马达，但应集成测角仪以测量关节角度。如果目标机器人的运动学模型与外骨骼相对应，则外骨骼测量的关节角度可直接用于控制目标机器人。被动外骨骼的一个缺点是必须像衣服一样针对示教者量身定做。

如 12.3.2 节所述，某些机器人的动作可以通过物理引导完成（见图 14.6）。在手动引导过程中记录的机器人关节角度无疑是符合机器人自身运动学的。对于柔顺控制机器人，人类示教者可以轻松地引导其沿所需方向移动，对此这种方法是比较有效的。

与基于标记的运动跟踪系统相比，手动引导的主要缺点是示教者的动作不那么自然。因此，使用此类系统演示复杂的动作有时并不容易，例如，手动引导不能有效演示复杂的舞蹈动作。与之相对的，使用光学跟踪系统、IMU 或被动外骨骼捕捉动作时，示教者则可以很
220 容易地演示舞蹈动作。

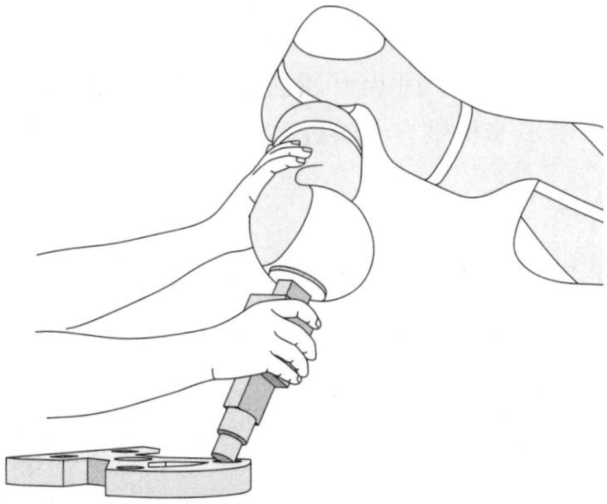

图 14.6　轴孔装配任务的动觉示教，人类示教者用自己的手引导拟人机械手完成任务

## 14.2.2　动态运动基元

在 14.2.1 节中，我们讨论了如何捕捉人体运动以及如何将捕捉到的运动转换为机器人关节角度的轨迹。在某些情况下，还必须使捕捉到的运动适应目标机器人的运动学和动力学性能。通常捕捉到的运动可以表示为以下序列：

$$\left\{\boldsymbol{y}_d(t_j),t_j\right\}_{j=1}^{T} \tag{14.13}$$

其中，$\boldsymbol{y}_d(t_j)\in\mathbb{R}^D$ 是 $t_j$ 时刻测得的关节角度；$D$ 是自由度的数量；$T$ 是运动跟踪过程中的观测次数，该序列定义了参考轨迹。但是为了实现有效控制，我们还需要按照目标机器人的控制频率生成马达控制指令，而机器人的控制频率通常高于运动捕捉系统的测量频率。因此，根据测量数据（见式（14.13））构造连续的参考轨迹以便生成适当频率的马达指令从而控制机器人。

在本节中我们将介绍动态运动基元（DMP），它为有效的模仿学习和机器人运动控制提

供了一个综合框架。DMP 将运动轨迹编码为一组具备吸引子特性的非线性微分方程。对于某个自由度 $y$，下面这个常系数微分方程组构成的动态系统是一个 DMP：

$$\tau \dot{z} = \alpha_z(\beta_z(g-y)-z) \tag{14.14}$$

$$\tau \dot{y} = z \tag{14.15}$$ 221

需要注意的是，上式中的辅助变量 $z$ 只是控制变量 $y$ 的速度标量，常数 $\alpha_z$ 和 $\beta_z$ 可以解释为弹簧的刚度和阻尼。对于合适的常数 $\alpha_z$，$\beta_z$，$\tau>0$，上述方程形成一个以 $g$ 为唯一吸引子的全局稳定线性动力学系统。我们称 $g$ 为运动目标，这意味着对于任何起始配置 $y(0)=y_0$，变量 $y$ 在一定时间后达到目标点 $g$，就像拉伸后的弹簧释放后将返回静止位置一样。$\tau$ 为时间常数，它影响收敛到吸引子点 $g$ 的速度。

### 14.2.3 线性动力学系统的收敛性

现在我们分析一下上述系统为什么有用。首先写出非齐次线性微分方程组（式（14.14）和式（14.15））的一般解。众所周知，这种方程组的一般解可以写为特解和通解的和。

$$\begin{bmatrix} z(t) \\ y(t) \end{bmatrix} = \begin{bmatrix} z_p(t) \\ y_p(t) \end{bmatrix} + \begin{bmatrix} z_h(t) \\ y_h(t) \end{bmatrix} \tag{14.16}$$

此处，$\left[z_p(t), y_p(t)\right]^T$ 是线性方程组（式（14.14）和式（14.15））的任意解，而 $\left[z_h(t), y_h(t)\right]^T$ 是方程组（式（14.14）和式（14.15））的齐次部分的通解，即：

$$\begin{bmatrix} \dot{z} \\ \dot{y} \end{bmatrix} = \frac{1}{\tau}\begin{bmatrix} -\alpha_z(\beta_z y + z) \\ z \end{bmatrix} = \boldsymbol{A}\begin{bmatrix} z \\ y \end{bmatrix}，\ \boldsymbol{A} = \frac{1}{\tau}\begin{bmatrix} -\alpha_z & -\alpha_z\beta_z \\ 1 & 0 \end{bmatrix}$$

易验证常函数 $\left[z_p(t), y_p(t)\right]^T = [0 \quad g]^T$ 为方程组（式（14.14）和式（14.15））的解。此外，齐次方程（式（14.17））的通解由 $\left[z_h(t), y_h(t)\right]^T = \exp(\boldsymbol{A}t)c$ 给出，其中 $c \in \mathbb{R}^2$ 为任意常数。因此，方程组（式（14.14）和式（14.15））的通解可写为：

$$\begin{bmatrix} z(t) \\ y(t) \end{bmatrix} = \begin{bmatrix} 0 \\ g \end{bmatrix} + \exp(\boldsymbol{A}t)c \tag{14.17}$$

常数 $c$ 可以由初始条件 $\left[z(0), y(0)\right]^T = \left[z_0, y_0\right]^T$ 计算得出，$\boldsymbol{A}$ 的特征值由 $\lambda_{1,2} = (-\alpha_z \pm \sqrt{\alpha_z^2 - 4\alpha_z\beta_z})/(2\tau)$ 给出。对于任意 $\alpha_z$，$\beta_z$，$\tau>0$，若特征值 $\lambda_{1,2}$ 的实数部分小于 0，则式（14.17）的解向 $[0 \ g]^T$ 处收敛。当 $\lambda_{1,2}=-\alpha_z/(2\tau)$ 时，$\alpha_z=4\beta_z$。这时该系统具有临界阻尼，这意味着 222
$y$ 收敛至 $g$ 而不会振荡，此时 $\boldsymbol{A}$ 具有两个相等的负特征值，收敛速度比其他特征值情况下要快。

### 14.2.4 点到点运动的动态运动基元

微分方程组（式（14.14）～式（14.15））能够保证 $y$ 从任何起点 $y_0$ 开始都会收敛至 $g$ 点，因此可用于实现简单的点到点运动。为了将其扩充为轨迹集，从而实现更一般的点对点运动，可以在式（14.14）中增加一个非线性分量。该非线性函数通常被称为强迫项，通常是径向基函数 $\psi_i$ 的线性组合：

$$f(x)=\frac{\sum_{i=1}^{N} w_i\psi_i(x)}{\sum_{i=1}^{N}\psi_i(x)}x(g-y_0) \tag{14.18}$$

$$\psi_i(x)=\exp(-h_i(x-c_i)^2) \tag{14.19}$$

其中 $c_i$ 是径向基函数 $\psi_i$ 的中心，且 $h_i>0$。$g-y_0$，$y_0=y(t_1)$ 项可以看作轨迹的尺度缩放因子，用于改变运动的起点和终点。如果运动的起点和终点不变，那么这个缩放因子就不会起作用，可以忽略。在强迫项（见式（14.18））中使用相位变量 $x$ 代替时间变量，可以降低控制策略对时间的依赖性。它的动力学特性由下式定义：

$$\tau\dot{x}=-\alpha_x x \tag{14.20}$$

初始值 $x(0)=1$。式（14.20）的一个解为：

$$x(t)=\exp(-\alpha_x t/\tau) \tag{14.21}$$

使用相位变量 $x$ 代替时间变量的优势在于能够避免时间依赖性，并获得与内部时钟无关的规划结果。分析下面的非线性微分方程组：

$$\tau\dot{z}=\alpha_z(\beta_z(g-y)-z)+f(x) \tag{14.22}$$

$$\tau\dot{y}=z \tag{14.23}$$

相位变量 $x$ 和函数 $f(x)$ 随时间增加而趋于 0，换句话说，非线性项 $f(x)$ 的影响会随着时间而减小。所以，就像线性方程组（式（14.14）和式（14.15））一样，通过对方程组（式（14.22）和式（14.23））进行积分，可以确定系统变量 $[z, y]^{\mathrm{T}}$ 将收敛至 $[0, g]^{\mathrm{T}}$。由变
223 量 $y$ 及其一阶导数和二阶导数构造的控制策略定义了所谓的动态运动基元（DMP）。对于自由度数目较多的系统，每个自由度都由自身的微分方程组（式（14.22）和式（14.23））表示，而相位 $x$ 在各自由度上都是一致的，因为相位方程（见式（14.20））不包含变量 $y$ 和 $z$。

一般而言，通过设置预定义的分布规律并增加基函数的数量 $N$ 可以实现所需的重构精度，并基于此确定式（14.19）中的参数 $c_i$ 和 $h_i$。例如，对于已给定的 $N$，我们可以定义：

$$c_i=\exp\left(-\alpha_x\frac{i-1}{N-1}\right), i=1,\cdots,N \tag{14.24}$$

$$h_i=\frac{2}{(c_{i+1}-c_i)^2}, i=1,\cdots,N-1, h_N=h_{N-1} \tag{14.25}$$

注意，此处 $c_1=1=x(0)$ 且 $c_N=\exp(-\alpha_x)=x(t_T)$。

在上述等式中，$\alpha_x$、$\alpha_z$ 和 $\beta_z$ 为常数，要求满足 14.2.3 节介绍的动态系统收敛性。例如设 $\alpha_x=2$，$\beta_z=3$，$\alpha_z=4\beta_z=12$ 是满足要求的。

作为表达形式，DMP 不仅能够对点对点运动进行精确编码，还可以根据需要对运动的不同特性进行调制。进一步讲，形状参数 $w_i$ 允许机器人可以通过对式（14.20）、式（14.22）和式（14.23）进行积分来准确跟踪所需的轨迹；调整其他参数可对抗扰动。

对于具有两个自由度的运动，图 14.7 展示了由动态运动基元生成的吸引子场。由图可知，吸引子场随相位 $x$ 的变化而变化。只要机器人一直跟随示教轨迹，吸引子场就会引导机器人沿着示教轨迹运动。如果机器人受到干扰并偏离了示教轨迹，则沿相位 $x$ 生成的吸引子场将引导机器人沿修改后的轨迹达到期望的目标点。

可以通过使用欧拉积分法对式（14.22）、式（14.23）和式（14.20）进行积分，从而完整确定由 DMP 描述的轨迹：

$$z_{k+1} = z_k + \frac{1}{\tau}(\alpha_z(\beta_z(g - y_k) - z_k) + f(x_k))\Delta t \tag{14.26}$$

$$y_{k+1} = y_k + \frac{1}{\tau} z_i \Delta t \tag{14.27}$$

$$x_{k+1} = x_k - \frac{1}{\tau}\alpha_x x_k \Delta t \tag{14.28}$$

其中 $\Delta t > 0$ 代表用于积分的时间常数，通常根据机器人的控制频率进行设置。积分的初值必须设置为机器人的当前状态，即刚开始运动时的初始位置，且运动速度为 0。因此得到的初值为：$y_0$=0、$z_0$=0、$x$=1。 224

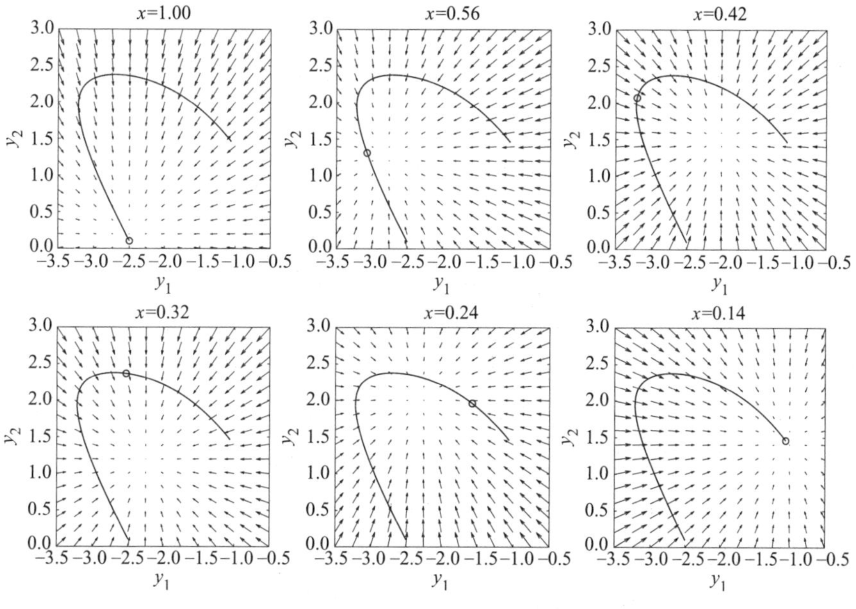


图 14.7 DMP 生成的吸引子场图，其中机器人的两个自由度为 $y_1$ 和 $y_2$，运动轨迹沿相位变量 $x$ 积分。图中的箭头表示在给定平面 $x$ 上 $y_1$、$y_2$ 的不同值对应的 $\dot{z}_1$、$\dot{z}_2$，圆圈表示给定相位 $x$ 所对应的期望配置 $y_1$、$y_2$

### 14.2.5 通过单次示教估算 DMP 参数

为了估计测量序列（见式（14.13））的 DMP 参数，要首先通过数值微分计算导数 $\dot{y}_j$ 和 $\ddot{y}_j$。对拥有 $D$ 个自由度的 $y$，我们可以获得以下测量序列：

$$\left\{y_{\mathrm{d}}(t_j), \dot{y}_{\mathrm{d}}(t_j), \ddot{y}_{\mathrm{d}}(t_j)\right\}_{j=1}^{\mathrm{T}} \quad (14.29)$$

此处 $y_{\mathrm{d}}(t_j)$、$\dot{y}_{\mathrm{d}}(t_j)$、$\ddot{y}_{\mathrm{d}}(t_j) \in \mathbb{R}$ 为示教轨迹上测得的位置、速度和加速度，$T$ 为采样点的数量。
225 基于 DMP 的运动表示，可以通过估计式（14.18）中的参数 $w_i$ 来近似任何平滑的运动。为此我们通过在式（14.22）中将 $z$ 替换为 $\tau\dot{y}$ 来将线性方程组（见式（14.22）和式（14.23））重写为二阶方程：

$$\tau^2\ddot{y} + \alpha_z\tau\dot{y} - \alpha_z\beta_z(g-y) = f(x) \quad (14.30)$$

其中 $f$ 的定义见式（14.18）。需要指出的是，此处所有自由度的时间常数 $\tau$ 必须相同。可以令 $\tau=t_T-t_1$，其中 $t_T-t_1$ 为示教运动的持续时间。另一方面，吸引子点 $g$ 在各自由度上是不同的，可以直接从记录数据中获得：$g=y_{\mathrm{d}}(t_T)$。列写以下方程组：

$$F_{\mathrm{d}}(t_j) = \tau^2\ddot{y}_{\mathrm{d}}(t_j) + \alpha_z\tau\dot{y}_{\mathrm{d}}(t_j) - \alpha_z\beta_z(g - y_{\mathrm{d}}(t_j)) \quad (14.31)$$

$$\boldsymbol{f} = \begin{bmatrix} F_{\mathrm{d}}(t_1) \\ \cdots \\ F_{\mathrm{d}}(t_T) \end{bmatrix}, \quad \boldsymbol{w} = \begin{bmatrix} w_1 \\ \cdots \\ w_N \end{bmatrix}$$

我们可以得到线性方程组：

$$\boldsymbol{X}\boldsymbol{w} = \boldsymbol{f} \quad (14.32)$$

必须解出该线性方程组才能估算出 DMP 编码期望运动的权重。系统矩阵 $\boldsymbol{X}$ 由下式给出：

$$\boldsymbol{X} = (g - y_0)\begin{bmatrix} \dfrac{\psi_1(x_1)}{\sum_{i=1}^{N}\psi_i(x_1)}x_1 & \cdots & \dfrac{\psi_N(x_1)}{\sum_{i=1}^{N}\psi_i(x_1)}x_1 \\ \cdots & \cdots & \cdots \\ \dfrac{\psi_1(x_T)}{\sum_{i=1}^{N}\psi_i(x_T)}x_T & \cdots & \dfrac{\psi_N(x_T)}{\sum_{i=1}^{N}\psi_i(x_T)}x_T \end{bmatrix} \quad (14.33)$$

其中，相位采样点 $x_j$ 通过将测量时间 $t_j$ 代入式（14.21）中获得。参数 $\boldsymbol{w}$ 可以利用最小二乘法求解上述线性方程组来确定。DMP 参数的计算示例如图 14.8 所示，计算得出的 DMP 能够确保机器人在时间 $t_T$ 时到达吸引子点 $g$。由于 DMP 旨在表达点到点的运动，因此如果需要机器人在 $t_T$ 时刻之后停留在吸引子点上，则示教时必须以完全停止运动作为结束。如果用 DMP 来近似任何其他类型的运动，则机器人将越过吸引子点再返回，此时微分方程的二阶线性系统动态特性占据主导作用。理论上讲，运动开始时的初速度不必为零，但实际操作上
226 很难通过示教系统获得这样的轨迹。

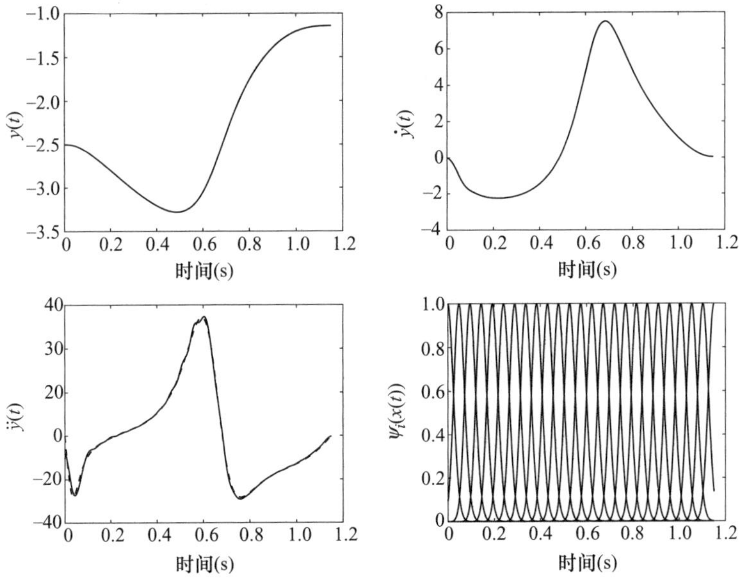


图 14.8 动态运动基元的时间演化示意图：控制变量 $y$ 及其导数、相位 $x$ 和径向基函数 $\psi_i$，均用实线表示。虚线表示 $y$、$\dot{y}$、$\ddot{y}$ 的示教值

### 14.2.6 DMP 调制

DMP 的一个重要优点是，它可以轻松调制学习到的动作。如图 14.9 左侧所示，可以通过改变参数 $\tau$ 来加快或减慢运动速度；图 14.9 右侧表明可以通过改变目标参数 $g$ 来更改轨迹的终点，从而使机器人移动至新的目标。强迫项（见式（14.18））中的 $y_0-g$ 确保随着目标或初值的变化适当地进行缩放运动。 227

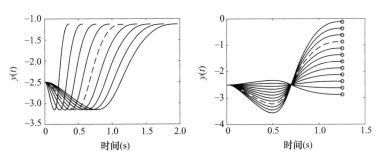

图 14.9 DMP 调制。虚线轨迹表示原始的 DMP，未进行任何调制。左：时间调制，实线表示 DMP 随 $\tau$ 的改变。右：目标调制，实线表示 DMP 随目标 $g$ 的改变，圆圈表示目标位置

更复杂的调制涉及改变基础的微分方程（式（14.22）、式（14.23）和式（14.20））。例如，式（14.23）可以更改为下式以避免越过关节运动限位的下限：

$$\tau y = z - \frac{\rho}{(y_{\mathrm{L}} - y)^3} \tag{14.34}$$

越过关节运动限位的原因是，一旦 $y$ 接近 $y_L$，那么式（14.34）中的分母将会变小，造成积分方程（见式（14.23）和式（14.34））之间的显著差异。如图 14.10 右图所示，式（14.34）中的第二项充当排斥力，防止 $y$ 过于接近 $y_L$。另一方面，只要关节角度 $y$ 远离关节极限位置 $y_L$，方程（见式（14.34））中的分母就保持较大。在此情况下，式（14.23）与式（14.34）的积分方程之间几乎没有区别，且 DMP 生成的轨迹能够跟踪示教运动。注意，在 DMP 的调制过程中不必学习新的参数 $w_i$、目标 $g$ 或时间常数 $\tau$，它们可以保持不变。只有式（14.23）必须换为式（14.34），以确保在线控制过程中避免越过关节限位。

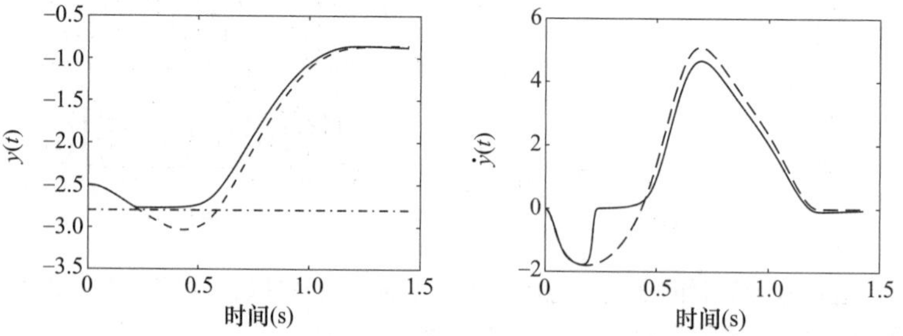


图 14.10　在 $y$=–2.8 时避免关节越过极限位置的 DMP 调制。实线表示 DMP 轨迹及其通过积分（见式（14.34））获得的速度，虚线表示调制前的 DMP 及通过积分（见式（14.23））获得的速度

应用相位变量而非时间变量最吸引人的地方在于，它可以轻松地调节相位的时间演化特性，例如可以通过耦合方式加快或减慢运动至合适速度。与式（14.20）和式（14.23）的时间积分不同，式（14.20）和式（14.36）可以对相位变量进行积分。

$$\tau\dot{x} = -\frac{\alpha_x x}{1+\alpha_{\mathrm{px}}(y-\tilde{y})^2} \tag{14.35}$$

$$\tau\dot{y} = z + \alpha_{\mathrm{py}}(y-\tilde{y}) \tag{14.36}$$

其中 $y$ 和 $\tilde{y}$ 分别表示机器人关节的期望和实际角度位置。如果机器人不能跟随期望的运动，
228 则 $\alpha_{\mathrm{px}}(y-\tilde{y})^2$ 将增大，并导致相位变化 $\dot{x}$ 减小。因此，相位演化直到机器人到达预期的目标点 $y$ 之后才会停止，这是式（14.36）中新加项导致的结果。另一方面，如果机器人精准跟随期望运动，则 $\tilde{y}-y\approx 0$，且此时式（14.35）和式（14.36）与式（14.20）和式（14.23）之间没有什么区别。因此，在这种情况下，DMP 产生的运动不会改变。图 14.11 所示为机器人的运动被暂时阻挡后，造成相位演化暂停的结果。

总而言之，DMP 为学习仿人机器人的运动轨迹和控制仿人机器人提供了一种有效的表示方法。DMP 由非线性微分方程构造，因此可以保证由生成的控制律实现的运动是平滑的。DMP 的一个重要特性是可以从单次示教中确定参数。与其他表达方式相比，它具有诸多优势，包括：

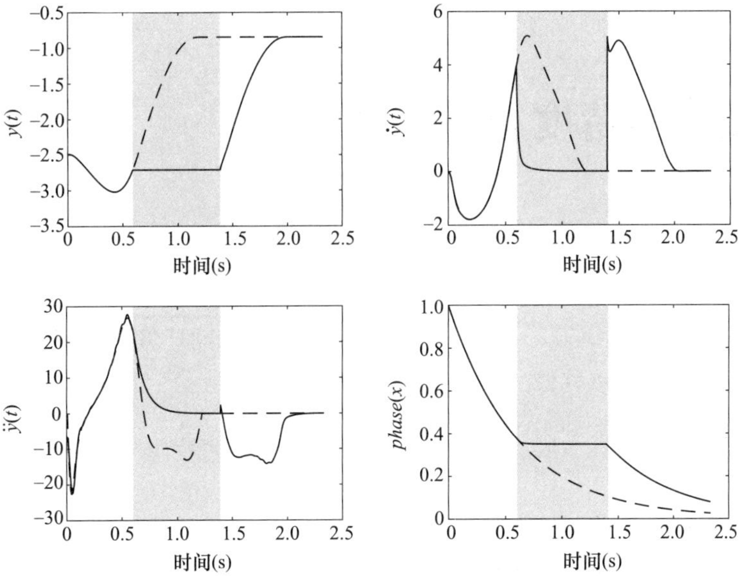


图 14.11 在时间区间 [0.6,1.4]（灰色区域）中，由于阻挡，关节位置 $\bar{y}$ 的相位演化暂停。虚线轨迹表示原始的 DMP、速度、加速度和相位演化，实线轨迹表示上述变量在相位停止后有扰动时的运动情况。需要指出的是，在时间区间 [0.6,1.4] 外，机器人能够准确地跟随期望运动

- 对于任意期望的动作，可容易地通过示教学习获得 DMP 的参数
- 不依赖时间演化，且允许时间调制
- 对干扰的鲁棒性很强
- 可以通过参数调整和引入方程对轨迹进行调制

由于 DMP 具有灵活性和鲁棒性，因此在从单次示教中学习机器人的轨迹时，DMP 是一种候选方法。 229~230

第 15 章

Robotics, Second Edition

# 工业机械臂的精度和重复性

本章将简单介绍在 ISO 9283 标准下的工业机械臂的性能评价标准和方法。在探讨性能评价标准之前，先对工业机械臂的基本资料进行综述。

机械臂的基本构型通常分为以下几种结构：

- 直角坐标型机械臂（见图 15.1 左）
- 圆柱坐标型机械臂（见图 15.1 右）
- 极坐标型（球坐标型）机械臂（见图 15.2 左）
- 拟人手臂型机械臂（见图 15.2 右）
- 装配用的选择性顺序铰接机器人（Selective Compliance Assembly Robot Arm，SCARA）(见图 15.3)

在图 15.1 ~ 图 15.3 中标注了所有机械臂的自由度、基坐标系和关节坐标系，其中关节坐标系由制造商指定。

利用图形表示出机械臂工作空间的边界也是十分重要的，如图 15.4 所示。机械臂的最大工作范围要至少在两个视图中得到清晰的展示，机械臂上每个自由度的运动范围也要在图中体现出来。制造商还须明确机械臂工作空间的中心 $c_w$，确保机械臂的运动大部分发生在以 $c_w$ 为中心的工作空间内。

机器人的参数可由机械臂的载荷参数来确定，如质量（kg)、力矩（N • m)、转动惯量（kg • m$^2$）以及推力（N)。在机械臂未加速或减速时，它的最大运行速度须以恒定速率给出。机械臂任意轴的最大速度应与末端执行器的载荷关联在一起给出。还需给出每个轴运动的分辨率（mm 或°）、控制系统描述和编程方法。

图 15.5 中展示了 3 种最具代表性的机械臂坐标系（右手系）。第一种为世界坐标系 $x_0$-$y_0$-$z_0$，坐标系的原点由用户进行定义。$z_0$ 轴的方向与重力矢量平行，但方向相反。第二种为基坐标系 $x_1$-$y_1$-$z_1$，由制造商定义，并与机械臂基座固连。$z_1$ 轴指向远离基座安装面的垂直方向，$x_1$ 轴通过机械臂工作空间中心 $c_w$ 在基座安装面的投影。$x_m$-$y_m$-$z_m$ 是关节坐标系，其原点位于关节接口（机器人手掌）的中心，该关节接口可以用于连接其他夹持器或末端执行器。$z_m$ 轴的正方向是从机械界面出发指向末端执行器。$x_m$ 轴位于包含原点并与 $z_m$ 轴垂直的平面内。图 15.6 显示了机械臂旋转与平移运动的正方向。

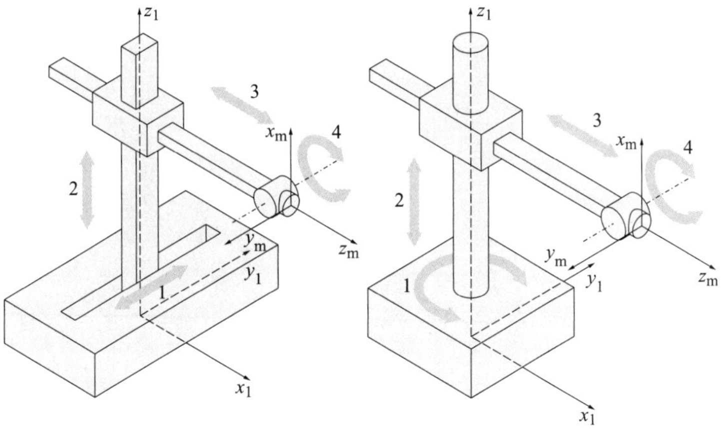


图 15.1　直角坐标型机械臂 ( 左 ) 与圆柱坐标型机械臂 ( 右 ) 的机械结构

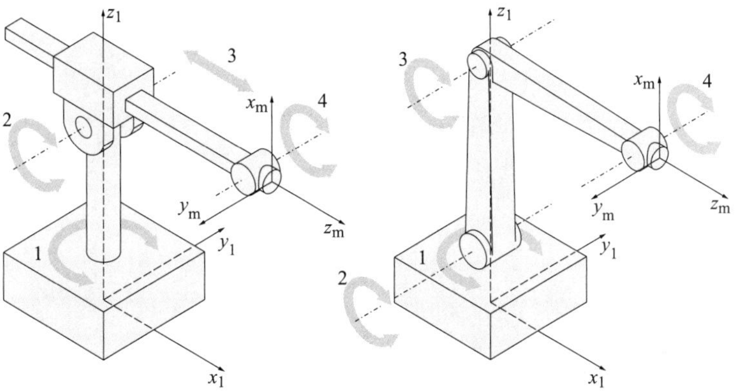


图 15.2　极坐标型机械臂 ( 左 ) 与拟人手臂型机械臂 ( 右 ) 的机械结构

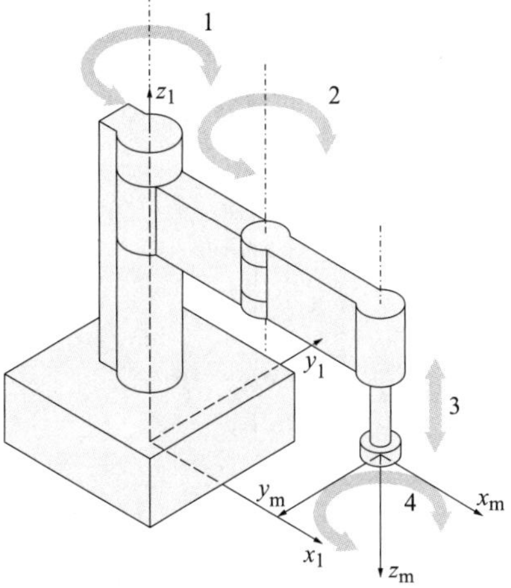


图 15.3　SCARA 的机械结构

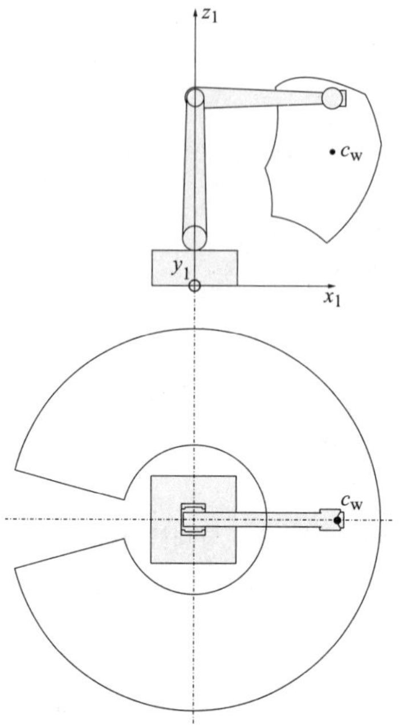


图 15.4 机械臂的工作空间

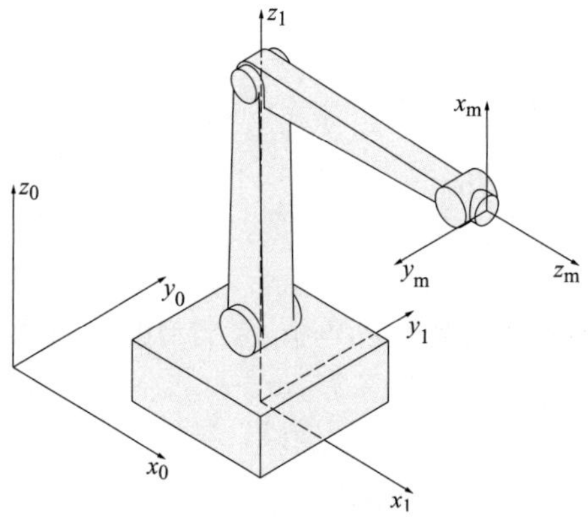


图 15.5 机械臂的坐标系

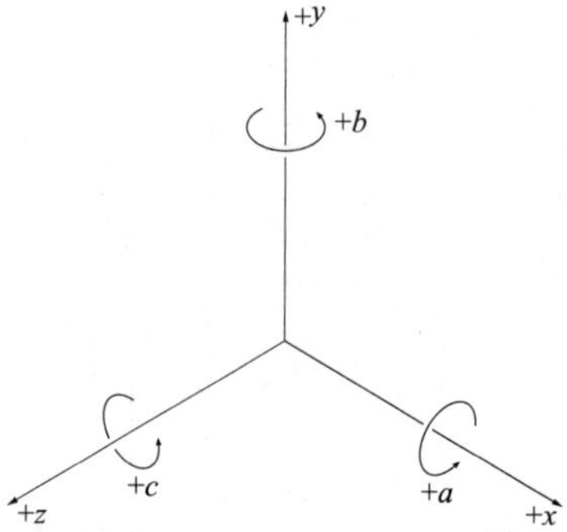




图 15.6 机械臂在旋转与平移运动中的正方向

ISO 9283 标准提供了测试工业机械臂的性能评价标准与方法，是业内最重要的标准。该标准促进了机器人制造商与用户之间的交流，定义了测试工业机械臂特定性能参数的方法。测试可以在验收阶段进行，也可以在机器人使用的各个阶段进行，以便检查机器人运动的精度和重复性。显著影响工业机械臂完成任务的性能参数包括：

- 位姿精度与重复性（位姿定义为机器人特定部分的位置和方向，特定部分通常为末端执行器）
- 位移的精度与重复性
- 位姿稳定时间
- 位姿超调量
- 位姿精度和重复性的漂移量

这些性能参数在点对点的工业机械臂任务中是非常重要的。对于一些要求工业机械臂沿连续路径运动的任务，还会定义其他类似的参数，这些参数将不会在本书中介绍，读者可以在相关文献中找到。

在测试工业机械臂的精度和重复性时，有两个重要术语：样本集与样本集质心。样本集定义为在相同命令下获得的一组末端执行器的位姿。样本集质心的坐标是样本集中所有点的
$x$、$y$ 和 $z$ 坐标的平均值，测量得到的位姿应在与基坐标系平行的坐标系内表示。测量点应尽 233
量设置在靠近关节坐标系原点的位置。建议采用非接触式的光学测量方法，测量仪器需进行精确的校准。工业机械臂的精度与重复性的测试应满足两个条件，一是末端执行器要达到最大载荷，二是在指定起点与终点之间以最大速度运行。

在 ISO 9283 标准中规定了需要测量的位姿。进行测试时需包括 5 个点，这些点位于一个立方体的对角面上（见图 15.7）。标准中规定了此立方体在机器人工作空间中的位置，立方体的位置取好后应使大部分机器人运动落入立方体内部。在此前提下，立方体的体积应尽可能地大，立方体的边缘要与基坐标系的坐标轴平行。在图 15.7 中，点 $P_1$ 是立方体对角线的交点。点 $P_2$ ~ $P_5$ 位于立方体对角线上，距立方体顶点一定距离处。距离的取值为立方体
对角线长度 $L$ 的 10% ± 2%。此标准还明确了测试每个性能参数时需测量的最小次数。 234

- 位姿精度与重复性：30 次
- 位移的精度与重复性：30 次
- 位姿稳定时间：3 次
- 位姿超调量：3 次
- 位姿精度和重复性的漂移量：8 小时连续测试

下面分别介绍测试性能参数的方法。在测试末端执行器位姿的精度和重复性时，需区分所谓的指令位姿和实际位姿（见图 15.8）。

指令位姿是期望的位姿，可通过机器人编程或使用示教装置手动输入。实际位姿是机器
人末端执行器响应指令后实际到达的位姿。位姿精度用于评估指令位姿与实际位姿之间的误 235

差，位姿的重复性用于评估重复执行同一命令时位姿的波动，因此，位姿精度和重复性与射击中的精度和重复性非常相似。产生误差的原因有：控制算法引起的误差、坐标变换产生的误差、机器人机械结构尺寸与机器人控制模型的差异、机械故障（如磁滞或摩擦）以及温度等外界影响。

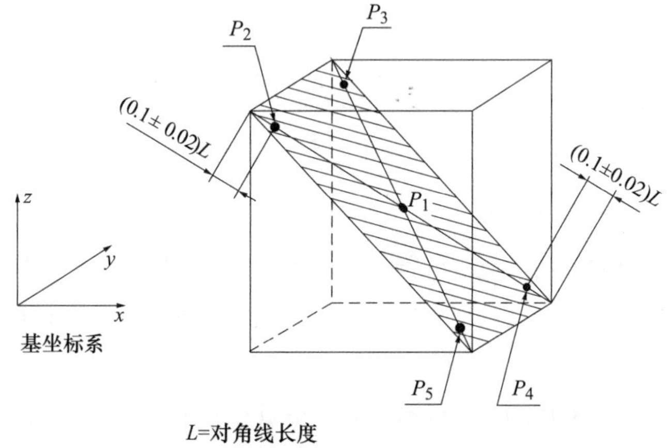


图 15.7　测试时所需的 5 个点以及立方体（L 为对角线长度）

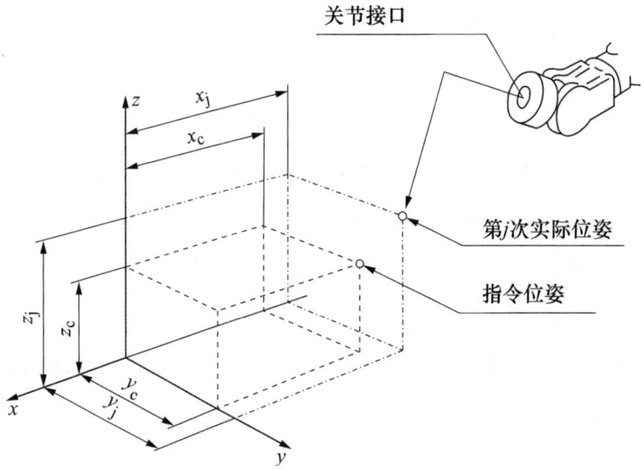


236

图 15.8　指令位姿与末端执行器的实际位姿

位姿精度定义为当末端执行器多次从同一方向接近指令位姿时，指令位姿与实际位姿平均值之间的偏差，位置和方向的精度分别处理。位置精度由指令位姿与实际位姿样本集质心之间的距离决定（见图 15.9）。位置精度 $\Delta\boldsymbol{L}=\left[\Delta L_x \quad \Delta L_y \quad \Delta L_z\right]^{\mathrm{T}}$ 用下式表示：

$$\Delta\boldsymbol{L}=\sqrt{(\overline{x}-x_{\mathrm{c}})^2+(\overline{y}-y_{\mathrm{c}})^2+(\overline{z}-z_{\mathrm{c}})^2} \tag{15.1}$$

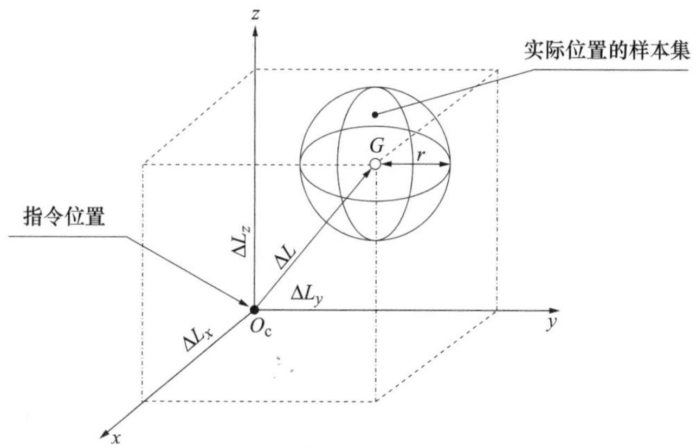


图 15.9　位置的精度与重复性

（$\bar{x}$，$\bar{y}$，$\bar{z}$）是位置样本集的质心坐标。质心坐标是 30 次测试的平均值，每一次测试都重复输入相同的指令位置 $O_c$，其坐标表示为（$x_c$，$y_c$，$z_c$）。

方向精度为命令角方向与实际达到的角方向的平均值之间的偏差。方向精度通过测量实际姿态（关节坐标系的 3 个坐标轴）与基坐标系 3 个坐标轴的夹角来表示。以 z 轴的方向精度为例，有如下形式：

$$\Delta L_c = \bar{C} - C_c \tag{15.2}$$

其中 $\bar{C}$ 代表在 30 次测试中关节坐标系的 z 轴与基坐标系的 z 轴的夹角的平均值。$C_c$ 代表指令所期望的关节坐标系的 z 轴与基坐标系的 z 轴的夹角。同理，对于 x 轴与 y 轴有类似的表示形式。

标准中明确了测试的整个流程。在测试中，机器人从点 $P_1$ 开始依次移动到点 $P_5$、$P_4$、$P_3$、$P_2$、$P_1$。每次测试中顺序不变。 237

初始状态　$P_1$

第 1 次测试　$P_5 \rightarrow P_4 \rightarrow P_3 \rightarrow P_2 \rightarrow P_1$

第 2 次测试　$P_5 \rightarrow P_4 \rightarrow P_3 \rightarrow P_2 \rightarrow P_1$

$\vdots$

第 30 次测试　$P_5 \rightarrow P_4 \rightarrow P_3 \rightarrow P_2 \rightarrow P_1$

对于测试中的 5 个点分别计算位置精度 $\Delta L$ 以及方向精度 $\Delta L_a$，$\Delta L_b$，$\Delta L_c$。

除了位姿精度的测试外，还要进行位姿的重复性测试。位姿的重复性表示为当机器人接受相同控制指令重复动作 30 次后，获得的一组位姿数据的波动程度，其中位置和方向的重复性分开讨论。位置的重复性（见图 15.9）由以样本集质心为球心的球半径来决定。半径定义如下：

$$r = \bar{D} + 3S_D \tag{15.3}$$

其中：

$$\bar{D}=\frac{1}{n}\sum_{j=1}^{n}D_j$$
$$D_j=\sqrt{(x_j-\bar{x})^2+(y_j-\bar{y})^2+(z_j-\bar{z})^2} \tag{15.4}$$
$$S_D=\sqrt{\frac{\sum_{j=1}^{n}(D_j-\bar{D})^2}{n-1}}$$

式（15.4）中 $n$ 的取值为 30，坐标（$x_j$，$y_j$，$z_j$）代表第 $j$ 次测试中末端执行器的实际位置。

方向的重复性分别在 $x$、$y$、$z$ 这 3 个轴上进行测试，图 15.10 展示了 $z$ 轴上的方向重复性。方向重复性说明了在同一控制指令下，经过 30 次测试获得的一组数据的偏离程度。这里通过计算 3 倍标准差表示这种偏离程度。以 $z$ 轴上的方向重复性为例。

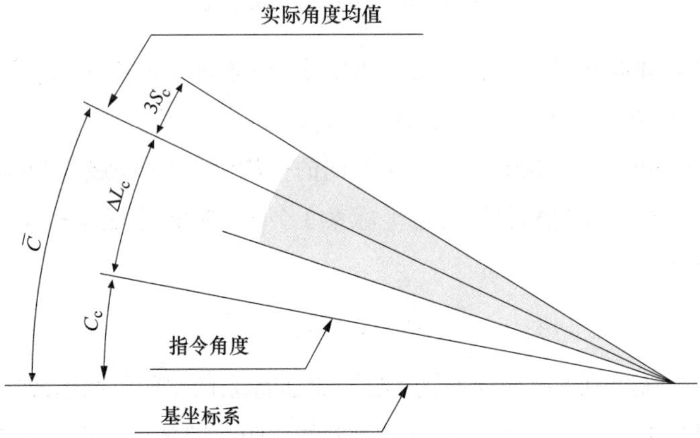


图 15.10　方向的精度与重复性

$$r_c=\pm 3S_c=\pm 3\sqrt{\frac{\sum_{j=1}^{n}(C_j-\bar{C})^2}{n-1}} \tag{15.5}$$

式（15.5）中 $C_j$ 代表第 $j$ 次测试时末端关节坐标系的 $z$ 轴与基坐标系的 $z$ 轴的夹角。重复性测试的流程与精度测试的流程类似。测试中机器人每到达一个位姿，就要计算一遍半径 $r$ 以及角度偏差 $r_a$、$r_b$、$r_c$。

位移的精度与重复性的测试采用类似的方法。位移的精度定量地表示了两个指令位置之
238 间的距离与两组实际位置平均值之间的距离差。位移的重复性表示了机器人在两个给定点之间通过一系列重复运动得到的一组距离数据的波动情况。位移精度定义为指令距离与实际距离均值之间的偏差（见图 15.11）。假定 $P_{c1}$ 与 $P_{c2}$ 是给定的两个指令位置，$P_{1j}$ 与 $P_{2j}$ 是 30 次测试中第 $j$ 次机器人按指令位置到达的实际位置。位移的精度可由下式表示。

$$\Delta B=D_c-\bar{D} \tag{15.6}$$

其中：

$$D_c = |P_{c1} - P_{c2}| = \sqrt{(x_{c1} - x_{c2})^2 + (y_{c1} - y_{c2})^2 + (z_{c1} - z_{c2})^2}$$

$$\bar{D} = \frac{1}{n}\sum_{j=1}^{n} D_j$$

$$D_j = |P_{1j} - P_{2j}| = \sqrt{(x_{1j} - x_{2j})^2 + (y_{1j} - y_{2j})^2 + (z_{1j} - z_{2j})^2}$$

在上式中，$P_{c1}$=（$x_{c1}$，$y_{c1}$，$z_{c1}$）与 $P_{c2}$=（$x_{c2}$，$y_{c2}$，$z_{c2}$）是给定的两个指令位置，$P_{1j}$=（$x_{1j}$，$y_{1j}$，$z_{1j}$）与 $P_{2j}$=（$x_{2j}$，$y_{2j}$，$z_{2j}$）代表机器人末端的实际位置。位移精度测试需在末端执行器载荷达到最大值的条件下进行，测试选择的两个指令位置为立方体内部的 $P_2$ 点与 $P_4$ 点，测试过程中控制机器人在 $P_2$ 点与 $P_4$ 点之间重复运动 30 次。位移的重复性 $R_B$ 定义如下：

$$R_B = \pm 3\sqrt{\frac{\sum_{j=1}^{n}(D_j - \bar{D})^2}{n-1}} \tag{15.7}$$

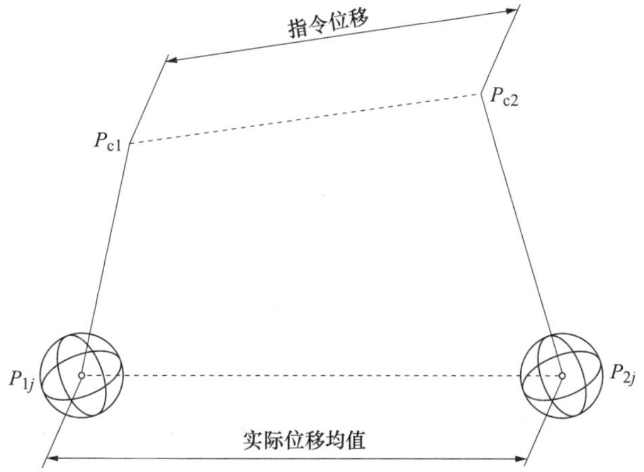


图 15.11　位移的精度

下面介绍标准中其余 4 个性能参数的测试方法。首先是位姿稳定时间，它是从机器人显示接收到实际位姿的指令到机器人末端执行器的阻尼运动稳定在制造商规定范围内的时间间隔。图 15.12 展示了位姿稳定时间的定义。在位姿稳定时间的测试中，机器人的载荷和速度要达到最大，测试中按照 $P_1 \rightarrow P_2 \rightarrow P_3 \rightarrow P_4 \rightarrow P_5$ 的顺序逐点进行。在测试中，对每个点测试 3 次，计算稳定时间的均值。 239

另一个类似性能参数为位姿超调量（如图 15.12 所示）。位姿超调量是机器人显示接收到实际位姿的指令并开始运动后，运动过程中末端执行器的位姿与最终获得的稳定位姿之间的最大偏差。在图 15.12 中，分别展示了正超调和负超调两个例子，其中 $t$=0 时刻代表机器人接收到实际位姿指令。位姿超调量的测试条件与位姿稳定时间的测试条件相同。

ISO 9283 标准中的最后两个参数为位姿精度漂移量和位姿重复性漂移量，位姿精度漂移量包括位置精度漂移量和方向精度漂移量，位姿重复性漂移量包括位置重复性漂移量和方向重复性漂移量。位置精度漂移量定义如下：

$$L_{\mathrm{DR}}=\left|\Delta L_{t=0}-\Delta L_{t=T}\right| \quad (15.8)$$

其中 $\Delta L_{t=0}$ 和 $\Delta L_{t=T}$ 分别为 $t$=0 时刻和 $t$=$T$ 时刻的位置精度。方向精度的漂移量定义如下：

240

$$L_{\mathrm{DRC}}=\left|\Delta L_{\mathrm{c},t=0}-\Delta L_{\mathrm{c},t=T}\right| \quad (15.9)$$

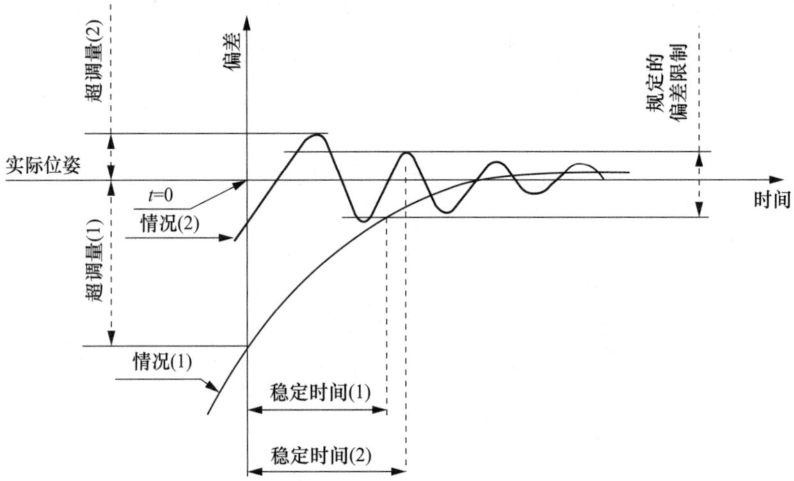


图 15.12　位姿稳定时间和超调量

其中 $\Delta L_{\mathrm{c},t=0}$ 和 $\Delta L_{\mathrm{c},t=T}$ 分别是 $t$=0 时刻和 $t$=$T$ 时刻的方向精度。位置重复性漂移量定义如下：

$$r_{\mathrm{DR}}=r_{t=0}-r_{t=T} \quad (15.10)$$

其中 $r_{t=0}$ 和 $r_{t=T}$ 分别是 $t$=0 时刻和 $t$=$T$ 时刻的位置重复性参数。以 $z$ 轴为例，关于 $z$ 轴的方向重复性漂移量定义如下：

$$r_{\mathrm{DRC}}=r_{\mathrm{c},t=0}-r_{\mathrm{c},t=T} \quad (15.11)$$

其中 $r_{\mathrm{c},t=0}$ 和 $r_{\mathrm{c},t=T}$ 分别是 $t$=0 时刻和 $t$=$T$ 时刻的方向重复性参数。在测试中，机器人的载荷
241 ~ 242 和速度要达到最大。选定 $P_2$ 点与 $P_4$ 点作为测试位置，测试中机器人要在这两点间进行周期性运动。测试持续 8 小时，相关参数的测量只在 $P_4$ 点进行。

# 圆周运动加速度的推导

让我们首先回顾质点的位置矢量、速度及加速度的定义。在一个给定的参考坐标系中，质点的位置由从坐标系原点到当前质点所处位置的矢量给出。这个矢量是时间的函数，它决定了质点的轨迹。

$$\boldsymbol{r}(t)=(x(t),y(t),z(t)) \tag{A.1}$$

质点的速度定义为单位时间内位移的变化。

$$\boldsymbol{v}=\lim_{\Delta t\to 0}\frac{\Delta \boldsymbol{r}}{\Delta t}=\frac{\mathrm{d}\boldsymbol{r}}{\mathrm{d}t} \tag{A.2}$$

加速度定义为单位时间内速度的变化。

$$\boldsymbol{a}=\lim_{\Delta t\to 0}\frac{\Delta \boldsymbol{v}}{\Delta t}=\frac{\mathrm{d}\boldsymbol{v}}{\mathrm{d}t} \tag{A.3}$$

我们注意到这是一个矢量方程，因此速度的变化既包括速度幅值的变化，也包括速度方向的变化。

圆周运动由一个固定长度的旋转矢量（$|\boldsymbol{r}|=$ 常数）来描述。因此，位置矢量由圆的半径 $r$，以及矢量 $\boldsymbol{r}$ 与 $x$ 轴的角度 $\theta$（$t$）来确定（见图 A.1）。

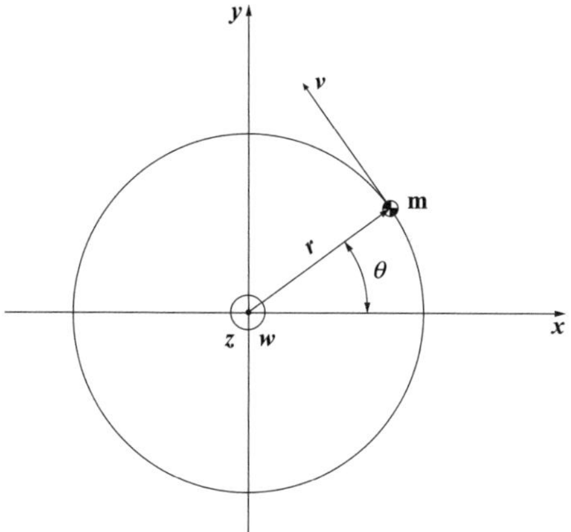


图 A.1　圆周运动的参数和变量

让我们引入一组 3 个正交的单位矢量：$\boldsymbol{e}_r$ 沿矢量 $\boldsymbol{r}$ 方向，$\boldsymbol{e}_t$ 沿圆周的切线方向，$\boldsymbol{e}_z$ 沿 $z$ 轴方向，3 个单位矢量间的关系由关系式 $\boldsymbol{e}_t=\boldsymbol{e}_z\times\boldsymbol{e}_r$ 表示。

我们定义角速度矢量与质点圆轨迹的平面正交，其幅值等于角度 $\theta$ 对时间的微分。

$$\boldsymbol{\omega}=\dot{\theta}\boldsymbol{e}_z \tag{A.4}$$

243 让我们来计算速度。

$$\boldsymbol{v}=\frac{\mathrm{d}\boldsymbol{r}}{\mathrm{d}t} \tag{A.5}$$

速度的方向由圆的切线方向 $\boldsymbol{e}_t=\boldsymbol{e}_z\times\boldsymbol{e}_r$ 来确定，速度的幅值由圆弧上的长度 $\mathrm{d}s=r\mathrm{d}\theta$ 除以微量时间 $\mathrm{d}t$ 来确定，也就是质点需经过的路径。

$$\frac{\mathrm{d}s}{\mathrm{d}t}=r\frac{\mathrm{d}\theta}{\mathrm{d}t}=r\dot{\theta} \tag{A.6}$$

考虑速度的方向，可得到：

$$\boldsymbol{v}=r\dot{\theta}\boldsymbol{e}_t=\dot{\theta}\boldsymbol{e}_z\times r\boldsymbol{e}_r=\omega\times\boldsymbol{r} \tag{A.7}$$

为得到加速度，我们计算速度对时间的微分。

$$\boldsymbol{a}=\frac{\mathrm{d}\boldsymbol{v}}{\mathrm{d}t}=\frac{\mathrm{d}}{\mathrm{d}t}(\boldsymbol{\omega}\times\boldsymbol{r}) \tag{A.8}$$

我们将矢量相乘的微分写成对两个函数的微分之和。

$$\boldsymbol{a}=\frac{\mathrm{d}\boldsymbol{\omega}}{\mathrm{d}t}\times\boldsymbol{r}+\boldsymbol{\omega}\times\frac{\mathrm{d}\boldsymbol{r}}{\mathrm{d}t} \tag{A.9}$$

定义角加速度 $\boldsymbol{\alpha}$ 为角速度对时间的微分 $\boldsymbol{\alpha}=\mathrm{d}\omega/\mathrm{d}t$，我们看到上式中的第一项对应着切向加速度。

$$\boldsymbol{a}_t=\boldsymbol{\alpha}\times\boldsymbol{r} \tag{A.10}$$

244 在第二项中我们代入速度的表达式。

$$\frac{\mathrm{d}\boldsymbol{r}}{\mathrm{d}t}=\boldsymbol{v}=\boldsymbol{\omega}\times\boldsymbol{r} \tag{A.11}$$

我们得到了一个双矢量相乘 $\boldsymbol{\omega}\times$（$\boldsymbol{\omega}\times\boldsymbol{r}$）。应用矢量代数中的恒等运算 $\boldsymbol{a}\times(\boldsymbol{b}\times\boldsymbol{c})=\boldsymbol{b}(\boldsymbol{a}\cdot\boldsymbol{c})-\boldsymbol{c}(\boldsymbol{a}\cdot\boldsymbol{b})$，并注意到 $\boldsymbol{\omega}$ 和 $\boldsymbol{r}$ 相互垂直，因此可得到加速度方程中的第二项为：

$$\boldsymbol{\omega}\times\frac{\mathrm{d}\boldsymbol{r}}{\mathrm{d}t}=\boldsymbol{\omega}\times(\boldsymbol{\omega}\times\boldsymbol{r})=\boldsymbol{\omega}(\boldsymbol{\omega}\cdot\boldsymbol{r})-\boldsymbol{r}(\boldsymbol{\omega}\cdot\boldsymbol{\omega})=-\omega^2\boldsymbol{r} \tag{A.12}$$

这就是加速度的径向（或向心）分量。因此，我们最终得到：

245

$$\boldsymbol{a}=\boldsymbol{a}_t+\boldsymbol{a}_r=\boldsymbol{\alpha}\times\boldsymbol{r}-\omega^2\boldsymbol{r} \tag{A.13}$$

# 参考资料


1. Bajd T, Mihelj M, Munih M (2013) Introduction to Robotics, Springer
2. Craig JJ (2005) Introduction to Robotics—Mechanics and Control, Pearson Prentice Hall
3. Kajita S, Hirukawa H, Harada K, Yokoi K (2014) Introduction to Humanoid Robotics, Springer
4. Klančar G, Zdešar A, Blažič S, Škrjanc I (2017) Wheeled Mobile Robotics - From Fundamentals Towards Autonomous Systems, Elsevier
5. Lenarčič J, Bajd T, Stanišić MM (2013) Robot Mechanisms, Springer
6. Merlet J-P (2006) Parallel Robots (Second Edition), Springer
7. Mihelj M, Podobnik J (2012) Haptics for Virtual Reality and Teleoperation, Springer
8. Mihelj M, Novak D, Beguš S (2014) Virtual Reality Technology and Applications, Springer
9. Natale C (2003) Interaction Control of Robot Manipulators, Springer
10. Nof SY (1999) Handbook of Industrial Robotics, John Wiley & Sons
11. Paul RP (1981) Robot Manipulators: Mathematics, Programming, and Control, The MIT Press
12. Sciavico L, Siciliano B (2002) Modeling and Control of Robot Manipulators, Springer
13. Spong MW, Hutchinson S, Vidyasagar M (2006) Robot Modeling and Control, John Wiley & Sons
14. Tsai LW (1999) Robot Analysis: The Mechanics of Serial and Parallel Manipulators, John Wiley & Sons
15. Xie M (2003) Fundamentals of Robotics—Linking Perception to Action, World Scientific

# 索　引

索引中的页码为英文原书页码，与书中页边标注的页码一致。

M



N



O



P

## S



## T



## U

V



W



Z

# 推荐阅读

## 机器人学和人工智能中的行为树

作者：[瑞典] 米歇尔·科莱丹基塞 [瑞典] 彼得·奥格伦 书号：978-7-111-65204-5 定价：79.00元

本书主要介绍了行为树构造智能体的行为及任务切换的方法，讨论了从简单主题（如语义和设计原则）到复杂主题（如学习和任务规划）学习行为树的基本内容，包括行为树的模块化和反应性两大特性、行为树的设计原则与扩展，并将行为树与自动规划、机器学习相结合。

本书通过丰富的图文展示，从简单的插图到现实的复杂行为，成功地将理论和实践相结合。本书适合的读者非常广泛，包括对机器人、游戏角色或其他人工智能体建模复杂行为感兴趣的专业人士和学生。